通用智能与大模型丛书

大模型算法

强化学习、微调与对齐

余昌叶◎著

Large Model Algorithms

Reinforcement Learning, Fine-Tuning, and Alignment

電子工業出版社
Publishing House of Electronics Industry
北京 · BEIJING

内 容 简 介

本书系统地讲解了大模型技术、训练算法（包括强化学习、RLHF、DPO、SFT 与蒸馏等）、效果优化及其实践。全书以大语言模型为核心，内容广泛且深入，绝大部分内容适用于视觉语言模型和多模态大语言模型。

本书适合 AI 算法与工程领域的从业者，相关专业的学生，希望深入了解大模型技术、拥抱 AI 与大模型浪潮的读者阅读。

图书在版编目（CIP）数据

大模型算法 ： 强化学习、微调与对齐 / 余昌叶著. 北京 ： 电子工业出版社, 2025. 4（2025. 9重印）. -- （通用智能与大模型丛书）. -- ISBN 978-7-121-50072-5

Ⅰ. TP391

中国国家版本馆 CIP 数据核字第 2025AB6618 号

责任编辑：郑柳洁　　文字编辑：张　晶
印　　刷：天津千鹤文化传播有限公司
装　　订：天津千鹤文化传播有限公司
出版发行：电子工业出版社
　　　　　北京市海淀区万寿路 173 信箱　　邮编：100036
开　　本：720×1000　1/16　印张：15　字数：358 千字
版　　次：2025 年 4 月第 1 版
印　　次：2025 年 9 月第 6 次印刷
定　　价：109.00 元

凡所购买电子工业出版社图书有缺损问题，请向购买书店调换。若书店售缺，请与本社发行部联系，联系及邮购电话：（010）88254888，88258888。

质量投诉请发邮件至 zlts@phei.com.cn，盗版侵权举报请发邮件至 dbqq@phei.com.cn。

本书咨询联系方式：（010）88254360，zhenglj@phei.com.cn。

前 言

缘起

近年来，大模型、具身智能机器人、自动驾驶、AGI、AIGC 等技术方向已成为科技行业与资本市场的关注焦点，被广泛视为未来数年的核心发展趋势。这些技术正逐步改变人类的生活方式、社会形态及全球科技竞争格局。大模型作为推动这些技术进步的核心引擎，其潜力与重要性正日益突显。

人脑约有 800 亿个神经元，这些神经元通过 100 万亿至 1000 万亿个突触（类似于“参数”）相互连接，以实现信息传递。相比之下，当前，大模型的参数量（例如 70B[①]至 1T 个[②]）主要处于百亿至万亿级别，通常不及人脑参数量的千分之一，却已在多个领域展现出与人类博士水平相当的能力。

此外，人一生中大约能阅读 10 亿个 Token（词元），而大模型仅需几周至几个月即可完成对 100000 亿个 Token 的学习与训练。这些数据涵盖了广泛的学科知识与互联网公开信息，使大模型在知识覆盖面和信息处理效率上远超人类。

得益于训练语料在知识广度、规模与多样性上的优势，大模型的知识体系横跨多个领域。大模型不仅被应用于互联网业务，还在自动驾驶、机器人、金融、设计、教育等行业展现出巨大潜力。凭借卓越的泛化能力，大模型正以破竹之势推动技术革新与行业进步。

对于个人而言，学习和掌握大模型技术无疑为迈向未来增添了一项重要技能。本书将以深入浅出的方式，结合大量自制原理图、表格与示例，为读者全面解析大模型的核心技术，帮助读者更高效地理解与应用这些技术。

本书主要内容

文本作为承载与传递各学科知识的主要媒介，通常以书籍、论文、网页和代码等形式存在。在大模型的训练与应用中，大语言模型（LLM）占据核心地位，并进一步衍生出视觉语言模型（VLM）和多模态大语言模型（MLLM）等形式。本书以 LLM 为主线，深入解析大模型的结构、原理、训练算法与实践，其中绝大部分内容也适用于 VLM 和 MLLM。

大模型的训练与调优算法是其技术体系的核心，通常分为预训练和后训练两个阶段。预训练阶段依赖海量数据和高性能算力，成本高昂，单次训练往往耗资数千万元乃至数亿元，主要由少数公司主导。相比之下，后训练阶段更贴近实际应用场景，拥有庞大的开发者和从业者群体。开源大模型为开发者提供了利用基座模型进行特定训练的灵活性，而闭源大模型通常以 API、网页或云服务形式封装训练与微调过程，使模型的训练与调优更加高效便捷。

---

① B，即 Billion，表示十亿。

② T，即 Trillion，表示万亿。

为帮助读者全面掌握大模型相关技术，本书的内容架构分为以下三部分。

（1）**监督学习与调优**：第1～4章的内容涵盖大模型的基础技术与训练流程，监督微调（SFT）训练原理，DPO算法与对齐训练，生成与解码策略，以及思维链（CoT）、提示工程、检索增强生成（RAG）和工具调用等实用技术。

（2）**强化学习**：第5～8章重点介绍强化学习的基础理论与分类，包括模仿学习、多智能体强化学习、DQN系列算法、DPG系列算法、A2C、PPO、GRPO、RLHF、RLAIF、MCTS等。此外，还涵盖逻辑推理（Reasoning）能力优化、推理时计算与搜索、自博弈（Self-Play）等技术。

（3）**综合实践**：第9章讲述大模型的训练与实践、DeepSeek的训练与部署，包括数据与环境准备、SFT训练、DPO训练、RLHF训练、蒸馏模型效果评估、部署及性能优化。

致谢

本书的写作工作几乎占据了我所有的业余时间，伴随着无数深夜的伏案疾书。尽管过去十年间，我持续学习并积累了大量关于数学、AI、强化学习等领域的笔记，但在真正执笔时，仍感知识如瀚海星辰，需不断查阅论文资料、推导公式、抽丝剥茧。在这一过程中，我的认知被重新校正并得到升华，而这一切的背后，离不开朋友和家人的支持与帮助。

特别感谢责任编辑郑柳洁，她为本书提出了诸多建设性意见，并进行了细致的修改。感谢所有为本书的出版付出努力的编辑与设计人员，也感谢朋友们的鼓励与建言。

感谢父母的理解与包容，自工作以来，陪伴父母的时间寥寥。感谢弟弟和妹妹在我忙于工作时对父母的悉心照料。感谢岳父岳母不辞辛劳，辞去工作，南下照顾孩子，为吾儿提供了无微不至的关爱，并进行多语言的启蒙教育。

感谢我的爱妻朴朴，以温柔和坚韧维系家的温暖，在我繁忙时默默分担琐事，让我内心释然，给我坚实的依靠。

参考文献说明

在撰写本书时，我参考了大量文献，以确保本书内容的准确性。为了便于读者更好地利用参考文献，我将其电子版放在网上，便于读者在线浏览和下载。

原理图与参考文献等资料下载

我结合多年的数学笔记、AI笔记及工作经验，精心制作了百余张高清原理图。这些原理图及相关资料（如一些公式推导相关的表格、本书部分代码、参考文献）已开源，并将持续更新，供读者免费下载使用。

下载渠道：我的微信公众号“叶子哥AI”（账号：changyeyu-AI）。

读者服务

微信扫码回复书号：50072

- 获取本书电子版参考文献等资料
- 加入本书读者交流群，与作者互动

余昌叶

目　录

第1部分　监督学习与调优

第 2 部分 强化学习

第 3 部分 综合实践

第 1 部分

监督学习与调优

第 1 章　大模型原理与技术概要

1.1　图解大模型结构

大语言模型（Large Language Model，LLM）通常基于 Transformer Decoder 架构，主要采用仅解码器（Decoder-Only）和专家混合（Mixture of Experts，MoE）模型两种形式，两者在架构上较为相似，主要区别为 MoE 在前馈网络部分引入了多个专家网络[137]。本节将主要围绕 Decoder-Only 架构的 LLM 展开讲解。

多模态大语言模型（Multimodal Large Language Model，MLLM）和视觉语言模型（Visual Language Model，VLM）以 LLM 的强大知识能力为核心，进一步扩展至跨模态任务的处理，本节也将对此进行讲解。

1.1.1　LLM 结构全景图

1. 一个典型的LLM结构

图 1.1 展示了一个典型的 LLM 结构，可分为三部分——输入层、多层 Decoder 堆叠结构和输出层（包括语言模型头与解码模块）[134][135]。具体组成和处理流程如下。

输入层：将输入文本（例如“你是谁？”）转换为词元（Token）序列。每个词元进一步映射到对应的 Token ID，并最终转换为多维数值矩阵。这些矩阵作为初始输入，传递给多层 Decoder 堆叠结构进行计算。

多层 Decoder 堆叠结构：这部分是 LLM 的核心，由多个完全相同的 Decoder 层堆叠而成。通过逐层计算，模型逐步总结和建模输入序列的深层语义与依赖关系。每个 Decoder 层的关键组件如下。

（1）自注意力（Self-Attention）机制：通过查询（$\boldsymbol{Q}$）、键（$\boldsymbol{K}$）、值（$\boldsymbol{V}$）向量进行注意力计算，并结合因果掩码（Causal Masking），保证每个词元只能关注其之前的序列位置。这种机制使模型能够建模序列中不同词元之间的语义关系。自注意力机制通常以多头注意力（MHA）、多查询注意力（MQA）、分组查询注意力（GQA）及多头潜在注意力（MLA）等形式实现。此外，为了提升计算效率，还衍生出了多种优化版本，包括原生稀疏注意力（NSA）、混合分块注意力（MoBA）、线性注意力（例如 Lightning Attention）等。

（2）位置编码（Positional Encoding）：通过为序列中的词元引入位置信息，帮助模型理解序列的相对和绝对位置。其中，苏剑林等人提出的 RoPE 方法[138]被广泛采用。

（3）前馈网络（Feed-Forward Network，FFN）：对经过自注意力机制计算的隐藏状态（Hidden States）进行非线性变换，进一步提取特征和语义。FFN 内部通常包含激活函数（例如 SwiGLU），以提高模型的非线性拟合能力，捕捉更复杂的模式。对于采用 MoE 架构的 LLM，FFN 部分通常由多个专家网络组成（例如 DeepSeek 的某些版本采用了数百个专家网络），并通过路由机制动态激活少数专家，从而提升模型的容量和计算效率。然而，这种设计也引入了专家负载不均衡的问题，需要通过优化路由策略等手段加以缓解。

（4）归一化（Normalization）：采用 RMSNorm 等层归一化（Layer Normalization）方法，稳定数值计算，提升训练稳定性并加速模型收敛。

（5）残差连接（Residual Connection）：在每个子层输入和输出之间添加残差连接[139]，确保信息顺畅传递，缓解深层网络中的梯度消失问题，提升模型训练效率。

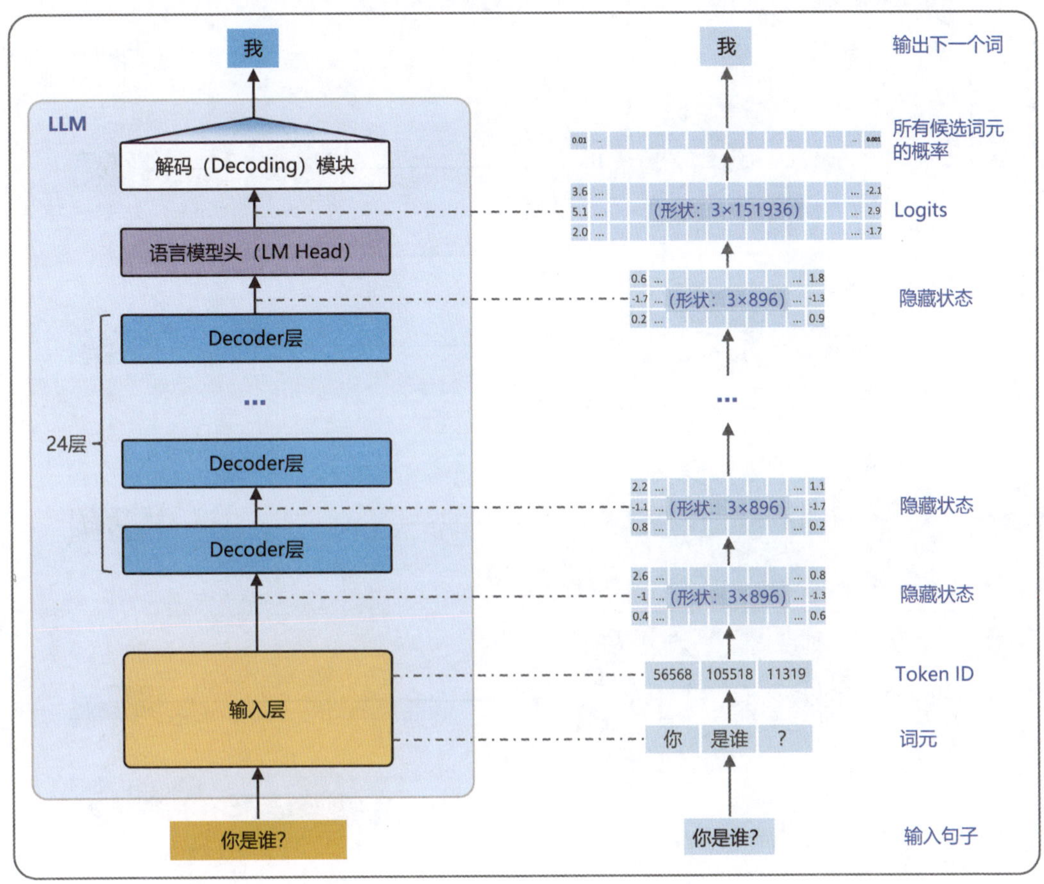

图 1.1 LLM 结构的组成与处理流程

每个 Decoder 层对输入的隐藏状态进行上述操作，输出更新后的隐藏状态。整个 Decoder 堆叠结构包含多层（图 1.1 中为 24 层），每层的隐藏状态维度保持一致（例如 896 维），经过层层计算，语义信息逐渐丰富。

输出层：语言模型头（LM Head）将 Decoder 输出的多维隐藏状态通过线性变换映射到全词表的 Logits，得到词元候选概率分布。随后，解码模块根据概率分布，采用不同的解码算法生成最终输出文本（词元）。

2. 自回归式Token生成过程

LLM 通常以 Causal Language Models（因果语言模型）的形式实现，这类模型也被称为 Autoregressive Language Models（自回归语言模型）。其核心生成机制为自回归式：以输入的文本序列（或已生成的序列）为条件，逐步预测下一个词元，直到形成完整的回答。逐步预测词元的过程如图 1.2 所示。此外，也有一次性预测多个词元的方案，详见 4.3.5 节。

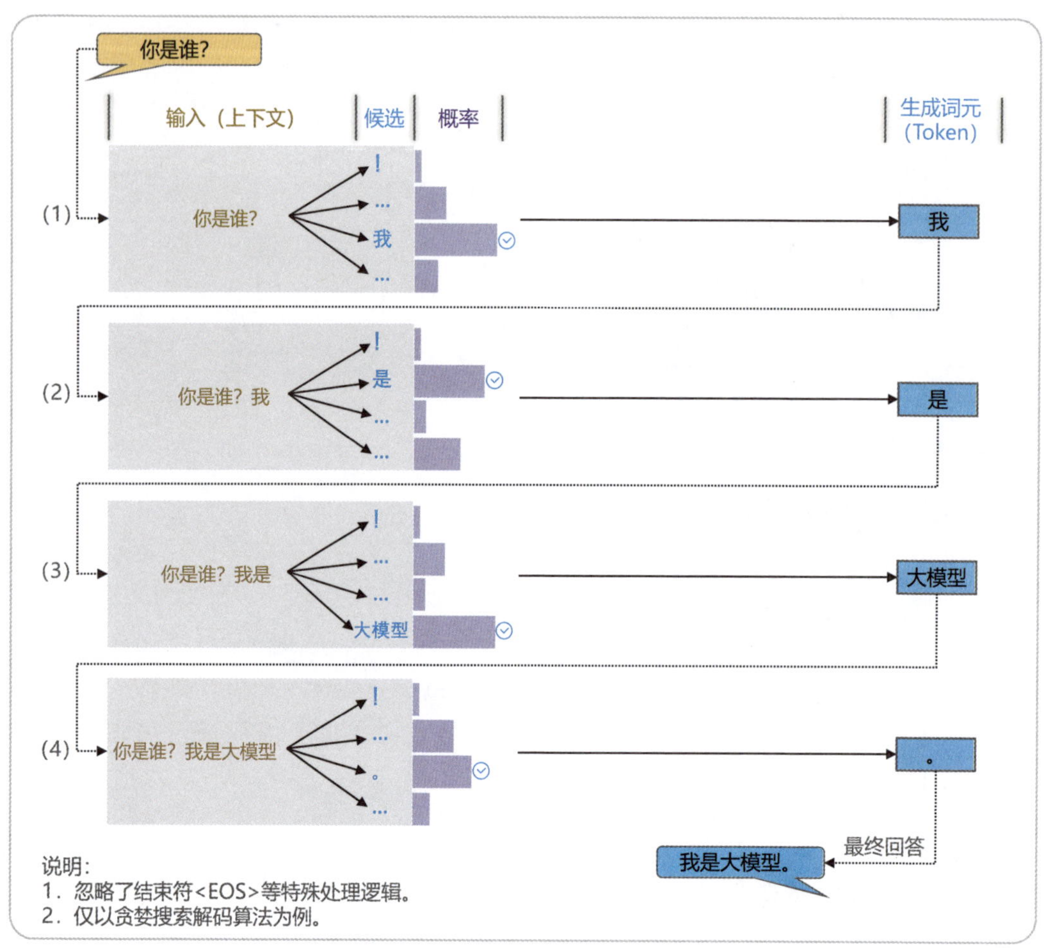

图 1.2 逐步预测词元的过程

Ilya Sutskever 等人[136]在 2014 年基于 RNN 的序列任务中所涉及的 Decoder 部分，可视为自回归生成模型的雏形，在后续的 Transformer 和 GPT 论文中得到进一步推广[134][135]。

需要注意的是，不同解码策略的生成方式存在差异。

假设输入的 Prompt 为："你是谁？"，模型逐步生成回答的过程如下。

（1）**初始预测**：模型接收到输入"你是谁？"，一次性处理完整的输入序列并计算其隐藏状态，这一过程通常被称为**预填充阶段**（Prefill Stage），为后续的**生成阶段**（Decode Stage）做好准备。随后，模型计算下一个词元的概率分布。在所有候选词中，"我"的概率最高，因此输出“我”。

（2）**扩展上下文**：上下文扩展为“你是谁？我”，模型将其作为新的输入，再次计算下一步的概率分布。这次选择了“是”。

（3）**继续生成**：上下文变为“你是谁？我是”，模型接着预测下一个 Token，并从候选词中选出“大模型”。

（4）**生成后续内容**：模型继续迭代计算，逐步生成其余 Token，直至生成完整的回答。

（5）**完成输出**：最终，模型生成完整回答：“我是大模型。”在实际应用中，模型通常在生成结束符<EOS>或达到最大序列长度限制时停止生成。

由此可见，模型在每个生成步骤中都需要重复计算相同的前缀。为提升推理效率，通常会采用 KV Cache 等缓存机制来减少冗余计算。

3. LLM训练时使用Teacher Forcing机制

Teacher Forcing（教师强制）是一种在序列生成（Seq2Seq）模型训练中被广泛应用的技术[133]。LLM 在训练时通常也采用 Teacher Forcing 的训练方式。在 LLM 推理过程中，第 i 步（生成第 i 个 Token）的输入来源于模型自身生成的前缀序列 $x_{1:(i-1)}^{\text{Generation}}$；而在 Teacher Forcing 训练模式下，第 i 步的输入为训练数据中实际的 Token 序列 $x_{1:(i-1)}^{\text{Example}}$，不依赖 LLM 自身生成的前缀序列。这种方法能够提升计算效率并加速模型的收敛。

因此，在训练过程中，LLM 无须如图 1.2 所示逐步生成 Token，而是可以并行计算，一次性同时处理整个序列的 Token 输入，从而大幅提升计算效率。

1.1.2　输入层：分词、Token 映射与向量生成

LLM 的输入层将输入文本转换为多维数值矩阵，即张量（Tensor），以便送往模型主体结构进行计算。输入层的处理流程如图 1.3 所示。

（1）**分词**（Tokenization）：例如输入文本“你是谁？”，通过分词器（Tokenizer）被分割成不同的词元，例如“你”“是谁”“？”。这一步完成文本的基础分割，使其适配后续处理。Tokenizer 基于 BPE、BBPE 等算法根据海量的语料库训练得出，通过其提供的 encode 和 decode 接口，可以实现文本与 Token ID 之间的转换。需要注意的是，近来也有一些研究团队提出了**免分词方案**（Tokenizer-Free），例如 Meta 等研究团队于 2024 年 12 月提出的 BLT（Byte Latent Transformer）方案[97]。在免分词方案中，无须进行词元分割，也无须查询词表，从而省略了步骤（1）和步骤（2）。

（2）**查询词表**（Vocabulary Lookup）：分词器将分割后的词元逐个查询词表（Vocabulary），得到对应的 Token ID。例如，“你”在词表中对应的 Token ID 是 56568。这一步将自然语言的词元映射为数字化的表示。

（3）**查询向表量**：在查询返回 Token ID 后，这些 Token ID 被传入向量查询（Embedding Lookup）模块，进一步与向量表（Embedding Table）进行匹配。在向量表中，每个 Token ID 对应一个固定维度（例如 896 维）的向量，代表词元的数值化特征表示。

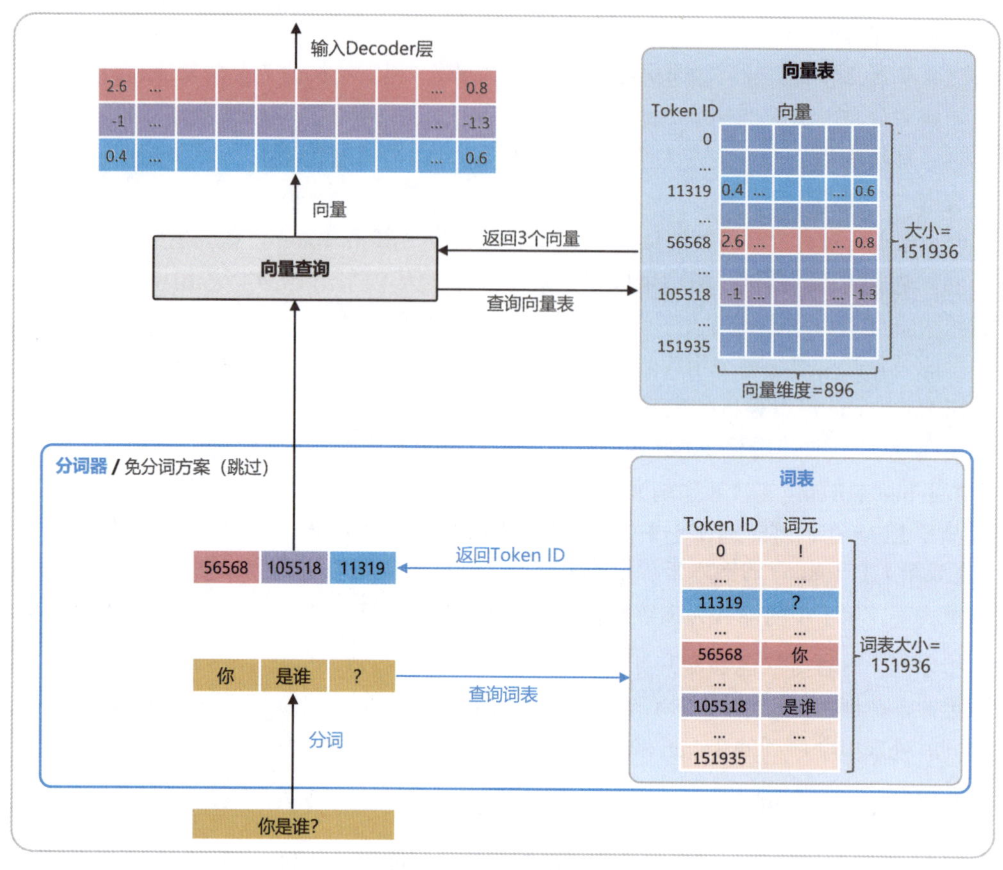

图 1.3　输入层的处理流程

（4）**返回向量**：向量查询完成后，得到每个词元对应的向量。例如，Token ID 56568 对应的向量是[2.6,⋯, 0.8]。这些向量是通过预训练学习得到的，蕴含了词元的语义信息。

（5）**输入 Decoder 层**：最后，返回的词元向量组成一个矩阵，作为输入传入模型的 Decoder 层进行后续计算。

1.1.3　输出层：Logits、概率分布与解码

LLM 的输出层负责根据隐藏状态（多维数值矩阵）预测下一个词元（文本）。输出层的处理流程如图 1.4 所示。

（1）**输入隐藏状态**：Decoder 最后一层的隐藏状态作为 LLM 输出层的输入。图中所示维度为 3×896 的数值矩阵包含了前缀序列的所有语义信息。

（2）**语言模型头**：通常是一个全连接层，用于将隐藏状态转换为 Logits（推理时只计算最后一个位置的 Logits）。如图所示，Logits 的形状为 3×151936，对应于词表中每个词元的得分。

（3）**提取最后位置的 Logits**：预测下一个词元仅依赖前缀序列最后一个位置的 Logits，

因此需要从所有位置的Logits中提取最后一个位置的Logits。如图所示，提取得到一个151936维的向量 [2.0, 3.1, −1.7, …, −1.7]，用于后续预测。

（4）**转换为概率分布**（Softmax）：通过 Softmax 函数将 Logits 转换为概率分布，得到词表中每个词元的概率。例如，生成的 151936 维概率向量为[0.01, 0.03, 0.001, …, 0.001]，该向量内所有概率之和为 1。概率值越大，表示该词元作为下一个词元的可能性越高。例如，“我”的概率为 0.34。

（5）**解码**（Decoding）：根据概率分布，应用解码策略（例如随机采样或选择最大概率）确定最终预测的下一个词元。例如，在贪婪搜索解码策略下，选择概率最高的词元“我”作为预测结果。

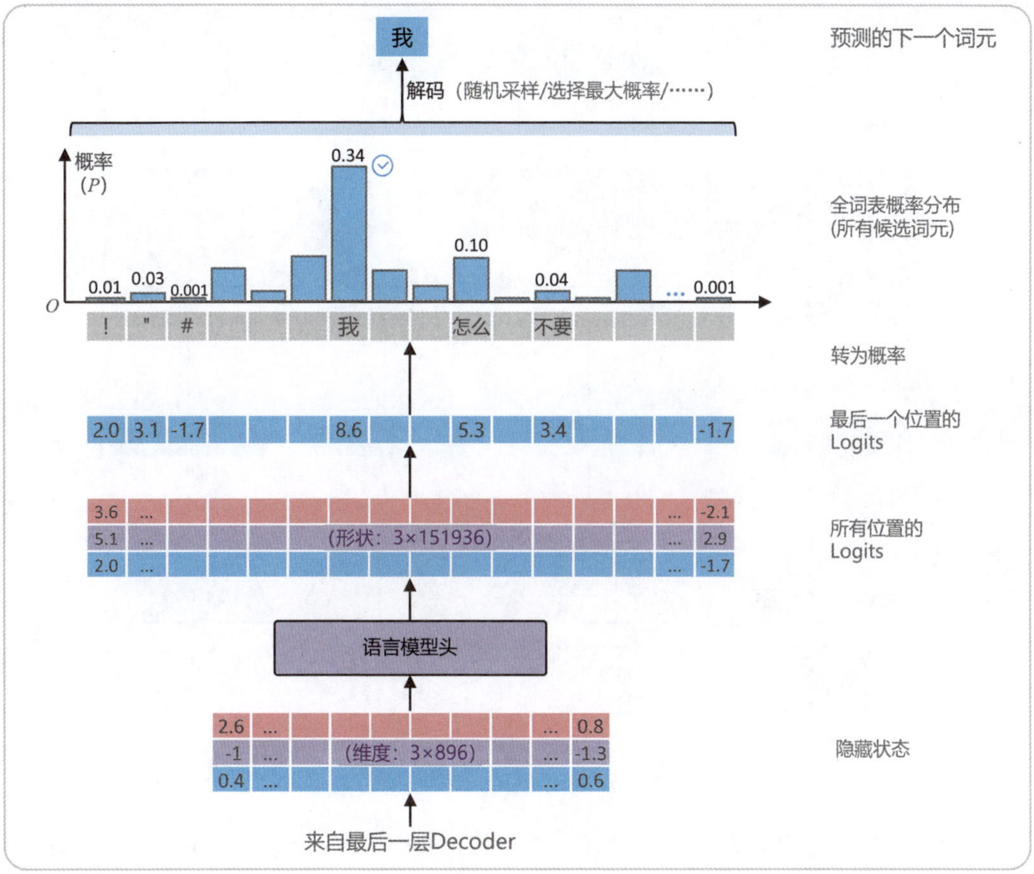

我
预测的下一个词元
解码（随机采样/选择最大概率/……）
概率（P）
0.34
0.10
0.01　0.03　0.001　0.04　…　0.001
O
!　"　#　我　怎么　不要
全词表概率分布（所有候选词元）
转为概率
2.0　3.1　-1.7　8.6　5.3　3.4　-1.7
最后一个位置的 Logits
3.6　…　…　-2.1
5.1　…　（形状：3×151936）　…　2.9
2.0　…　…　-1.7
所有位置的 Logits
语言模型头
2.6　…　…　0.8
-1　…　（维度：3×896）　…　-1.3
0.4　…　…　0.6
隐藏状态
来自最后一层Decoder

图 1.4　输出层的处理流程

最终，LLM 的输出层实现了隐藏状态到词元概率分布的转换，并通过解码策略生成下一个词元，完成文本生成任务的预测。

1.1.4 MLLM 与 VLM

多模态大语言模型（Multimodal Large Language Model，MLLM）和**视觉语言模型**（Vision-Language Model，VLM）是对 LLM 的拓展，旨在将 LLM 强大的语言理解与生成能力扩展到跨模态任务。这类模型被广泛应用于内容创作、无人驾驶、医疗诊断等领域。例如，清华大学与理想汽车联合提出的 DriveVLM，展示了 VLM 在自动驾驶中的潜力[140]。

模态（Modality）主要包括文本（Text）、图像（Image）、音频（Audio）、视频（Video）、触感反馈（Haptic Feedback）、嗅觉（Olfaction），以及各类传感器数据等。MLLM 的目标是支持多种模态数据的处理，其结构示意图如图 1.5 所示。VLM 可以视为 MLLM 的一种特定类型，仅支持文本和图像这两种模态。

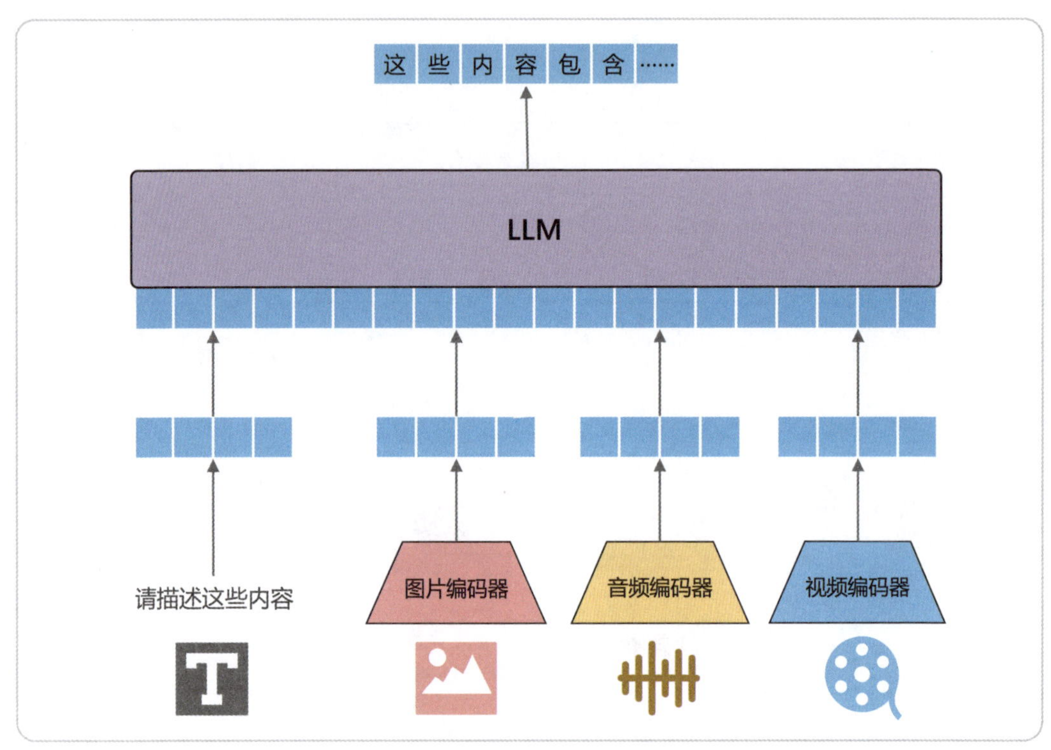

图 1.5 MLLM 的结构示意图

如图 1.5 所示，MLLM 能够接收来自不同模态的数据输入，包括纯文本、图像、音频和视频。每种数据会通过对应的编码器（Encoder）将原始数据（例如图像像素、音频波形、视频帧序列）转化为特征向量（Embedding）表示。这些不同模态的特征向量随后在同一层面被整合，具体方式可能是简单拼接，也可能是通过特定的对齐策略或融合机制，将各模态特征映射到统一的表示空间。

LLM 是整体架构的核心，其参数量通常为其他 Encoder 的数倍甚至十倍以上，这赋予其融合海量多学科知识的能力。经过整合的多模态特征被输入 LLM，LLM 依托训练过程中对文本及跨模态上下文关系的学习和理解能力，能够结合注意力机制和预训练参数，对多模态输入进行全面理解与推理，最终生成以文本形式呈现的输出结果，例如回答问题、描述图像内容、概括音频或视频信息等。

1.2 大模型训练全景图

如图 1.6 所示，大模型的训练主要分为**两个阶段**：预训练（Pre-Training）和后训练（Post-Training）。在每个阶段，所使用的训练数据、训练范式（算法）、训练目标和超参数均有所不同。

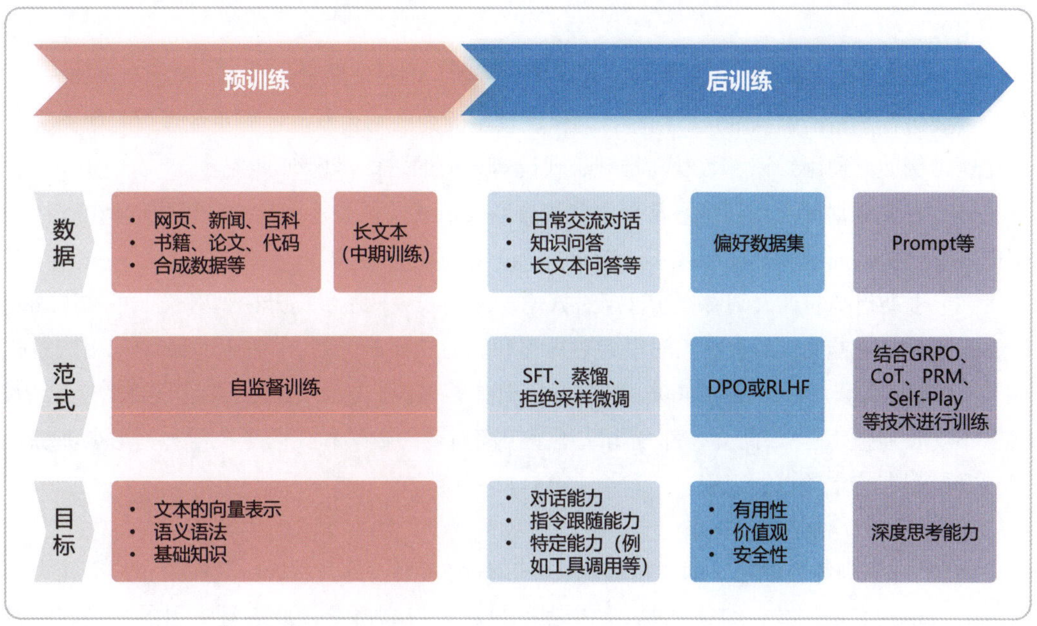

图 1.6 LLM 训练全流程总览

预训练阶段包括初期训练（基于海量数据的短上下文训练）、中期训练（长文本/长上下文训练）以及退火（Annealing）训练等。此阶段以自监督学习为主，使用的数据量最大，也是最消耗算力的环节。

后训练阶段则包含多种可选的训练范式（算法），包括但不限于监督微调（SFT）、蒸馏、拒绝采样微调（RSFT）、基于人类反馈的强化学习（RLHF）、直接偏好优化（DPO）以及其他强化学习方法，例如群体相对策略优化（GRPO）、近端策略优化（PPO）等。其中，某些环节也可进行多轮迭代训练，例如多轮拒绝采样微调（Rejection Sampling Fine-Tuning，RSFT）。

1. 阶段1：预训练

预训练为模型的效果奠定了坚实的基础。通过在海量文本数据集上进行预训练，LLM能够有效学习语言的统计规律、语法结构、语义信息，以及跨学科的丰富知识，显著提升模型的泛化能力与可塑性。在2018年发表的ELMo方法中[141]，首次通过无监督预训练的语言模型显著提升了多种NLP任务的性能。

预训练阶段主要包括以下流程。

（1）**收集训练数据**：LLM的预训练需要海量的高质量文本数据，主要来源于公开的互联网数据集，例如Common Crawl、Fineweb、RedPajama、Wikipedia和Pile等。在HuggingFace等平台上可以获取这些开源数据，内容主要涵盖网页、书籍、学术论文、代码、百科、新闻等，为模型提供丰富的知识来源。此外，还可以根据需求自建或合成部分定制化数据，以补充特定领域的内容。

（2）**数据清洗与配比**：开源数据中存在大量噪声，以及低质量、不合法和不合规的内容，因此需要进行严格的数据清洗。同时，为保证模型能力的均衡发展，需要合理调配数据类型的比例，例如，通用知识、数学与推理、代码等语料的占比需精细调整。

（3）**自监督训练**：预训练通常采用自监督学习范式，主要使用自回归模型的训练方式，即通过下一个词元预测（Next-Token Prediction）来学习语言规律。

（4）**中期训练和退火训练**：通过渐进式增加序列长度，逐步提升模型对长上下文（Long Context）的处理能力。由于更长的序列对显存和算力的要求更高，训练初期通常采用较短的序列长度。例如，可以从4K（4096个Token）开始，逐步扩展至128K，此过程可结合YaRN等上下文扩展技术[150]。此外，部分团队还基于高质量的数学和代码等数据进行退火训练，以提升模型在特定领域的表现。

2. 阶段2：后训练

LLM在预训练完成后，通过后训练进一步优化效果，提升生成质量和指令遵循能力和在细分领域的表现，减少幻觉与事实性错误，最终实现高质量、准确且实用的问题回答能力[56][58]。后训练主要包括以下环节。

（1）**收集指令数据**：指令数据包括日常对话、知识问答、医学问答、代码问答、长文本问答等，可通过HuggingFace等平台获取，也可以使用自建私有数据和合成数据。数据需进一步清洗和调配比例，确保多样性与高质量。

（2）**监督微调**（Supervised Fine-Tuning，SFT）：基于收集的指令数据，采用有监督学习（包括蒸馏）对预训练模型进行微调，使其生成更符合人类期望的高质量回答。

（3）**拒绝采样微调**（Rejection Sampling Fine-Tuning，RSFT）：通过人工或模型对生成的样本进行筛选，剔除低质量样本，仅保留高质量样本进行多轮迭代微调，从而进一步优化模型表现[57]。

（4）**基于 RLHF 或 DPO 进行对齐训练**：通过 RLHF（基于 PPO、GRPO 等算法）或 DPO 等训练方法，使模型生成的回答更加符合人类偏好，提升模型的指令遵循能力，优化其有用性、价值观（伦理与公平）和安全性（例如遵纪守法、避免回答危险问题等）。

（5）**特定能力的增强**：有针对性地训练数据，提升模型的长文本问答能力、多语言问答能力、数学与逻辑推理能力、编程能力、功能与工具调用（Function Calling）能力等。

（6）**深度思考能力训练**：综合运用 GRPO、思维链（Chain of Thought，CoT）、过程奖励模型（PRM）、蒙特卡洛树搜索（MCTS）、自博弈（Self-Play）等技术，通过蒸馏、强化学习等训练方法，提升模型的深度思考能力，使其在推理过程中通过更复杂的计算、更长的推理路径来提升输出质量[143][142]。

1.3　性能扩展规律

随着大模型的发展，研究人员通过大量实验发现，模型性能与以下**四个因素**存在关系。

（1）**训练算力**：训练时所花费的总计算资源量，例如 GPU 的总计算量乘以时间。

（2）**训练数据量**：训练所使用的 Token 总量。

（3）**模型参数量**：模型的总参数量。

（4）**推理时的计算量**：单次推理时消耗的计算资源，例如思考时长或搜索广度与深度。

研究表明，模型的性能随着这四个因素的增加呈现出幂律提升的趋势。这一现象被称为**扩展规律**（Scaling Law）。

包括 OpenAI 和 DeepMind 在内的多个研究机构通过大量实验验证了扩展规律的存在[98] [99] [100][144]。如图 1.7 和图 1.8 所示，通过提升训练算力、训练数据量、模型参数量及推理时的计算量，能够以近似幂律的增长规律显著提升模型性能。

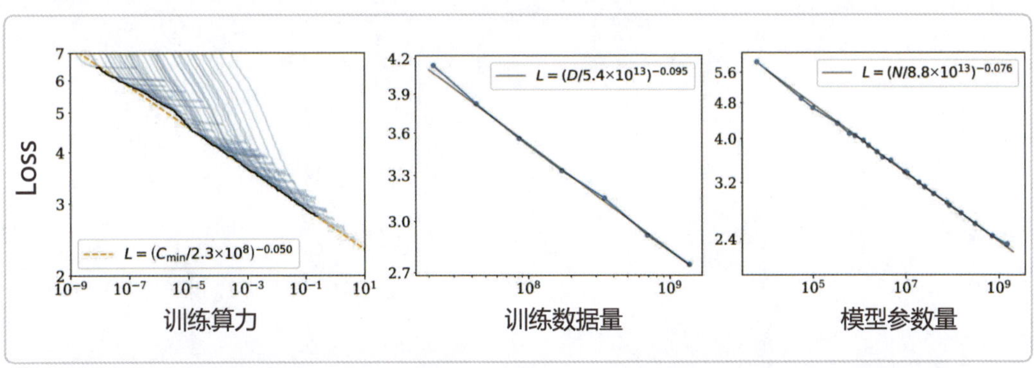

图 1.7　训练算力、训练数据量、模型参数量与模型性能的扩展规律[98]

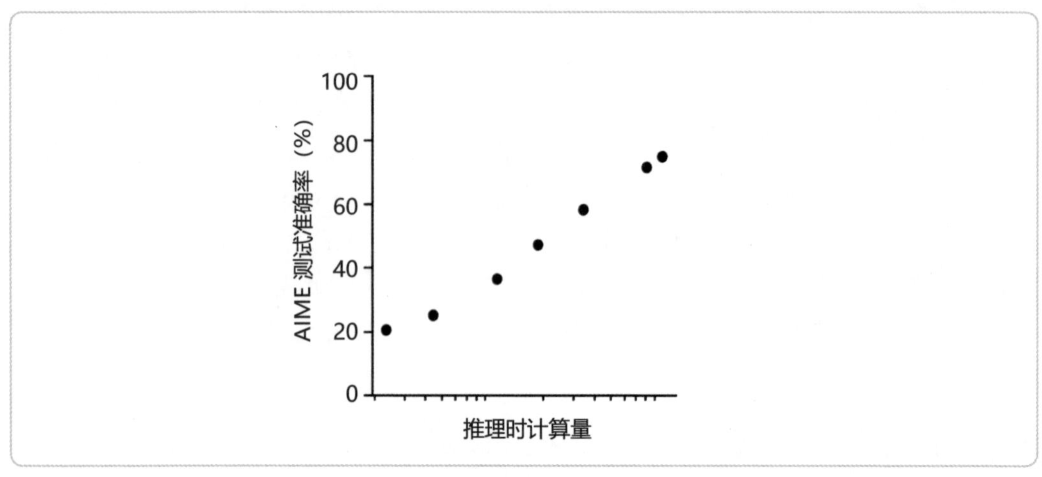

图 1.8　推理时的计算量与模型性能的扩展规律[100]

扩展规律具有重要的现实意义，主要作用如下。

（1）**性能预测：**利用扩展规律，可以基于部分训练趋势预测模型在给定训练算力、训练数据量和模型参数量等条件下的理论性能上限，从而避免耗费大量资源进行完整训练。

（2）**指导算力规划与模型参数设计：**训练算力、模型规模和数据规模之间存在最优匹配关系。例如，增加模型参数量时，所需训练数据量也要相应增加，不能一味追求更大的模型规模，DeepMind 提出的 Chinchilla Scaling Law 给出了明确的最优匹配公式[99]。

第 2 章　SFT

监督微调（Supervised Fine-Tuning，SFT）是指在预训练模型的基础上，利用标注数据进一步训练，以增强模型在特定任务上的处理能力。在 LLM、VLM 与 MLLM 的指令任务场景中，SFT 常被用于指令微调（Instruction Tuning），其典型应用包括聊天问答、内容创作、代码补全、医疗健康，以及多模态理解与生成任务等。

SFT 的应用极为广泛，通常仅需少量高质量且多样化的指令数据即可完成训练，能显著提升模型的效果和交互体验。强化学习素来拥有极高的性能潜力，但在真正驾驭它之前，监督学习依然是一种较为稳健的选择。

2.1　微调技术分类

可用于 SFT 的微调技术种类多样，具体分类如图 2.1 所示。在图中，全参数微调和部分参数微调仅需基于预训练模型主体进行微调，开发成本较低；并联低秩微调和 Adapter Tuning 则需要引入额外的模块，实施过程相对复杂一些。这些方法均是针对模型参数进行微调的，而基于 Prompt 的微调另辟蹊径，从模型的输入着手进行微调。

本节将详细解析各种微调技术的原理、特性及实践指南。

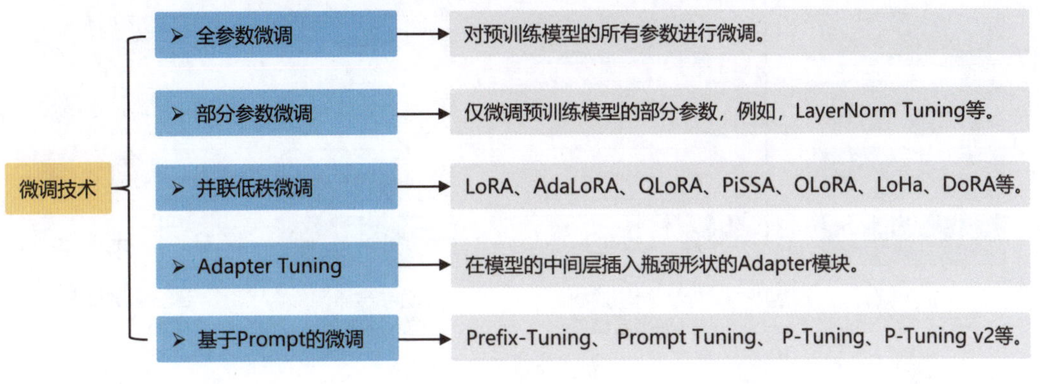

图 2.1　微调技术分类

2.1.1　全参数微调和部分参数微调

1. 全参数微调

全参数微调（Full Fine-Tuning 或 Full Parameter Fine-Tuning）指在微调过程中，对模型的所有参数进行训练和更新，以适应特定的下游任务。这是最为直接且传统的微调方式，其优点在于实现简单，通常可以带来较大的效果提升。然而，由于所有参数都参与反向传播和梯度更新，全参数微调对 GPU 资源的需求较高。此外，由于全参数微调自由度较大，如果数据量不足，那么模型可能面临较高的过拟合风险。

2. 部分参数微调

部分参数微调（Partial Parameter Fine-Tuning）也称**选择性微调**（Selective Fine-Tuning），指在微调过程中，仅对模型的部分参数进行训练和更新，而其他参数保持冻结状态。这种方法在节省 GPU 资源、降低过拟合风险，以及提高微调效率方面具有显著优势。

如图 2.2 所示，图中灰色区域表示冻结的参数，蓝色区域表示可训练的参数。根据应用场景和微调部位的不同，部分参数微调可以进一步分类如下。

（1）**输出层微调**：当下游任务的输出要求与原模型不同时，可以选择仅微调输出层或与之相连的几层。例如，在 RLHF 中使用的奖励模型，可以基于 SFT 模型对输出层结构进行调整，然后仅微调这一部分参数，以适应新任务的需求。

（2）**输入层微调**：当输入发生较大变化时（例如数据模态不一致或数据分布差异较大），可以选择仅微调输入层。例如，在扩展 LLM 的词表后，新增的 Token Embedding 在初始化后未与模型充分适配，此时可以分两步训练：首先冻结模型的其他层，仅微调 Token Embedding；然后解冻所有参数，进行全模型训练，以实现更好的融合。

（3）**局部结构微调**：可以针对模型各层中的特定局部结构进行微调。例如，BitFit 方法仅微调模型的偏置参数；LayerNorm Tuning 仅微调模型的 LayerNorm 参数；此外还有诸如 Attention Tuning 等局部微调的方法。这些方法有效减少了参与训练的参数量，从而节省了计算资源。

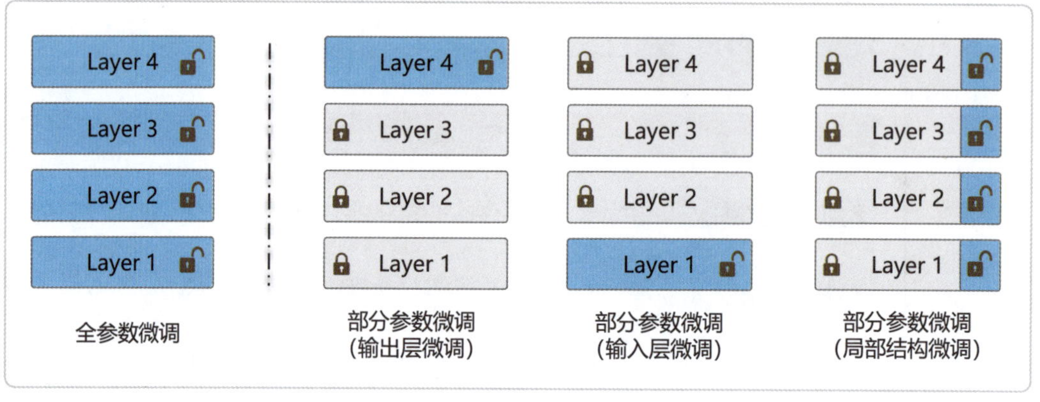

图 2.2　全参数与部分参数微调

2.1.2　LoRA——四两拨千斤

1. 低秩性、矩阵分解

低秩适配（Low-Rank Adaptation，LoRA）微调的相关论文由微软的研究团队于 2021 年发表[7]。由于其高效的微调方式和良好的效果，在各类模型中得到广泛应用。**LoRA 的核**

心思想在于——微调前后模型的参数差异ΔW 具有低秩性。因此，能够用低秩矩阵表征预训练模型与目标模型之间的差异ΔW。

一个矩阵具有**低秩性**，意味着它包含较多的冗余信息，将其分解为多个低维矩阵后，不会损失过多有用信息。例如，如图 2.3 所示，一个大小为 1024×1024 的矩阵可以被近似分解为一个大小为 1024×2 的矩阵与一个大小为 2×1024 的矩阵的乘积，从而将参数量减少至原来的 0.4%左右。这种低秩特性应用广泛，例如，可以利用 SVD 分解实现数据压缩、特征降维、图像处理，以及模型计算加速等任务。

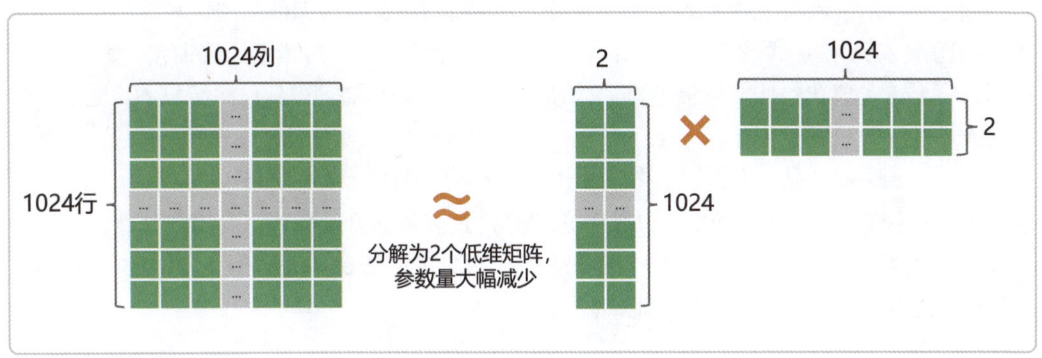

图 2.3 低秩性与矩阵分解

2. LoRA工作原理之一：全局视角

LoRA 可以被用于对多种类型的模型进行微调，图 2.4 展示了利用 LoRA 对 Transformer 进行微调的原理，涉及以下两类参数。

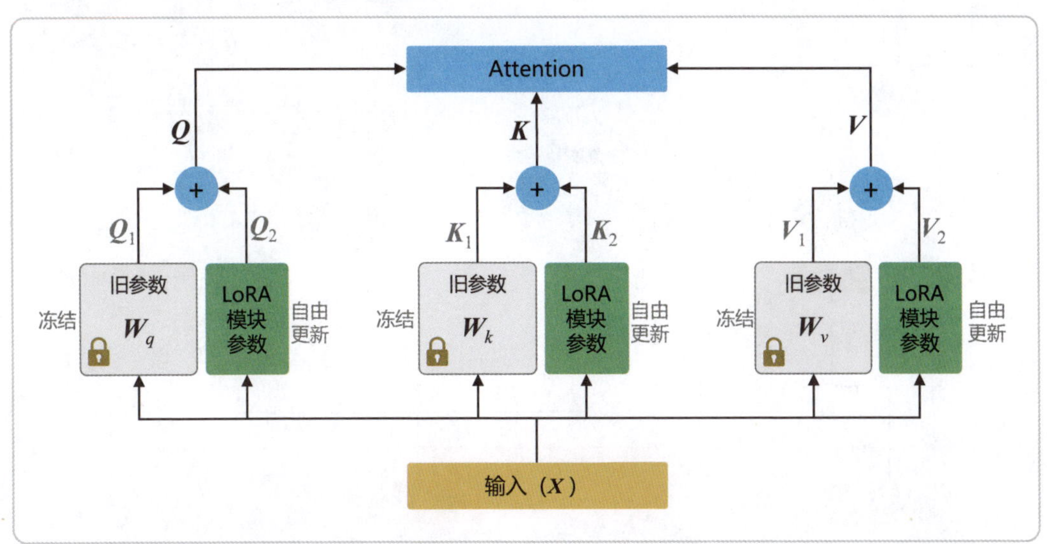

图 2.4 利用 LoRA 对 Transformer 进行微调的原理

（1）**预训练参数（旧参数）**：灰色的参数矩阵 W_q、W_k、W_v 表示预训练模型的参数，在微调过程中被冻结，保持不变。

（2）**LoRA 参数**：绿色的参数矩阵表示 LoRA 参数，在微调过程中自由更新。

如图 2.4 所示，针对预训练参数矩阵 W_q、W_k、W_v 分别并联了 LoRA 模块，并对这些模块进行微调。实践中，可以选择性地仅对部分参数矩阵并联 LoRA 模块，例如，可以仅对 Transformer 的 FFN 部分并联 LoRA 模块进行微调。具体需结合实际效果选定最优的组合。

3. LoRA工作原理之二：内部细节

图 2.5 展示了利用 LoRA 模块对预训练参数矩阵 W_q 进行微调的原理。与原模型的计算流程相比，LoRA 模块通过增加一条并行的轻量级计算路径，与原模型无缝衔接。如式（2.1）所示，将 LoRA 模块的计算结果 Q_2 与原始模型的结果 Q_1 相加，得到最终结果 Q。随后，将 Q 输入后续环节进行常规计算，上下游模块对 LoRA 的引入与否完全无感知：

$$Q = Q_1 + Q_2 = W_q X + \Delta W_q X = W_q X + ABX = (W_q + AB)X = W_q^{\text{Merged}} X \tag{2.1}$$

LoRA 模块由两个低维矩阵组成，其核心思想是通过降维和升维操作，利用低秩特性实现参数微调。在矩阵的两个维度中，较小的维度被称为 LoRA **的秩**（rank，r），图 2.5 的示例中 LoRA 的秩为 2。两个低维矩阵分别如下。

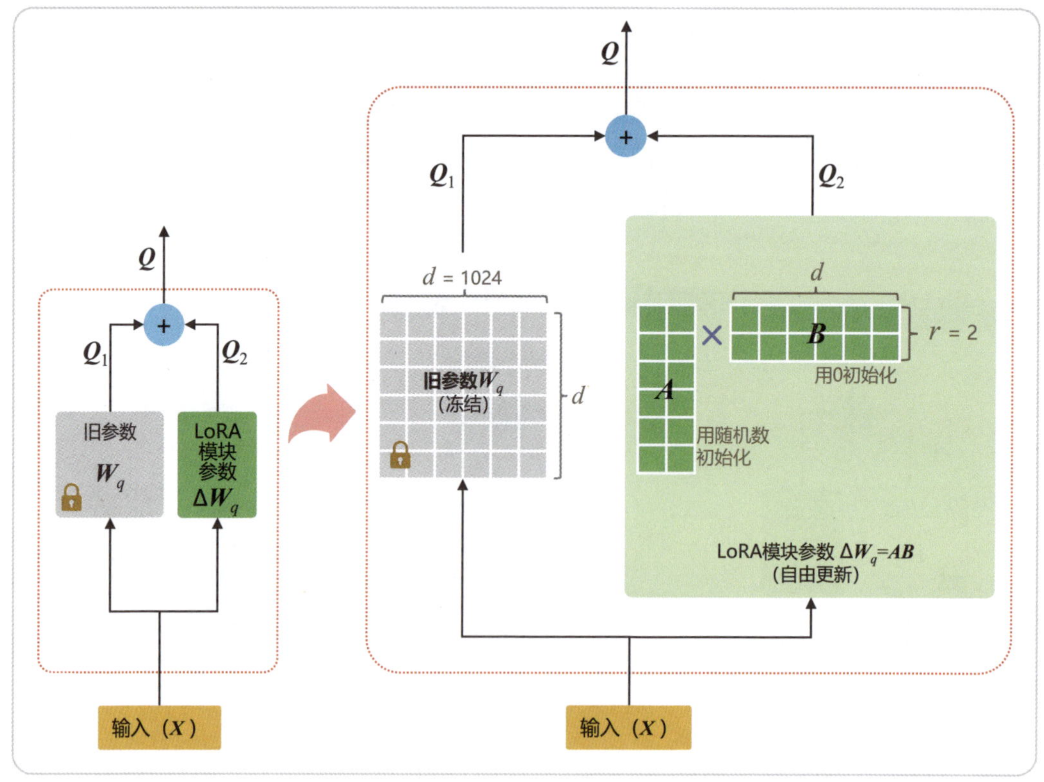

图 2.5　利用 LoRA 模块对预训练参数矩阵进行微调的原理

（1）$\boldsymbol{A}$：LoRA 模块的降维参数矩阵，形状为（模型隐层大小，r）。

（2）$\boldsymbol{B}$：LoRA 模块的升维参数矩阵，形状为（r，模型隐层大小）。

***A* 和 *B* 的初始化方式**：矩阵 $\boldsymbol{A}$ 使用随机数初始化，如 kaiming 初始化；而矩阵 $\boldsymbol{B}$ 使用全 0 初始化，或使用极小的随机数初始化，目的是确保在训练初期，插入的 LoRA 模块不会对模型整体输出造成过大的扰动。正如式（2.1）所示，当 $\boldsymbol{B}=0$ 时，$\Delta \boldsymbol{W}_q=0$，因此 $\boldsymbol{Q}$ 等于 $\boldsymbol{Q}_1$，所以在训练初期，依然只有预训练参数矩阵 $\boldsymbol{W}_q$ 在发挥作用。

4. LoRA实践指南

在实践中，进行 LoRA 微调时，可参考以下经验。

（1）**参数 lora_rank**：LoRA 的秩 r，通常设为一个较小的值，例如 4、8 或 16。较小的 lora_rank 可以减少可训练参数的数量；较大的 lora_rank 则有更强的拟合能力。

（2）**参数 lora_alpha**：用于缩放 LoRA 模块输出的因子，初始时可设为 r 或稍大的值，例如 8、16 或 32，并根据模型表现进行适当调整，以平衡稳定性和收敛速度。较大的 lora_alpha 可以增强 LoRA 模块对输出的影响，但可能导致训练不稳定；较小的 lora_alpha 可能使 LoRA 的效果不明显，无法充分发挥低秩矩阵的杠杆作用。

（3）**学习率**：虽然学习率不是 LoRA 特有的超参数，但它对训练非常重要。建议从较小的值（例如 1e-4 或 2e-5）开始，并根据模型的表现进行调整。如果 lora_alpha 较大，那么学习率可以适当降低，以保证训练的稳定性。

（4）**权重合并**：在推理阶段，可以预先将 LoRA 权重与原始模型权重合并，PEFT 库中已经提供了成熟的权重合并接口。合并的原理如式（2.1）所示，$\boldsymbol{W}+\boldsymbol{AB}=\boldsymbol{W}^{\text{merged}}$，推理时只需加载合并后的模型权重 $\boldsymbol{W}^{\text{merged}}$，从而使推理的计算量与原始模型保持一致。

（5）**多个 LoRA 模块的实时切换**：如果要同时处理多种任务，那么可以将每个任务对应的 LoRA 模块权重、预训练权重全部加载到 GPU，根据请求的任务类型，在 GPU 上实时切换并启用相应的 LoRA 模块，执行对应任务的推理。

5. LoRA代码实现的提炼与解析

笔者参考了微软官方实现的 LoRA 代码[145]，对其进行了简化和提炼（删减了非关键代码，整改函数并添加注释），如算法 2.1 所示。

算法 2.1　LoRA 实现示例

```
class LoRA(nn.Linear):
    def __init__(self, in_features: int,  out_features: int,
        lora_rank: int,                # LoRA 的秩，即低秩分解中使用的秩（r）
        lora_alpha: int = 1,           # LoRA 的缩放因子 alpha，调整低秩矩阵的影响力
        lora_dropout: float = 0.0,     # 在应用 LoRA 时使用的 dropout 的概率
        **kwargs ):
        super().__init__(in_features, out_features, **kwargs)
        self.lora_dropout = nn.Dropout(lora_dropout)
```

```
        self.scaling = float(lora_alpha) / float(lora_rank)

        # 创建可训练的参数：LoRA 的 A、B 矩阵
        self.lora_A = nn.Parameter(torch.zeros((in_features, lora_rank)))
        self.lora_B = nn.Parameter(torch.zeros((lora_rank, out_features)))

        # （1）用 kaiming 均匀分布随机初始化 A；  （2）用 0 初始化 B
        nn.init.kaiming_uniform_(self.lora_A, a=math.sqrt(5))
        nn.init.zeros_(self.lora_B)

        self.weight.requires_grad = False   # 冻结预训练的权重矩阵
        self.if_weights_merged = False      # 本类中忽略权重合并的相关代码

    def forward(self, x: torch.Tensor):
        if not self.if_weights_merged:
            result = F.linear(x, self.weight, bias=self.bias)
            lora_output = self.lora_dropout(x) @ self.lora_A
            lora_output = lora_output @ self.lora_B
            result += lora_output * self.scaling # 缩放 LoRA 模块的输出
            return result
        else:
            return F.linear(x, self.weight, bias=self.bias)
```

加载 LoRA 模块之后，模型的完整结构如数据 9.3 所示。

2.1.3 LoRA 衍生：AdaLoRA、QLoRA、PiSSA 等

LoRA 算法在业界备受关注，与 LoRA 相关的算法创新不断涌现，例如 AdaLoRA、QLoRA、LoftQ、PiSSA、OLoRA、LoHa、LoKr、DoRA 等。

（1）**AdaLoRA**：全称为 Adaptive LoRA，即自适应 LoRA[8]。该方法可以自适应地为每个微调矩阵分配不同的秩 r，使比较重要的微调矩阵可以获得更多的微调参数。传统的 LoRA 则为所有微调矩阵分配相同的秩 r。在等量的微调参数下，相较于 LoRA 的一视同仁，AdaLoRA 更能将“好钢用在刀刃上”。

（2）**QLoRA**：一种结合量化的 LoRA 方法[13]。QLoRA 通过将预训练模型量化为 4 位，大幅降低了显存占用和计算开销。QLoRA 主要有三个创新点：引入了一种新的数据类型——4 位 NormalFloat（NF4）；对量化常数进行二次量化；基于 NVIDIA 的统一内存技术来缓解内存峰值问题。通常，应优先尝试 LoRA，在资源受限的情况下再考虑使用 QLoRA。

（3）**LoftQ**：全称为 LoRA-Fine-Tuning-aware Quantization，即 LoRA 微调感知量化[14]。LoftQ 是一种针对模型的量化技术，通过交替应用量化和低秩近似以逼近原始预训练权重，对 LoRA 微调进行更为理想的初始化，从而减少 QLoRA 的量化误差，并提升下游任务的泛化能力。

（4）**PiSSA**：由北京大学等研究团队于 2024 年提出[9]。该方法在模型架构上与 LoRA 一致，但采用了不同的参数初始化策略。PiSSA 首先对预训练模型的参数矩阵进行奇异值分解，然后使用得到的主奇异值和奇异向量初始化 LoRA 参数矩阵。与 LoRA 相反，PiSSA 冻结了权重矩阵的次要成分，微调主要成分。

（5）**OLoRA**：全称为 Orthonormal LoRA，即正交 LoRA[10]。该方法通过 QR 分解初始化 LoRA 的参数矩阵，加速了训练过程的收敛。

（6）**LoHa**：全称为 Low-Rank Hadamard Product，该方法与 LoRA 类似，区别在于 LoHa 通过引入 Hadamard 积，对矩阵的乘积进行了进一步的逐元素计算[11]。

（7）**LoKr**：全称为 Low-rank adaptation with Kronecker product，该方法与 LoRA 相似，区别在于它将低秩矩阵之间的乘积替换为 Kronecker 积，多被用于扩散模型[12]。

（8）**DoRA**：DoRA 将预训练权重分解为幅度和方向两部分进行微调，并使用 LoRA 进行方向性更新[15]。

2.1.4 基于 Prompt 的微调：Prefix-Tuning、Prompt Tuning、P-Tuning

与 LoRA 等方法微调模型参数的思路不同，另一类技术则从模型的提示（Prompt）着手。通过人工设计 Prompt 文本或训练出 Prompt 向量（Embedding），将其与原始输入拼接后输入模型。这些拼接的 Prompt 信息能够影响模型的 Attention 等计算过程，从而对模型后续的生成起到**引导作用**，这可以提升模型在特定任务中的表现。

这类技术无须更新模型参数，仅需更新 Prompt 文本、Prompt 向量，以及与 Prompt 向量相关的参数（如重参数化结构等）。对于 N 个不同类型的任务而言，只需要使用 N 组 Prompt 文本或轻量级的 Prompt 向量即可，它们共享同一套模型参数。

1. 提示工程

提示工程（Prompt Engineering）可分为以下两类[96]。

（1）**硬提示**（Hard Prompt）：指人工设计、调试最终确定的 Prompt 文本，这些 Prompt 文本通常由明确的指令或问题组成，旨在引导模型完成特定的任务。例如，“请续写：……”可用于指导模型生成续写内容。其优点是人类可读，具有可解释性；缺点是设计过程耗费人力，并且由于 Token 序列位于离散空间，难以得到最优解。

（2）**软提示**（Soft Prompt）：也被称为**基于提示**（Prompt-based）**的微调技术**，由一组可训练的 Prompt 向量组成。这些向量并不对应实际的 Token，可被视为“虚拟 Token”对应的向量。其优点是模型通过自动学习，在连续空间内更容易探索并接近最优解；缺点是缺乏可读性并存在训练成本。

通常，软提示效果优于硬提示。本节即将讨论的 Prefix-Tuning[3]、Prompt Tuning[5]、P-Tuning[4]、P-Tuning v2[6]等技术都属于软提示范畴。其中，Prefix-Tuning 最早被提出，后续衍生出多种相似技术。因此，本节将重点围绕 Prefix-Tuning 进行讲解。

2. Prefix-Tuning

Prefix-Tuning 由斯坦福大学的研究团队提出，可以用于对语言模型进行轻量级微调[3]。如图 2.6 所示，该方法在输入的起始位置插入一段连续的、可训练的向量，称为**前缀**（Prefix）。在处理后续的 Token 时，Transformer 将这些向量视为“虚拟 Token”，并让它们参与 Attention 计算。需要注意的是，本节默认模型结构为 Decoder-Only 架构，对于 Encoder-Decoder 架构的模型，Prefix-Tuning 的应用细节有所不同。

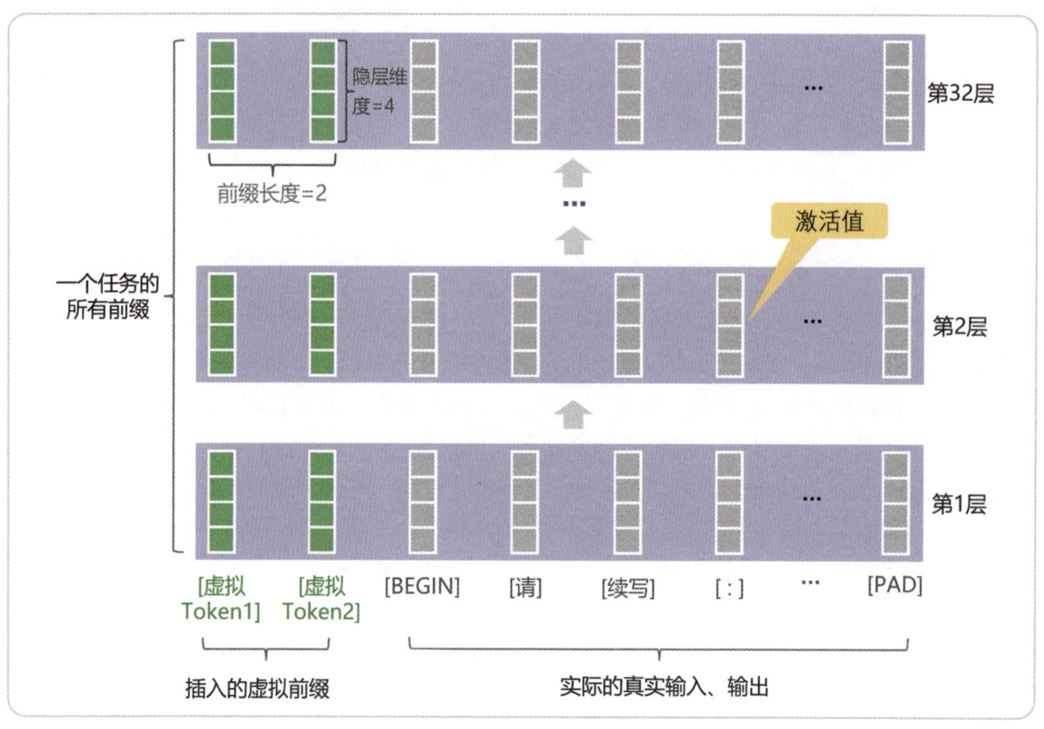

图 2.6　Prefix-Tuning 在模型中的应用示意图

对于图 2.6 中的示例，Prefix-Tuning 的具体实现细节如下。

（1）**各层插入前缀向量**：在 Transformer 的所有层分别独立地插入前缀向量，它们互不相同。

（2）**前缀向量的数量和维度**：每层插入 2 个前缀向量，每个向量对应一个虚拟 Token。图 2.6 中前缀向量的维度为 4，该维度需与模型的隐层维度保持一致。

（3）**初始化**：前缀向量可通过多种方式初始化，例如随机初始化；或者结合硬提示，先由人工设计出与任务相关的 Prompt 文本，再用这些 Prompt 文本所对应的 Token 向量进行初始化，后者通常能带来更好的效果。

（4）**参数量计算**：对于单个特定的任务，Prefix-Tuning 所使用的参数量计算公式为

$$\text{Prefix-Tuning的总参数量} = \underbrace{\text{Layer\_cnt}}_{\text{模型层数}} \times \underbrace{\text{Prefix\_len}}_{\text{前缀长度}} \times \underbrace{\text{Hidden\_size}}_{\text{隐层维度}} \tag{2.2}$$

模型计算时，Prefix-Tuning 技术与传统的模型推理过程有什么区别呢？可以用以下两个表达式分别表示传统计算过程和 Prefix-Tuning 技术的计算过程：

$$\text{Output}_i^{\text{Base}} = \text{LLM}（\text{Prompt, Output}_{1\sim i-1}） \tag{2.3}$$

$$\text{Output}_i^{\text{Prefix-Tuning}} = \text{LLM}（\text{Prefix, Prompt, Output}_{1\sim i-1}） \tag{2.4}$$

其中，Prefix 为插入的前缀，Prompt 为原始的输入，Output_i 为在第 i 个位置生成的 Token。图 2.7 展示了一个续写任务中各种 Token 序列与其对应的激活值之间的对应关系。

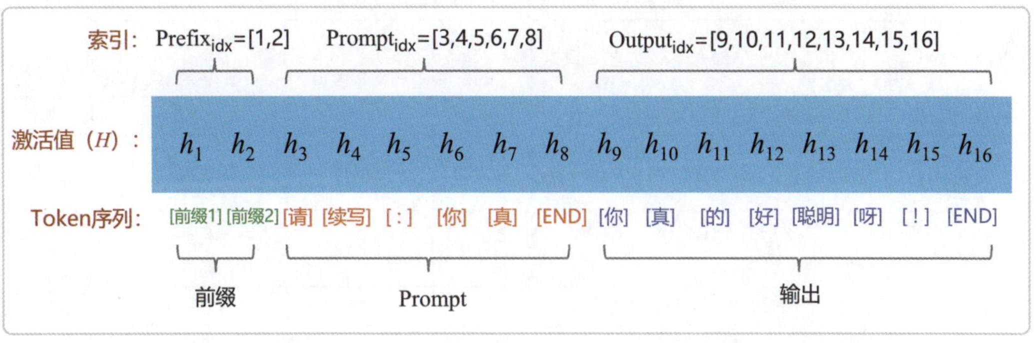

图 2.7 一个续写任务中各种 Token 序列与其对应的激活值之间的对应关系

研究人员发现，直接优化前缀参数 θ 时会面临稳定性问题，通过引入 MLP 结构辅助训练（**重参数化**）可以缓解稳定性问题，并提升训练效果。与原有方法不同的是，此处将 MLP 的输出作为前缀向量，训练时 MLP 的参数持续更新。训练完成后，只需保留 MLP 的输出数值，MLP 本身可以被丢弃。

3. Prompt Tuning

Prompt Tuning 由 Google 的研究团队提出[5]，可以视为 Prefix-Tuning 的简化版。Prompt Tuning 只在输入层插入可训练的参数向量，这带来以下两个好处。

（1）Prompt Tuning 更加轻量，实施更简单，所需参数量更少。

（2）Prompt Tuning 无须借助额外的重参数化模块（例如 MLP 结构），因此训练过程更加稳定，而 Prefix Tuning 通常需要这些模块来提高稳定性。

研究表明，模型参数量对 Prompt Tuning 的效果有直接影响。当模型参数量较少时，Prompt Tuning 的效果显著落后于全参数微调；而当模型参数量较多时，Prompt Tuning 和全参数微调的效果差异明显缩小[5]。

4. P-Tuning和P-Tuning v2

P-Tuning（P-Tuning v1）和 **P-Tuning v2** 由清华大学等研究团队提出，主要针对自然语言理解（Natural Language Understanding，NLU）任务[4]。在早期，GPT 类型的模型在 NLU 任务上表现不佳，因此，更多地被认为适合自然语言生成（Natural Language Generation，NLG）

任务。然而，P-Tuning v1 的论文“GPT Understands, Too”表明，GPT 类型的模型也可以胜任 NLU 任务。

P-Tuning 系列技术的原理与 Prefix-Tuning 的相似，主要区别见表 2.1。

5. 基于提示的技术总结对比

整体来看，Prefix-Tuning、Prompt Tuning、P-Tuning、P-Tuning v2 和 Prompt Engineering 有许多相似之处，它们在各个维度上的区别如表 2.1 所示。注意，其中“可训练参数占比参考值”因配置不同可能存在较大偏差。

表 2.1 基于 Prompt 的技术对比

	简介	作用位置	可训练参数占比参考值	是否需要参数转换模块	适用任务
Prefix-Tuning	在所有层的起始处插入可训练的向量	所有层	0.1%	可选	NLG 为主
Prompt Tuning	只在输入层的起始处插入可训练的向量	输入层	0.01%	不需要	广泛适用
P-Tuning	只在输入层的某些位置插入可训练的向量	输入层	0.1%	需要经过 LSTM 等模块转换	NLU 为主
P-Tuning v2	在所有层的起始处插入可训练的向量	所有层	0.1%	可选	NLU 为主
Hard Prompt	将原始输入拼接优选的提示后再输入	输入层	0	不需要	广泛适用

2.1.5 Adapter Tuning

层间插入式适配器微调（Adapter Tuning）是一种轻量级的微调技术[16]。注意，本节中的 Adapter Tuning 特指在原模型的中间层插入适配器（Adapter）模块的情况。Adapter Tuning 的原理如图 2.8 所示，首先在原始模型的中间层插入小型神经网络模块，然后冻结原始模型参数，仅微调新插入的模块参数，从而有效地适应下游任务。这些新插入的神经网络模块被称为**适配器**。

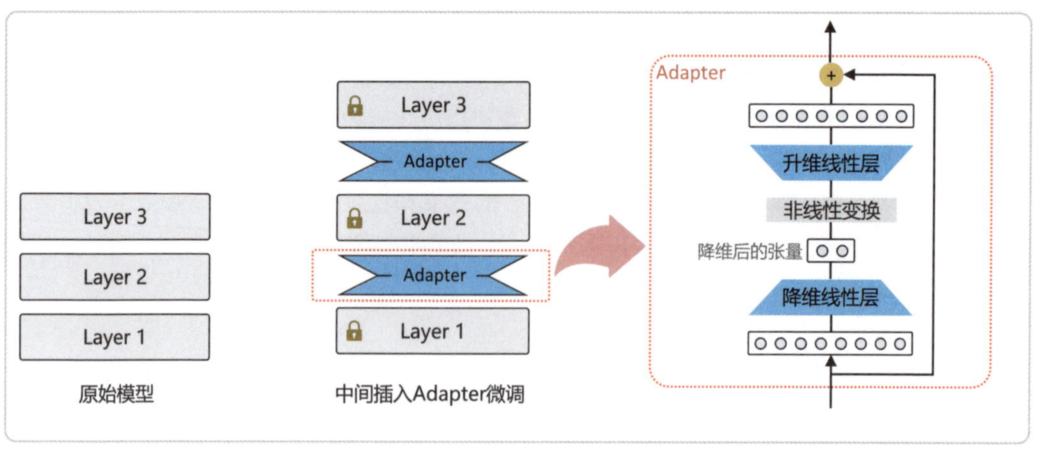

图 2.8 Adapter Tuning 的原理

每个 Adapter 模块主要由以下两个全连接层组成。

（1）**降维线性层：**通过一个窄长的线性变换矩阵对输入进行降维，减少参数量和计算开销。

（2）**升维线性层：**将降维数据恢复至原始维度，以保证输出与模型兼容。

2.1.6 微调技术对比

1. 微调技术的多维度对比

微调技术种类繁多，各具特色。图 2.9 从多个维度进行了对比，在实际应用时，结合具体需求进行选择。LoRA 等并联低秩微调在各个指标上表现较为均衡；基于 Prompt 的微调虽然在多任务维护灵活性上占优，但效果提升潜力有限；全参数微调适用场景最广且效果提升潜力最大，但是微调需要的资源也最多。

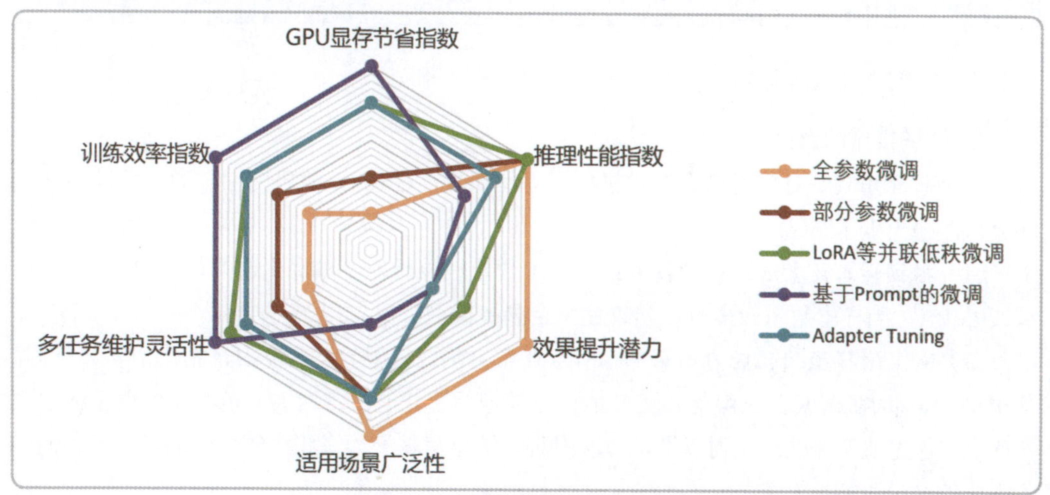

图 2.9 微调技术的多维度对比

在所有方法中，LoRA 等并联低秩微调技术由于 Adapter 权重可以与模型主体合并，因此不会额外增加推理开销和耗时。而基于 Prompt 的微调由于增加了序列长度，导致推理开销和耗时增加。Adapter Tuning 则因增加了模型深度，也相应地增加了推理开销和耗时。

2. 微调技术及其GPU显存占用

在选取微调技术时，可用的 GPU 资源量是一个重要的因素。表 2.2 估算了不同尺寸模型在使用不同微调技术时所需的显存总量[20]，需要注意的是，显存的实际占用量受到 Batch Size 等因素的影响，会存在偏差。根据公式“GPU 数量 = 总显存 / 单 GPU 显存”，可计算出所需的 GPU 数量。

表 2.2 微调技术与 GPU 显存占用参考表[20]

	7B	13B	30B	70B	110B	MoE（8×7B）	MoE（8×22B）
全参数微调（混精度）	120GB	240GB	600GB	1200GB	2000GB	900GB	2400GB
全参数微调（FP16/BF16）	60GB	120GB	300GB	600GB	900GB	400GB	1200GB
部分参数微调（FP16/BF16）	20GB	40GB	80GB	200GB	360GB	160GB	400GB
LoRA（FP16 / BF16）	16GB	32GB	64GB	160GB	240GB	120GB	320GB
LoRA + 8 位量化（基于 BitsAndBytes 等）	10GB	20GB	40GB	80GB	140GB	60GB	160GB
QLoRA（4 位量化）	6GB	12GB	24GB	48GB	72GB	30GB	96GB
LoRA + 2 位量化（基于 AQLM 等）	4GB	8GB	16GB	24GB	48GB	18GB	48GB

2.1.7 如何选择微调技术

1. 微调技术的选择

多个研究团队曾对各类微调技术进行了对比研究。Google 的研究团队通过系统的实验和分析，得出以下结论[17]。

（1）**根据样本数量选择微调技术：**当样本数量较少时，可以优先选择基于 Prompt 的微调或 LoRA；当样本数量较多时，建议使用全参数微调。

（2）**SFT 对模型泛化能力的影响：**SFT 通常会削弱模型的泛化能力，相比全参数微调，基于 Prompt 的微调或 LoRA 能够更好地保留模型的泛化能力。这主要是由于模型主体参数被冻结，使先前学习的知识得以继承。这一研究结论是基于翻译和摘要任务的，基于其他任务得出的结论可能会有差异。

进一步全面总结，可以参考以下原则选择微调技术。

（1）**全参数微调：**如果 GPU 资源能够满足训练需求，样本量较充足，那么应优先选择全参数微调，从而最大程度地提升模型表现。

（2）**部分参数微调：**如果需要针对特定层进行微调，或使用的框架生态难于接入其他微调技术，则可以选择部分参数微调。

（3）**LoRA 等并联低秩微调：**如果需要针对多个任务进行微调和推理，则可以优先选择 LoRA 等并联低秩微调技术，只需维护一个模型主体和多个轻量的 Adapter 模块。在使用时，多个 Adapter 模块可以与模型主体自由组合和切换，灵活应对不同任务的需求。

（4）**QLoRA 或结合量化的 LoRA：**如果可用的 GPU 资源非常有限，那么可以使用 QLoRA 进行微调，或者结合量化技术进行 LoRA 微调——首先基于 BitsAndBytes、AQLM 等技术对模型进行量化，然后使用 LoRA 进行微调。

（5）**基于 Prompt 的微调**：在样本比较少的情况下，可以优先选择基于 Prompt 的微调技术，以兼顾模型的泛化性能和训练效率。

（6）**Adapter Tuning**：增加了模型深度和推理耗时，与大模型所关注的计算性能相悖。此外，在通常情况下，Adapter Tuning 与 LoRA 等方法相比缺乏明显的独特优势，因此在大模型领域的应用较为有限。

2. PEFT微调库

HuggingFace 推出的 PEFT（Parameter-Efficient Fine-Tuning）库实现了各种微调技术[96]，可以方便地使用。PEFT 库是专门用于参数高效微调的工具库，已与 Transformers、Diffusers，以及 Accelerate 等库实现集成，这使应用各类微调技术变得极为简便。

2.2 SFT原理深入解析

本节将对 SFT 数据的处理、Label 的设计，以及 Loss 的构造等方面进行详细讲解。为更清晰地揭示其中的细节与机制，笔者结合 Qwen 模型[21]在实际运行中生成的多种中间计算结果进行分析与说明。

2.2.1 SFT 数据集与 ChatML 格式化

1. SFT数据集

开源的 SFT 数据集有多种组织形式，本节将展示一种常见的组织形式。如数据 2.1 所示，在示例中包含三条指令数据，每条指令数据有三个字段。

（1）**instruction**：指令、问题或实际的询问语句。

（2）**input**：Prompt，以及与 instruction 相关的辅助信息，通常作为 instruction 的附加内容（例如，一篇较长的文章或背景信息）。通常，instruction 与 input 会被拼接在一起输入模型，两者在功能上没有本质区别。

（3）**output**：Response，以及模型生成的回答。

数据 2.1 SFT 数据集

```
[
    {
        "instruction": "",
        "input": "虎皮青椒用什么做？",
        "output": "青椒，大蒜。"
    },
    {
        "instruction": "请美化这句话：",
        "input": "大海好大啊，蓝天好蓝啊。",
        "output": "大海之广，如无尽画卷舒展；天空之蓝，似梦幻之幕降临。"
```

```
    },
    {
        "instruction": "Fill in the blank.",
        "input": "Shanghai is located at the mouth of the ____ River.",
        "output": "Yangtze."
    }
]
```

2. 使用ChatML格式预处理SFT数据

对 SFT 数据进行格式化封装有助于提升训练效果，ChatML 是一种被广泛使用的格式。

ChatML，全称为 Chat Markup Language，是一种用于构建对话上下文的格式。通过将 SFT 数据组织成结构化的 ChatML 格式，可以在训练过程中帮助模型更准确地理解每条数据的内容。ChatML 格式明确区分了用户输入和模型输出，对于模型在处理和应对注入攻击等风险时具有一定作用。

一条 ChatML 格式的 SFT 数据如数据 2.2 所示，包含以下三个角色。

（1）**system**：系统消息，用于设定模型的角色、提供背景信息或一致的上下文提示，以引导模型的行为。例如，可以在 system 消息中明确要求模型扮演不同的角色（如“说话简练的人”“话痨”“彬彬有礼的人”），并使用相应的 SFT 数据进行训练。在推理阶段，当模型再次遇到这些在 system 中定义的角色时，便会倾向于以相应的身份回答问题，这有助于提高模型在推理阶段的准确性和一致性，其作用机制与提示工程类似。

（2）**user**：用户消息，包含用户的提问或相关内容。通常将 SFT 数据中的 instruction 和 input 两个字段的文本拼接在一起，并在两者之间插入特殊符号（如“\n”等）以示区分，将拼接后的文本作为用户消息输入模型。

（3）**assistant**：模型的回答内容，用于记录模型在当前对话中的回复结果。

数据 2.2　一条 ChatML 格式的 SFT 数据

```
<|im_start|>system
You are a helpful assistant.<|im_end|>
<|im_start|>user
虎皮青椒用什么做？<|im_end|>
<|im_start|>assistant
青椒，大蒜。<|im_end|>
```

其中，“<|im_start|>”和“<|im_end|>”分别是语句的开始符和结束符，会被 Tokenizer 转换为一个独立的 Token ID。例如，本例中“<|im_start|>”对应的 Token ID 为 151644，“<|im_end|>”对应的 Token ID 为 151645。

3. 多轮对话的多层次分隔符

对于多轮对话数据集，为了提升 SFT 训练效果，通常要进行特殊的格式化处理，数据 2.3 是一个格式化后的两轮对话的数据集。在格式化时，除了需要插入通用的起始符“<|im_start|>”和结束符“<|im_end|>”，还有必要引入当前轮次的起始符和结束符（例如，可以分别命名为“<|turn_start|>”和“<|turn_end|>”）。这些符号用于标识当前轮次（Turn）的开始和结束，而非整场对话（Conversation）的边界。整场对话应使用“<|im_start|>”和“<|im_end|>”这两个 Token。这种方法为模型提供了更明确的层次和段落信息，有助于提升模型的效果。

数据 2.3 格式化后的两轮对话的数据集

```
<|im_start|><|turn_start|>user
在吗？<|turn_end|>
<|turn_start|>model
您好，在的呀，有什么可以帮助您呢？<|turn_end|>
<|turn_start|>user
虎皮青椒用什么做？<|turn_end|>
<|turn_start|>model
青椒，大蒜。<|turn_end|><|im_end|>
```

2.2.2 Logits 与 Token 概率计算

Logits 是模型最后一层输出的原始分值，如图 1.4 所示，其尚未经过归一化处理，用于表示词表中每个词的“可能性”。需要注意的是，Logits 并不等同于概率，概率的取值范围是[0, 1]，而 Logits 的理论取值范围是（$-\infty, +\infty$）。

在 LLM 的训练过程中，通常需要将 Logits 转换为概率，并结合 Label 进行交叉熵损失（Loss）计算。本节将结合模型运行时录制的中间结果、Logits、Token 概率值等信息，揭示其背后的计算机制。

1. SFT数据从文本到Token ID的转换

以数据 2.2 所示的 SFT 数据（经过 ChatML 格式预处理）为例，该数据经过 Tokenizer 处理后，被转换为 33 个 Token，对应 33 个序列位置，如表 2.3 所示。每个 Token ID 与相应的词元一一对应。在后续章节中，关于 Logits、概率、SFT Label 和 Loss 的讲解也将以这 33 个序列位置为例展开。

表 2.3 Token ID 与词元的映射关系

序号	Token ID	词元	序号	Token ID	词元
1	151644	<|im_start|>	18	101667	椒
2	8948	system	19	11622	用
3	198	\n	20	99245	什么
4	2610	You	21	99190	做
5	525	are	22	11319	？
6	264	a	23	151645	<|im_end|>
7	10950	helpful	24	198	\n
8	17847	assistant	25	151644	<|im_start|>
9	13	.	26	77091	assistant
10	151645	<|im_end|>	27	198	\n
11	198	\n	28	99467	青
12	151644	<|im_start|>	29	101667	椒
13	872	user	30	3837	，
14	198	\n	31	115436	大蒜
15	100422	虎	32	1773	。
16	99888	皮	33	151645	<|im_end|>
17	99467	青			

2. Logits的计算

Logits 是模型输出的核心信息，其形状为（序列长度 ＝33，词表大小 ＝151936），具体取决于输入数据和词表大小，本节默认 batch_size＝1。在代码实现中，通常将模型主体最后一层输出的 hidden_states 输入 lm_head 进行变换，即可生成 Logits，简化实现如代码 2.1 所示。

代码 2.1 根据隐藏状态生成 Logits

```
# 定义 lm_head，线性层将隐藏状态映射到词表大小
lm_head = nn.Linear(config.hidden_size, config.vocab_size, bias=False)

# 模型进行前向传播，获取模型输出
outputs = model( input_ids=input_ids,                  # 输入的 Token ID 序列
                 attention_mask=attention_mask,        # 注意力掩码
                 position_ids=position_ids,            # 位置 ID 序列
                 **kwargs)                             # 其他参数

# 提取模型的隐藏状态（通常是最后一层的隐藏状态）
hidden_states = outputs[0]  # 输出的第一个张量通常是 Hidden States
```

```
# 使用 lm_head 将隐藏状态映射到词表空间，得到 logits
logits = lm_head(hidden_states)
```

模型预测的 Logits 如表 2.4 所示，每一行代表一个序列位置的 Logits 分布，即该序列位置可能的 Token 及其对应的“可能性”。

表 2.4 每个位置在整个词表下的 Logits

	Token 0	Token 1	Token 2	…	Token 151934	Token 151935
位置 1	1.8906	2.1875	2.4375	…	-2.9531	-2.9531
位置 2	0.6523	1.7969	3.4375	…	-4.5312	-4.5312
…	…	…	…	…	…	…
位置 32	7.0312	3.9844	5.0000	…	-4.5938	-4.5938
位置 33	3.3594	5.8125	7.1250	…	-4.2188	-4.2188

3. 根据Logits计算Token概率

以表 2.4 中第 33 个序列位置为例，对该行内的所有 Logits 值进行 Softmax 运算，可以得到每个 Token 的概率，具体可以代入下式求得每个 **Token 的概率**：

$$\text{Prob}_i = \text{Softmax}(x_i) = \mathrm{e}^{x_i} \Big/ \sum_{j=0}^{n} \mathrm{e}^{x_j}$$

$$= \frac{\mathrm{e}^{\text{Logits}_i}}{\mathrm{e}^{\text{Logits}_0} + \mathrm{e}^{\text{Logits}_1} + \mathrm{e}^{\text{Logits}_2} + \cdots + \mathrm{e}^{\text{Logits}_{151935}}} \tag{2.5}$$

式中，$i = 0,1,\cdots,151935$。求得的 33 个序列位置上的 Token 概率分布（Probs）如表 2.5 所示。以第 33 个序列位置为例，该行所有概率值的总和为 1，某个 Token 的概率值越高，表示在第 33 个序列位置生成该 Token 的可能性越大。需要注意的是，在实际实现中，Softmax 运算通常不会单独计算，而是通过 LogSoftmax 实现的，关于这一点将在 2.2.5 节中详细介绍。

表 2.5 每个序列位置在整个词表空间下的概率分布

	Token 0	Token 1	Token 2	…	Token 151935
位置 1	0.000001673	0.000002251	0.000002891	…	0.000000013
位置 2	0.000000648	0.000002034	0.000010492	…	0.000000004
…	…	…	…	…	…
位置 32	0.000014010	0.000000666	0.000001838	…	0.000000000
位置 33	0.000005731	0.000066615	0.000247500	…	0.000000003

4. 单个Token概率的抽取

在计算交叉熵损失时，需要结合 Label 等信息进行计算，因此必须进一步抽取（Gather）出对应 Label 的概率值。

以表 2.6 中第 33 个序列位置为例，该位置的 Label 是 Token ID = 151645（对应结束符“<|im_end|>”）。在这一行的所有概率值中，检索出 Token ID = 151645 对应的概率为 0.3274。因此，模型预测第 33 个序列位置为结束符“<|im_end|>”（Token ID = 151645）的概率为 0.3274，而为其他 151935 个 Token 的概率总和只有 0.6726。

表 2.6　每个位置抽取概率值的过程

	Token 0	Token 1	…	Token 151935	以 Token ID 为索引抽取（Gather）	检索到的概率值
位置 1	0.000001673	0.000002251	…	0.000000013	→查 Token 151644→	0.000000013
位置 2	0.000000648	0.000002034	…	0.000000004	→查 Token 8948→	0.000000003
…	…	…	…	…	…	…
位置 32	0.000014010	0.000000666	…	0.000000000	→查 Token 1773→	0.0139
位置 33	0.000005731	0.000066615	…	0.000000003	→查 Token 151645→	0.3274

2.2.3 SFT 的 Label

如 1.1.1 节所述，LLM 在训练时通常采用 Teacher Forcing 策略，第 i 步的输入为 SFT 数据中实际的 Token 序列 $x_{1:(i-1)}^{\text{Example}}$，而不依赖 LLM 自身生成的前缀序列。

SFT 与预训练的一个显著区别在于两者的 Loss 计算规则不同。SFT 仅对 Response（output）部分计算 Loss，忽略 Prompt（input）部分。这种 Loss 计算方法依赖 Label 的设计。以表 2.7 为例，SFT 的 Label 的设计过程如下。

表 2.7　词元、Token ID 与 Label 的映射关系

	Prompt 和回答	Token ID	Label（原始）	Label（前移 1 位）	说明
…	…	…	…	…	系统消息
位置 15	虎	100422	-100	-100	用户提问
位置 16	皮	99888	-100	-100	
位置 17	青	99467	-100	-100	
位置 18	椒	101667	-100	-100	
位置 19	用	11622	-100	-100	
位置 20	什么	99245	-100	-100	
位置 21	做	99190	-100	-100	
位置 22	？	11319	-100	-100	
…	…	…	…	…	

续表

	Prompt 和回答	Token ID	Label（原始）	Label（前移 1 位）	说明
位置 27	\n	198	-100	99467	
位置 28	青	99467	99467	101667	标准回答
位置 29	椒	101667	101667	3837	
位置 30	，	3837	3837	115436	
位置 31	大蒜	115436	115436	1773	
位置 32	。	1773	1773	151645	
位置 33	<|im_end|>	151645	151645		

（1）**屏蔽 Prompt 部分**：以完整的 SFT 数据对应的 Token ID 序列为初始值，将 Response 之前的所有 Token 全部替换为-100，-100 表示掩码（mask）。此时得到的原始 Label 序列中，只有 Response 及其后的结束符得以保留，即仅对这些区域计算 Loss。

（2）**前移 1 位**：由于模型在第 i 步的输入为 SFT 数据中的前缀 Token 序列 $x_{1:(i-1)}^{\text{Example}}$，因此需要将原始的 Label 序列前移（左移）1 位，得到最终的 Label 序列。这样设计的目的是让模型在看到 Token 1 到 Token $i-1$ 后尽可能地预测出 Token i。对应关系如表 2.7 所示。

2.2.4 图解 SFT 的 Loss

在明确 SFT 的 Label 之后，可以进一步分析 SFT 的 Loss 计算过程。

以数据 2.2 所示的 SFT 数据为例，为便于理解，仅保留该条数据中原始的 Prompt（input）和 Response（output）。SFT 的 Loss（基于交叉熵）计算原理如图 2.10 所示。模型根据前缀预测下一个 Token 的概率，预测过程如下。

（1）模型看到“虎皮青椒用什么做？”后，预测下一个序列位置为“青”（该位置的 Label）的概率是 0.0009。

（2）模型看到“虎皮青椒用什么做？青”后，预测下一个序列位置为“椒”的概率是 0.99。

（3）模型看到“虎皮青椒用什么做？青椒”后，预测下一个序列位置为“，”的概率是 0.03。

（4）模型看到“虎皮青椒用什么做？青椒，”后，预测下一个序列位置为“大蒜”的概率是 0.0003。

（5）模型看到“虎皮青椒用什么做？青椒，大蒜”后，预测下一个序列位置为“。”的概率是 0.014。

（6）模型看到“虎皮青椒用什么做？青椒，大蒜。”后，预测下一个序列位置为结束符（<END>或<|im_end|>，可以在模型配置中自定义）的概率是 0.327。

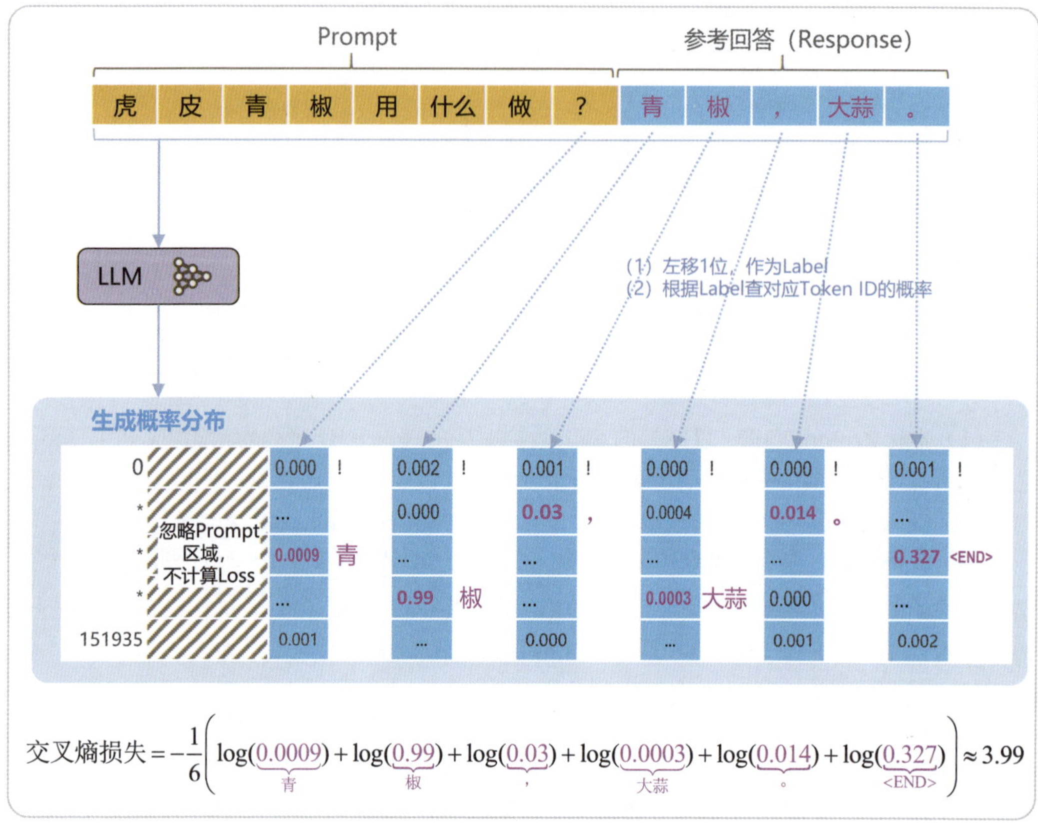

图 2.10　SFT 的 Loss 计算原理

与预训练阶段类似，**SFT 的 Loss** 也是基于**交叉熵**（Cross Entropy，CE）的，计算公式为

$$
\begin{aligned}
\mathcal{L}_{\mathrm{SFT}} &= -\frac{1}{N}\sum_{j=1}^{N}\sum_{i=1}^{C} y_{ji}\log(\hat{y}_{ji}) \\
&= -\frac{1}{6}\sum_{j=1}^{6}\sum_{i=0}^{151935} y_{ji}\log(\hat{y}_{ji}) \\
&= -\frac{1}{6}\left(\log(\underbrace{0.0009}_{\text{“青”}})+\log(\underbrace{0.99}_{\text{“椒”}})+\log(\underbrace{0.03}_{\text{“，”}})+\log(\underbrace{0.0003}_{\text{“大蒜”}})+\log(\underbrace{0.014}_{\text{“。”}})+\log(\underbrace{0.327}_{\text{<END>}})\right) \\
&\approx 3.99
\end{aligned}
\tag{2.6}
$$

其中：

（1）C 是类别总数，在本节中为词表空间的大小，即 151936。

（2）N 是参与 Loss 计算的序列位置总数，在本节中为 6。

（3）y_{ji} 是第 j 个序列位置的真实 Label，采用 One-Hot 编码。如果 Label 是第 i 个 Token，则 $y_{ji}=1$；否则 $y_{ji}=0$，即对应于其他 151935 个 Token 位置的 y_{ji} 均为 0。

（4）$\hat{y}_{ji}$ 是模型预测的概率，即第 j 个序列位置可能是第 i 个 Token 的概率。

2.2.5 LogProbs 与 LogSoftmax

1. 为何使用LogSoftmax运算

在计算交叉熵 Loss 的过程中，如式（2.5）与式（2.6）所示，先后进行了 Softmax 计算和 Log 计算。然而，在实际实现中，通常使用**对数概率**（LogSoftmax）运算直接合并这两步，其公式如下：

$$\begin{aligned}\text{LogSoftmax}(x_i) &= \log(\text{Softmax}(x_i)) \\ &= \log\left(\mathrm{e}^{x_i}\Big/\sum_{j=0}^{n}\mathrm{e}^{x_j}\right) \\ &= \log\left(\mathrm{e}^{(x_i-x_{\max})}\Big/\sum_{j=0}^{n}\mathrm{e}^{(x_j-x_{\max})}\right) \\ &= (x_i-x_{\max})-\log\left(\sum_{j=0}^{n}\mathrm{e}^{(x_j-x_{\max})}\right)\end{aligned} \tag{2.7}$$

式中，$x_{\max}$ 为 $\boldsymbol{X}=(x_0,x_1,\cdots,x_n)$ 中最大的数。主要优势如下。

（1）**计算量减少**：对比式（2.5）、式（2.6）与式（2.7）可知，LogSoftmax 相比单独计算 Softmax 与 Log，减少了计算量（如除法运算、部分对数运算）。

（2）**数值更稳定**：为了提升数值稳定性，LogSoftmax 通常使用“Log-Sum-Exp”技巧，如式（2.7）所示，通过对 x_i 减去偏置项 $x_{\max}$ 来避免 x_i 过大导致 e^{x_i} 数值溢出，从而避免引发计算错误。

2. 对数概率

对数概率（Log probabilities，在实现中通常命名为 LogProbs）是指将词表中每个词的概率 $P(w)$取对数后得到的结果，即 $\log(P(w))$，也就是 LogSoftmax 运算得到的值。由于概率 $P(w)$的取值范围是[0, 1]，因此，对数概率 LogProbs 的取值范围是$(-\infty, 0]$。

2.3 指令收集和处理

指令（Instructions）**数据**是指为模型提供的一组引导性输入及期望输出的描述，通常包括问题（或任务提示）及其对应的答案，常用于对模型进行微调训练。指令数据通常也简称为指令。

指令的来源、质量、清洗和预处理过程是决定 SFT 效果的关键因素，本节将围绕这些方面进行详细讲解。

2.3.1 收集指令的渠道和方法

指令可以分为两类——通用指令和领域指令。在对特定任务进行 SFT 训练时，除了使用与任务相关的指令，加入通用指令也是必要的。通用指令能够进一步增强模型的回答能力和指令跟随能力。

收集足够优质、多样且丰富的指令至关重要。指令的收集方式和渠道如图 2.11 所示。其中，开源数据集数量庞大、种类繁多，并且规模增长迅速，通常可以满足大多数任务的需求，可以从图 2.11 中列举的网站中下载。数据合成方法也被越来越多的公司采用，可用于提升指令的多样性和复杂性。此外，在行业应用中，如果业务平台积累了与 SFT 任务相关的用户交互数据，那么在确保合法合规的前提下，这些数据也弥足珍贵，可以经过加工处理后用于 SFT 训练。

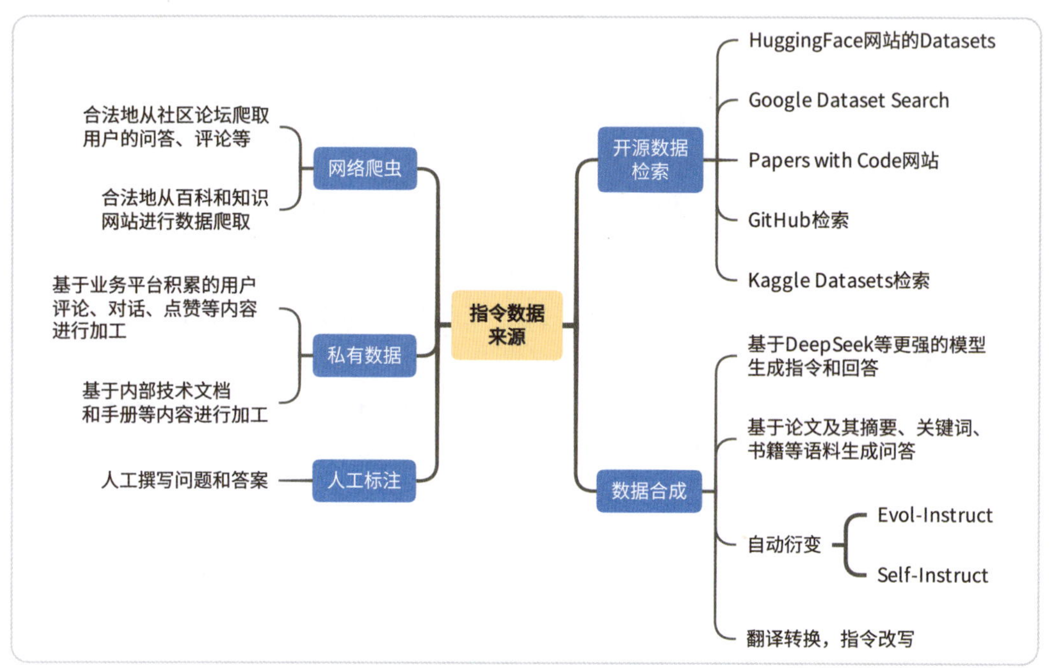

图 2.11 指令的收集方式和渠道

HuggingFace 是大模型和 AI 领域备受推崇的平台。其网站的 Datasets 栏目中已经收录了超过 25 万种数据集，种类丰富，如图 2.12 所示[113]。在其主页上，用户可以根据各种分类进行筛选。例如，在调研 SFT 指令时，可以选择 Tasks 分类，然后选择 Question Answering 或 Translation 等任务类型，还可以按下载量或热度指数进行排序，或者通过关键词检索并下载所需的数据集。

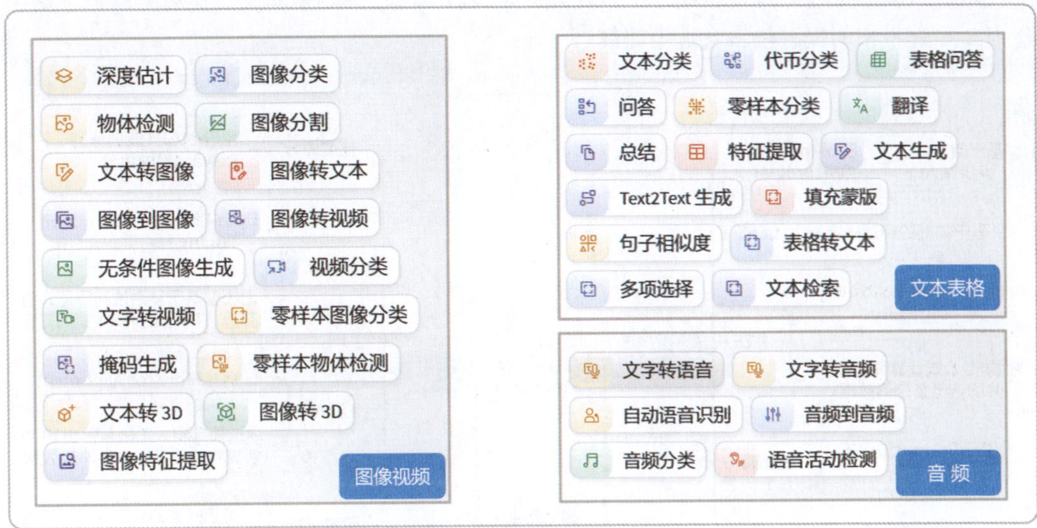

图 2.12 HuggingFace 的 Datasets 主要分类

2.3.2 指令处理

1. 指令的四要素

如图 2.13 所示，在指令的收集和清洗过程中，质量、多样性、复杂性和数量是影响模型效果的关键因素[24]。一味地追求指令数量是不可取的，以下四个要素尤为关键。

（1）**质量**：宁缺毋滥，数据质量应放在首位。Meta 等研究团队在其论文 LIMA 中仅用 1000 条高质量且多样的数据进行 SFT，就取得了显著的效果，甚至超越了使用数万条数据训练的模型，充分展示了数据质量的重要性[22]。也有研究团队提出 DEITA 方法，进行高质量样本的筛选[27]。在开源指令中，部分数据是基于 GPT-4 等早期版本生成的，质量偏低，在收集语料时，要注意结合 README 进行甄别过滤。

（2）**多样性**：数据的多样性对于模型的泛化能力至关重要。指令类型应尽量多样，且各类型之间的比例要均衡，这可以提升模型在跨任务场景下的稳健性。

（3）**复杂性**：复杂的指令对模型的提升效果更显著。预训练模型已经具备一定的能力，复杂指令通常涵盖更广泛和深入的语义层次，而模型对这些指令的跟随能力较弱。因此，复杂指令能够更有效地弥补预训练模型的不足，提升其在复杂任务中的表现。微软等研究团队提出了 Evol-Instruct 方法[25]，从一组初始指令出发，利用模型自动改写并生成更复杂的指令，以提升模型的能力。此外，LESS 方法通过分析数据的梯度信息，从大量指令中有效筛选出 5%的高价值数据进行训练，从而提升模型效果[26]。

（4）**数量**：在满足高质量、多样性和复杂性的前提下，增加数据量可以进一步提升模型能力，尽管带来的提升幅度会逐渐趋缓。

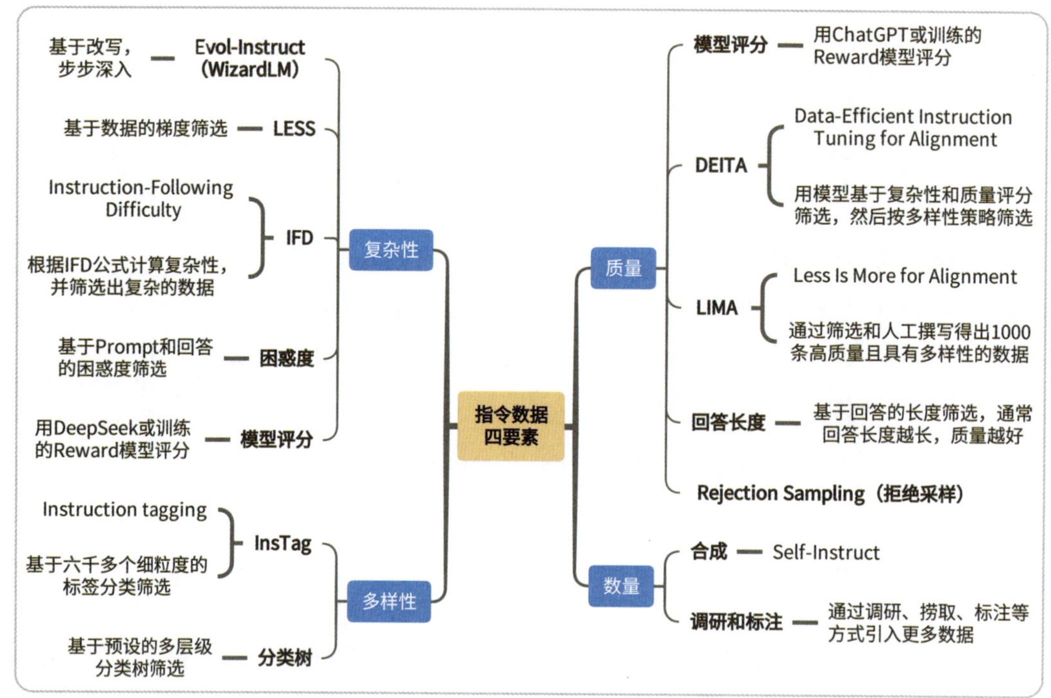

图 2.13　指令的四要素

2. 指令多样性与复杂性对SFT效果的影响

通过细粒度分类的方法，可以优化指令的筛选过程。阿里巴巴的研究团队提出了 InsTag 方法[23]，该方法设计了一个开放式的自动标注框架，结合 ChatGPT 能够自动为指令分配标签，最终生成数千个细粒度的分类标签。

基于 InsTag 方法，研究人员进一步研究了指令的多样性与复杂性，通过数据集中标签的总数量（标签覆盖率）来衡量多样性，通过单个指令上平均标签的数量来衡量复杂性。图 2.14 展示了指令多样性与复杂性对 SFT 效果的影响（图中颜色越深表示得分越高，空心圆圈表示未收集到得分；圆圈越大表示数据集的规模越大）。从图中可以看出，指令的多样性与复杂性越高，模型在 SFT 之后的效果就越好。

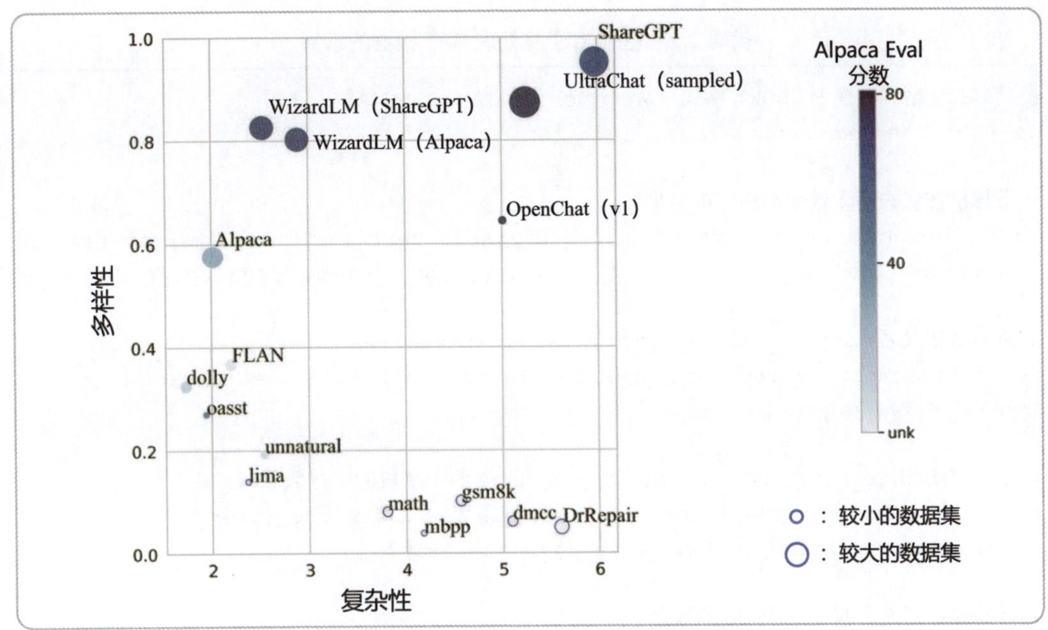

图 2.14　指令多样性与复杂性对 SFT 效果的影响[23]

2.3.3　数据预处理及常用工具

在开源平台上，指令数据集通常以多种格式存储，常见格式包括 JSON、CSV、Parquet 等。此外，字段名也往往不统一（例如，同样的 prompt 字段可能被命名为 prompt、input 或 question）。因此，在进行 SFT 之前，需要对指令数据集进行预处理，同时对于各个指令数据集的混合和采样策略也需要仔细斟酌。

1. 预处理工具和方法

在对语料进行预处理时，常用的方法包括以下几种。

（1）**基于 Hive+Spark**：结合 Hive SQL 的强大查询能力和 Spark 框架的分布式计算能力，适用于处理大规模数据集，能够高效地对多种格式的数据进行转换和处理。

（2）**基于 Python 生态**：基于 pandas、pyarrow 等 Python 工具包开发代码实现。

（3）**基于命令行工具**：使用 jq、csvkit、parquet-tools、awk、sed 等命令行工具，可以直接在命令行中进行处理，适用于小规模数据集（例如 SFT 指令），极为方便快捷。

（4）**云厂商服务**：一些云厂商提供了大数据处理的框架和服务，例如 MaxCompute 等，适用于处理大规模数据集。

SFT 指令数据集的规模普遍较小，可以将多种格式的数据集统一转换为 JSON 格式。然后，可以基于 jq 等命令行工具进行便捷的处理，所见即所得。jq 支持多种操作系统，代码 2.2 是基于 jq 工具处理 SFT 数据的示例。

代码 2.2 基于 jq 工具处理 SFT 数据的示例

```
# 将 JSON 格式转换为 JSONL 格式（每一行是一个完整的 JSON 结构）
jq -c '.[]' demo.json > demo_new.jsonl

# 数据清洗（去除无效或不完整的数据）
jq -c 'select(.input_text != null and .input_text != "" and .target_text !=
  null and .target_text != "")' demo_new.jsonl > demo_cleaned.jsonl

# 重命名字段名（input_text->prompt, target_text->response）
jq -c '{prompt: .input_text, response: .target_text}' demo_cleaned.jsonl >
  demo_renamed.jsonl

# 追加字段 char_cnt，以表示 prompt 和 response 两个字段的字符数总和
jq -c '. | .char_cnt = ((.prompt | length) + (.response | length) | floor)'
  demo_renamed.jsonl > demo_with_char_cnt.jsonl

# 过滤掉长度大于或等于 4096 的数据
jq -c 'select(.char_cnt < 4096)' demo_with_char_cnt.jsonl > demo_
  filtered.jsonl

# 随机打散并采样 10000 条数据
shuf demo_filtered.jsonl | head -n 10000 > demo_sampled.jsonl

# 统计数据集的字符总数
jq -c ".char_cnt // 0" demo_sampled.jsonl | awk '{s+=$1} END {print s}'
```

2. 指令的训练顺序

在收集完通用指令和领域指令后，可按照图 2.15 所示的策略进行训练。

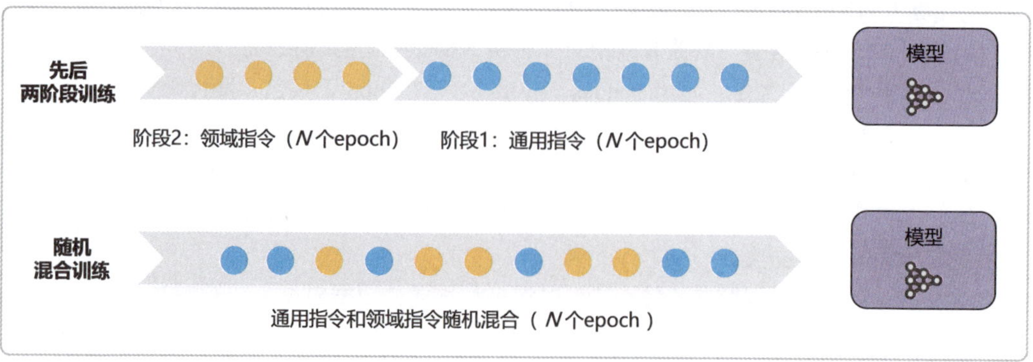

图 2.15 两种指令的组合训练策略

（1）**混合训练**：当领域指令数量较多时，可以将通用指令与领域指令进行混合并随机打散后用于训练。这样做能够有效防止模型过拟合，同时保持模型在通用任务和特定任务上的良好表现。

（2）**先后训练**：当领域指令数量较少时，建议先使用通用指令进行初步训练，再使用领域指令训练。这种方法有助于模型更好地聚焦于特定任务，提升特定任务下的表现能力。

在实际应用中，可以尝试多种数据混合策略，例如逐步增加领域指令的比例以实现平滑过渡，具体的混合方案可根据实验效果来确定。

2.4 SFT实践指南

本节将深入探讨 SFT 实践中的关键经验与技巧，助力高效完成 SFT 训练，并最大限度提升模型的效果。

2.4.1 如何缓解 SFT 引入的幻觉

幻觉（Hallucination）是指模型生成的内容虽然表面上看起来合理或真实，但实际上是错误的、虚构的或与事实相悖的。这些内容可能包括完全捏造的信息、与已知事实不符的陈述，甚至毫无意义的句子。幻觉是语言模型面临的长期挑战之一，也是影响模型可靠性和实用性的重要因素。

有多项研究探讨了如何减少 SFT 引发的幻觉问题。

一项由 Google 等研究团队进行的研究发现：**在 SFT 数据中引入新知识容易增加模型的幻觉**[29]。该研究通过闭卷问答实验对模型进行测试，将 SFT 数据集中 50%的指令包含已知知识，另外 50%包含新知识，然后进行微调。结果如图 2.16（a）所示，包含新知识的指令的拟合速度显著慢于包含已知知识的指令。在图中的虚线位置，模型已基本拟合大部分已知知识的指令，但是仅拟合了少量新知识的指令，此时验证集表现最佳。从这一点开始，继续拟合包含新知识的指令会导致性能下降。随着模型不断学习这些新知识的指令，生成错误事实（幻觉）的概率也会增加。

腾讯等研究团队也进行了幻觉相关的研究[30]。该研究在 LIMA-Eval、VicunaEval、WizardLMEval 和 TruthfulQA 等基准上基于模型评估幻觉情况。通过分析生成的回答内容，判断其是否包含与已知知识或事实相冲突的信息，从而确定是否存在幻觉。实验结果如图 2.16（b）所示，随着新知识占比的上升，模型的幻觉发生率也显著增加。

这些研究结果回答了一个热点问题——**SFT 是否可以为模型注入新知识？**结论是：模型主要通过预训练获取知识，而 SFT 的作用是教会模型更有效地利用这些知识。如果强行注入新知识，可能会增加模型的幻觉风险。

因此，在构建 SFT 所需的指令时，需要遵循“**避免引入过多新知识，以防引入过多幻觉**”的原则。

新知识应在预训练阶段获取。例如，如果希望通过 SFT 优化模型的医学问答能力，则应在预训练阶段收集大量医学资料，或者在预训练模型的基础上继续预训练，以确保模型掌握了大量医学知识，再通过 SFT 进行优化。

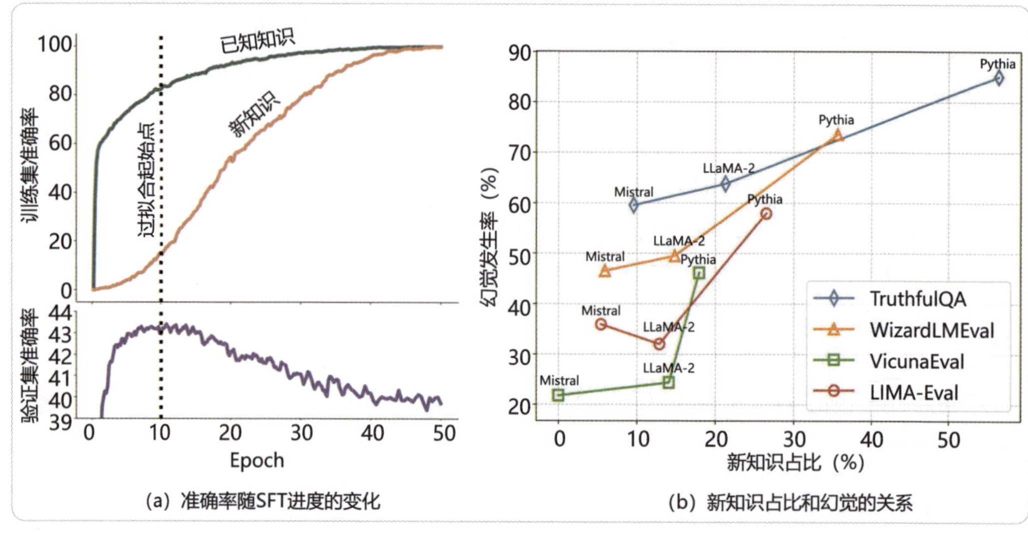

(a) 准确率随SFT进度的变化　　(b) 新知识占比和幻觉的关系

图 2.16　SFT 数据中的新知识与模型幻觉的关系[29] [30]

2.4.2　Token 级 Batch Size 的换算

批次大小（Batch Size）的设置较为复杂，在大模型训练中，通常更关注 Token 级别的等效 Batch Size。在预训练阶段，通常以 4M（约 400 万个 Token）、8M 等规模为基准进行调整。而在 SFT 阶段，由于指令通常较少，可以适当降缩小等效 Batch Size，例如可以设置为 0.1M 到 1M 等。

为了计算 Token 级别的等效 Batch Size，要先计算出**全局批次大小**（Global Batch Size），其计算公式为

$$\begin{aligned}&\text{global\_batch\_size}\\&=\text{per\_gpu\_bs}\times\text{gradient\_accumulate\_step}\times\text{dp}\\&=\text{per\_gpu\_bs}\times\text{gradient\_accumulate\_step}\times\frac{\text{world\_size}}{\text{pp}\times\text{tp}\times\text{cp}}\\&=\text{per\_gpu\_bs}\times\text{gradient\_accumulate\_step}\times\frac{\text{node\_cnt}\times\text{gpu\_per\_node}}{\text{pp}\times\text{tp}\times\text{cp}}\end{aligned}\tag{2.8}$$

进一步，可得 **Token 级别的等效 Batch Size** 的计算公式为

$$\begin{aligned}&\text{token\_global\_batch\_size}\\&=\text{max\_seq\_len}\times\text{global\_batch\_size}\\&=\text{max\_seq\_len}\times\text{per\_gpu\_bs}\times\text{gradient\_accumulate\_step}\times\frac{\text{node\_cnt}\times\text{gpu\_per\_node}}{\text{pp}\times\text{tp}\times\text{cp}}\end{aligned}\tag{2.9}$$

在式（2.8）和式（2.9）中，

（1）per_gpu_bs 是每个 GPU 上的 Batch Size。

（2）node_cnt 是机器总数。

（3）gpu_per_node 是每台机器上的 GPU 数量。

（4）gradient_accumulate_step 是梯度累计的步数。

（5）pp、tp、cp 的含义见表 9.1 中的解释，如果不设置，则默认值为 1。

（6）dp 是数据并行度，dp = world_size / (pp × tp × cp)，其中，world_size 为 GPU 总量。

2.4.3 Batch Size 与学习率的 Scaling Law

在大模型的训练过程中，由于资源开销巨大，训练和实验的成本往往非常高昂。如 1.3 节所述，借助 Scaling Law，可以通过轻量化实验预估模型性能，从而有效减少实验次数和资源开销。

那么，对于 Batch Size 和学习率，是否也存在 Scaling Law 呢？如果有，就能够避免网格搜索等大量实验过程。已有多个研究团队在这方面进行了研究[19][151]，并取得了一些成果，本节将对此进行详细讲解。

1. 学习率和Batch Size对Loss的影响

研究人员针对 Batch Size、学习率与 Loss 之间的关系进行了实验[19]，通过网格搜索（算力预算为 1×10^{17} FLOPs）对 Batch Size 和学习率进行优化。实验结果如图 2.17 所示，横轴为学习率，纵轴为 Token 级别的 Batch Size，格子颜色越深表示 Loss 越大。研究表明，在相对宽泛的 Batch Size 和学习率选择范围内，Loss 差异不大。这表明，在相对宽泛的超参数空间内，获得的最优性能是比较接近的。

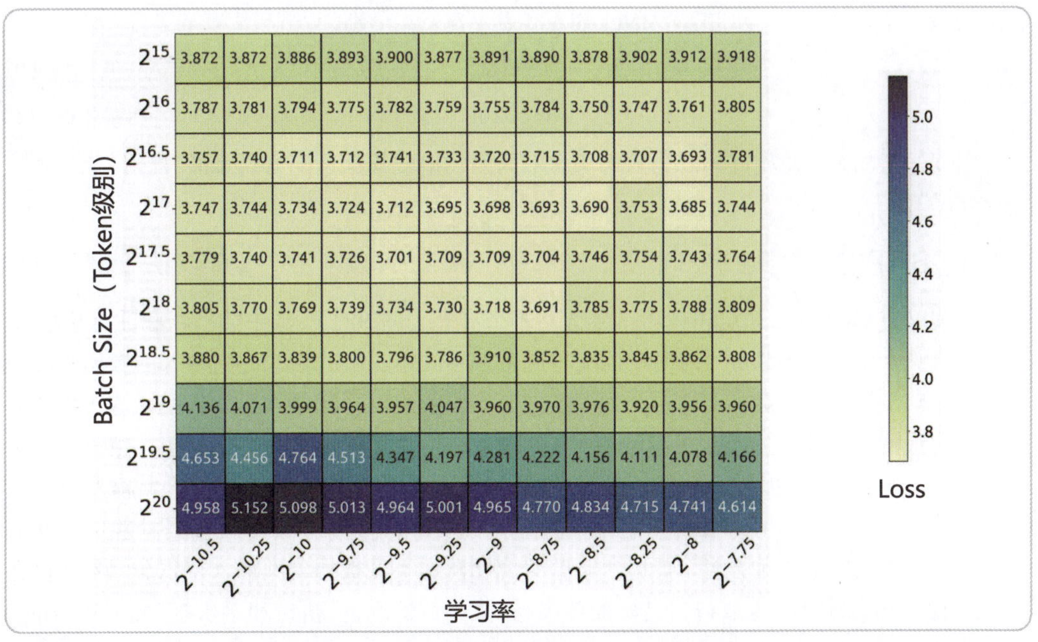

图 2.17　学习率和 Batch Size 对 Loss 的影响[19]

2. 最优Batch Size、最优学习率与算力预算的关系

研究人员进一步使用多阶段学习率调度器训练了多个模型，并分别采用了不同的 Batch

Size、学习率和算力预算。算力预算范围从 1×10^{17} FLOPs 到 2×10^{19} FLOPs。然后，根据算力预算 C 拟合 Batch Size（B）和学习率η，拟合结果如图 2.18 所示[19]。

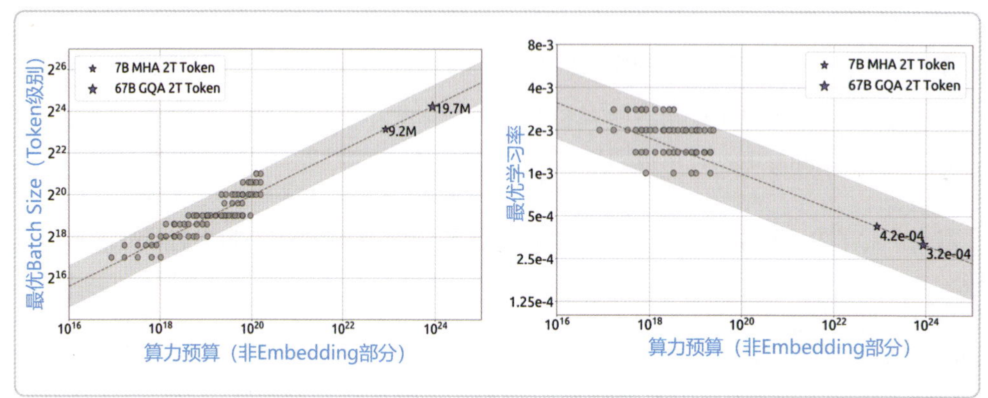

图 2.18 最优 Batch Size、学习率与算力预算的关系[19]

结果表明：随着算力预算 C 的增加，最优 Batch Size 逐渐增大，而最优学习率逐渐减小。这与模型规模扩展对 Batch Size 和学习率的影响的直观经验一致。此外，所有接近最优的超参数都位于一个较宽的带状区域内，表明在该区间内选择近似最优参数相对容易。最终，拟合出的最优学习率（η_{opt}）、最优 Batch Size（B_{opt}）公式分别为

$$\eta_{\text{opt}} = 0.3118C^{-0.1250} \quad (2.10)$$

$$B_{\text{opt}} = 0.2920C^{0.3271} \quad (2.11)$$

需要注意的是，在相同的算力预算下，不同的模型或数据分配方式可能导致最优参数空间存在差异。

2.4.4 SFT 的 7 个实践技巧

在前文讲解的 SFT 知识和技巧基础上，本节补充一些 SFT 实践中的技巧和注意事项。

（1）**指令拼接**（Packing）：模型训练时通常使用固定长度的输入。当输入的数据长度不一致时，对于短序列，会在其末尾进行填充（Padding），以匹配最大序列长度，这会导致计算资源的浪费。因此，如图 2.19 所示，常见的做法是将多条数据拼接在一起，填充到一个固定长度的输入序列中[146]。为了确保计算过程中不同数据之间互不干扰，通常需要重新设置位置编号（Reset Position ID）和注意力掩码（Reset Attention Mask），以在计算 Attention 时保持各条数据的语义独立性。此外，一些研究团队在不同数据之间插入特殊分隔符（例如<EOS>）标记数据边界，也取得了良好的效果。在大多数情况下，拼接和不拼接（Non-Packing）在训练效果上的差异较小。

（2）**小步快跑，轻重结合**：由于大模型的训练成本较高，在尝试多项实验时，可以先使用小尺寸模型或结合 LoRA 进行初步实验，以快速迭代并减少开销。在选定合适的方案后，再进行全量参数微调，从而充分挖掘模型的最佳性能。

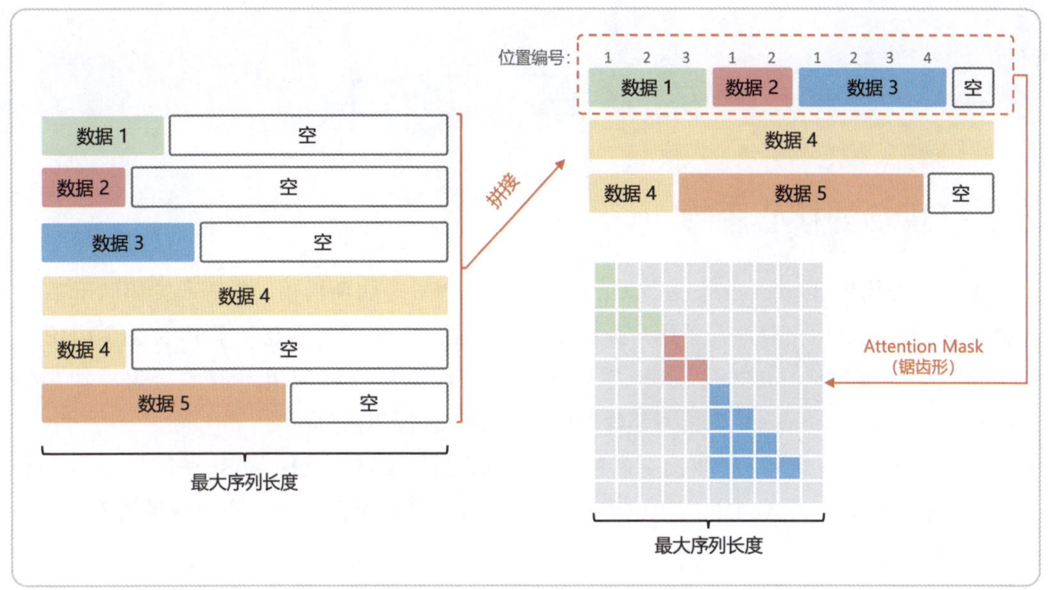

图 2.19　多条数据的拼接机制

（3）**预训练版本与指令微调版本**：SFT 选择预训练版本还是指令微调版本（通常带有 Instruct 或 Chat 后缀）取决于具体任务目标。如果需要针对特定任务或领域进行深度微调，则建议选择预训练版本，其未经过指令微调，更具通用性，适合注入新的领域知识。反之，如果任务与现有的指令任务（例如通用对话、开放域问答等）相似，且缺乏足够的指令，或者希望减少微调成本，则选择指令微调版本会更加有效。

（4）**继续预训练**（Continue Pre-train）：如果 SFT 的目标任务需要大量专有领域知识，则建议先使用大量的领域数据对模型进行继续预训练，为模型注入该领域的专业知识。随后，结合通用指令和领域指令进行 SFT，以提升模型在该领域任务中的表现。

（5）**指令截断**（Cut Off）：由于模型的最大序列长度（Max Sequence Length）有限（例如 4096），训练时通常需要对超长指令进行截断。在截断过程中需特别注意，指令中的关键信息通常位于开头或结尾（例如，"……（五千字正文）……，请列举以上文章的关键词"或"请总结下面文章里的关键人物：……（五千字正文）……。"）。在这种情况下，如果直接丢弃开头或结尾的内容，就会严重影响指令的原有意思。因此，截断时应优先保留开头和结尾的关键信息，以确保指令原意完整。

（6）**巧用系统提示**（System Prompt）：如 2.2.1 节所述，精心设计的 System Prompt 能够对模型的生成进行有效引导，从而提升模型的表现。实验表明[19]，参数量较多的模型对 System Prompt 的理解能力更强，因此其正向效果更加明显。

（7）**应对"话痨"问题**：模型在 SFT 之后可能会出现回答重复或冗长的情况，这是一个常见的挑战。通常，通过对 SFT 指令进行充分清洗，特别是去除训练数据中的重复或冗长内容，可以有效缓解这一问题。此外，调整生成参数，例如 temperature 和 repetition_penalty 等，也可以进一步改善模型的表现，详见 4.3 节。

第 3 章　DPO

3.1　DPO的核心思想

直接偏好优化（Direct Preference Optimization，DPO）是由斯坦福大学等研究团队于 2023 年提出的一种偏好优化算法，可用于大模型的对齐训练[46]。该算法在基于 PPO 的 RLHF 基础上进行了大幅简化。DPO 及其衍生算法得到了较为广泛的应用，例如，业界知名的 LLaMA、Qwen、DeepSeek 等模型都曾采用 DPO 算法进行对齐优化。

在 PPO 和 DPO 之后，衍生出了多种对齐方法，例如 KTO、ORPO、SimPO、IPO、CPO、XPO、Step-DPO、Iterative DPO、RLOO 和 GRPO 等，总体而言，DPO 在多数场景下的表现较为优异。

本节将讲解 DPO 的提出背景及意义、隐式奖励的建模方法，以及 DPO 的损失函数与优化目标等内容。

3.1.1　DPO 提出的背景与意义

在 DPO 被提出之前，基于近端策略优化（Proximal Policy Optimization，PPO）算法的 RLHF 一直是对齐算法的主要选择。RLHF 助力 ChatGPT 横空出世，效果卓著，至今仍被 OpenAI 等公司广泛应用，且具有较高的效果上限。然而，其训练过程相对复杂，容易出现不稳定问题，并且依赖较多的强化学习经验，使部分团队在应用过程中面临挑战。相比之下，DPO 以其简单稳定的特点迅速引起业界关注，成为另一种备受青睐的方案，并催生了许多类似的算法。

具体而言，在 RLHF 的实践过程中，主要面临以下挑战。

（1）**稳定性**：RLHF 依赖强化学习，而强化学习的一大痛点是训练的稳定性。在 RLHF 过程中，数十个超参数（如 γ、λ、β 等）的不同组合影响着训练稳定性；此外，训练过程需要耦合 4 种模型，这也加剧了训练的不稳定性。

（2）**效率与资源开销**：RLHF 过程分为两个阶段。第一阶段需要训练一个奖励模型，第二阶段需要同时加载 4 种模型进行联合训练，这对算力和显存提出了较高的要求。

如图 3.1 所示，不同于 RLHF，DPO 以监督学习的训练方式，大幅简化了对齐训练。

DPO 不再需要进行两阶段训练，在多个方面展现出独特优势，主要有以下三点。

（1）**流程简洁**：DPO 直接对策略模型进行优化，不需要预先训练 Reward 模型（奖励函数）。DPO 只需要基于预先给定的偏好数据进行训练，无须中途采样。

（2）**稳定性**：DPO 是一种监督学习方法，摆脱了强化学习训练的不稳定性。

（3）**低开销**：DPO 在训练过程中只需要加载一个模型（只需加载策略模型，而对于参考模型，可以将其输出结果预先录制好，这样在训练时就不需要加载），算力开销更低，更易于落地实践。

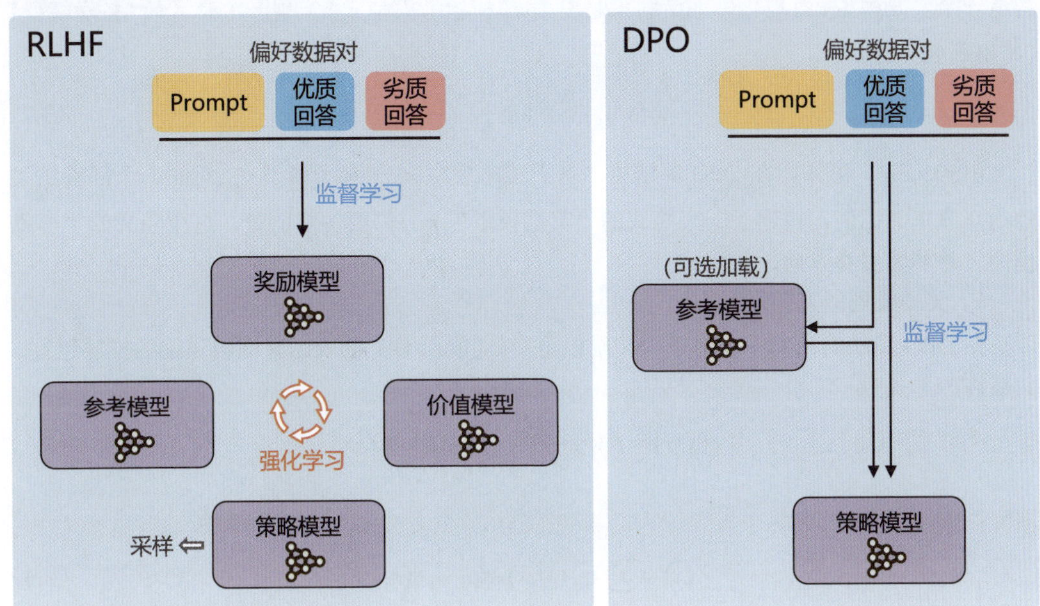

图 3.1　RLHF 与 DPO 的训练架构对比

3.1.2　隐式的奖励模型

1. 隐式奖励的建模过程

假设有一个**偏好数据集** $\mathcal{D}=\{x^{(i)},y_{\mathrm{w}}^{(i)},y_{\mathrm{l}}^{(i)}\}_{i=1}^{N}$，可以用**奖励模型** r_ϕ（ϕ 代表模型参数）拟合这个数据集所满足的分布，将问题建模为二分类问题，基于负对数似然损失（Loss）进行训练，即

$$\mathcal{L}_{\mathrm{R}}(r_\phi,\mathcal{D})=-\mathbb{E}_{(x,y_{\mathrm{w}},y_{\mathrm{l}})\sim\mathcal{D}}\left[\log\sigma(\underbrace{r_\phi(x,y_{\mathrm{w}})}_{\text{优质回答的奖励}\uparrow}-\underbrace{r_\phi(x,y_{\mathrm{l}})}_{\text{劣质回答的奖励}\downarrow})\right] \tag{3.1}$$

式中：

（1）x 是输入给模型的 Prompt，y_{w} 和 y_{l} 均是在输入 x 后模型输出的不同结果。

（2）y_{w} 即 y_{win}，模型的回答，表示某一对偏好数据中优质的回答。

（3）y_{l} 即 y_{lose}，模型的回答，表示某一对偏好数据中劣质的回答。

（4）$\mathcal{D}$ 是偏好数据集。

（5）σ 是 Logistic 激活函数（Sigmoid），$\sigma(x)=1/(1+\mathrm{e}^{-x})$，输出范围为（0, 1）。

（6）$r_\phi(x,y_{\mathrm{w}})$ 是奖励模型 r_ϕ 对优质回答 y_{w} 的奖励分数。

（7）$r_\phi(x,y_{\mathrm{l}})$ 是奖励模型 r_ϕ 对劣质回答 y_{l} 的奖励分数。

整体上，通过 $r_\phi(x,y_w)$ 和 $r_\phi(x,y_l)$ 之差来计算二分类损失。

在式（3.1）中，损失函数涉及奖励模型 r_ϕ，然而，在 DPO 算法中，并没有显式地单独构造一个奖励模型，而是巧妙地借助策略模型 π_θ 和参考模型 π_{ref} 实现一个**隐式的“奖励模型”（奖励函数）**，即

$$r(x,y) = \beta \log \frac{\pi_\theta(y \mid x)}{\pi_{\text{ref}}(y \mid x)} \tag{3.2}$$

由式（3.2）可知，在 DPO 算法中，基于策略模型 π_θ 和参考模型 π_{ref} 对同一个回答结果的动作概率的比值，构建了一个隐式的“奖励模型” r。需要注意的是，这个隐式的“奖励模型”**并非真实存在的**。

2. 奖励模型的完整表示

在 DPO 算法的论文中，对于“奖励模型”（奖励函数）的表示有比较详细的推导过程，其最终的形式为

$$r(x,y) = \beta \log \frac{\pi_\theta(y \mid x)}{\pi_{\text{ref}}(y \mid x)} + \underbrace{\beta \log Z(x)}_{\text{未知项}} \tag{3.3}$$

式中，

$$Z(x) = \sum_y \pi_{\text{ref}}(y \mid x) \exp\left(\frac{1}{\beta} r(x,y)\right) \tag{3.4}$$

$Z(x)$ 的计算较为复杂，但幸运的是，在 DPO 算法的计算过程中，$Z(x)$ 项会被抵消，这是因为 DPO 算法基于 Bradley-Terry 这一建模理念，Bradley-Terry 模型仅依赖两项奖励值之间的差异，而不依赖奖励的绝对值。因此，无论是基于式（3.2）还是基于式（3.3）对 DPO 进行奖励建模，最终得到的结果都是一致的。

3.1.3 Loss 和优化目标

1. DPO的损失函数

在 DPO 算法中，根据式（3.2）构建了一个隐式的“奖励模型”，把式（3.2）代入式（3.1），可得 **DPO 的损失函数**（Loss），即

$$\begin{aligned}
&\mathcal{L}_{\text{DPO}}(\pi_\theta; \pi_{\text{ref}}) \\
&= -\mathbb{E}_{(x,y_w,y_l)\sim\mathcal{D}}\left[\log \sigma\left(r(x,y_w) - r(x,y_l)\right)\right] \\
&= -\mathbb{E}_{(x,y_w,y_l)\sim\mathcal{D}}\left[\log \sigma\left(\underbrace{\beta \log \frac{\pi_\theta(y_w \mid x)}{\pi_{\text{ref}}(y_w \mid x)}}_{\text{优质回答的隐式奖励}\uparrow} - \underbrace{\beta \log \frac{\pi_\theta(y_l \mid x)}{\pi_{\text{ref}}(y_l \mid x)}}_{\text{劣质回答的隐式奖励}\downarrow}\right)\right]
\end{aligned} \tag{3.5}$$

式中：

（1）β 是 DPO 算法中的关键超参数，取值范围通常是 0.1～0.5，用于调整模型在参考策略和偏好数据之间的平衡。

（2）$\pi_\theta(y_w \mid x)$ 是策略模型 π_θ 对于 y_w（优质回答）的条件概率分布，也被叫作**动作概率**

[在强化学习中，策略模型的输出即动作（Action），这一术语在这里也被沿用]，它表示在给定输入 x 的情况下，生成输出 y_w 的概率。

（3）$\pi_{ref}(y_l|x)$ 是参考模型 π_{ref} 对于 y_l（劣质回答）的条件概率分布。

2. DPO的优化目标

参考式（3.5），**DPO 的优化目标为**

$$J(\theta)=\mathbb{E}_{(x,y_w,y_l)\sim\mathcal{D}}\left[\log\sigma\left(\underbrace{\beta\log\frac{\pi_\theta(y_w|x)}{\pi_{ref}(y_w|x)}}_{\text{优质回答的隐式奖励}\uparrow}-\underbrace{\beta\log\frac{\pi_\theta(y_l|x)}{\pi_{ref}(y_l|x)}}_{\text{劣质回答的隐式奖励}\downarrow}\right)\right] \tag{3.6}$$

如式（3.6）所示，在训练过程中，目标是持续最大化优化目标 $J(\theta)$。以参考模型 π_{ref} 的输出为基准，随着训练的推进，在给定输入 x 的情况下，策略模型 π_θ 逐渐倾向于生成高质量的回答 y_w，同时减少生成低质量回答 y_l 的可能性。

3. DPO的命名缘由思考

DPO 算法跳过了训练奖励模型这一中间过程，**直接**（Direct）优化策略模型 π_θ——**这正是 DPO 命名中“D”的含义所在。**

DPO 的论文标题为“Direct Preference Optimization:Your Language Model is Secretly a Reward Model”（直接偏好优化：你的语言模型其实是一个奖励模型）。那么，为什么说“语言模型其实是一个奖励模型”呢？根据式（3.2）可知，策略模型 π_θ（语言模型）实际上是隐式“奖励模型” r 的一部分，承担了部分奖励模型的角色，因此这一说法是有依据的。

3.2 偏好数据集的构建

偏好数据集（Preference Dataset）是指含有偏好标签的数据集，通常反映用户对某一选项的选择、评分或倾向，展现个体或群体对特定事物的偏好。偏好数据集被广泛应用于推荐系统、个性化广告、强化学习和对齐任务等领域，能够帮助模型学会做出符合用户或系统预期的行为。

本节将对偏好数据集的构建流程、Prompt 的收集、问答数据对的清洗、封装和预处理等关键步骤进行讲解。

3.2.1 构建流程总览

DPO 训练依赖偏好数据集，该数据集需要预先构建，其构建流程如图 3.2 所示，与 RLHF 中偏好数据集的构建流程类似。

偏好数据集的构建主要包括以下四个步骤。

（1）**录制**：向 SFT 模型输入大量多样化的 Prompt（假设数量为 P），SFT 模型针对每个 Prompt 都推理 N 次，生成 N 个不同的结果（请注意合理设置模型的生成参数，尤其是与多样性相关的 Top-K 和温度系数等参数，详见 4.3 节）。最终，录制到的结果总数为 $P\times N$。

（2）**清洗**：模型生成的问答数据可能存在多种问题，这会影响训练效果，因此需要进行清洗。清洗步骤将在 3.2.3 节中详细说明。

（3）**标注**：对于每个 Prompt 下生成的 N 个结果，需要借助人工或者性能良好的模型进行标注，以区分结果的优劣。随后，可以得到 $P \times N$ 个标注结果。在标注过程中，需要对标注员进行明确指导，避免产生惯性偏见。例如，可以鼓励标注员优先奖励内容简洁、直击要点的回答，避免模型倾向于生成冗长或包含多余信息的内容。通过引入多个标注员对同一数据进行标注，可有减小解个体偏差，并通过投票机制或加权平均的方法综合多人的标注结果，从而生成更客观、可靠的标注结果。

（4）**配对**：针对每个 Prompt 下生成的 N 个结果，从中选取一个较好的结果和一个较差的结果，组成一个偏好数据对（ y_{win} 和 y_{lose} ）。同样，对于其他 Prompt 下的 N 个结果，也分别独立地选出一个偏好数据对，最终得到很多个偏好数据对。这些偏好数据对共同构成偏好数据集。

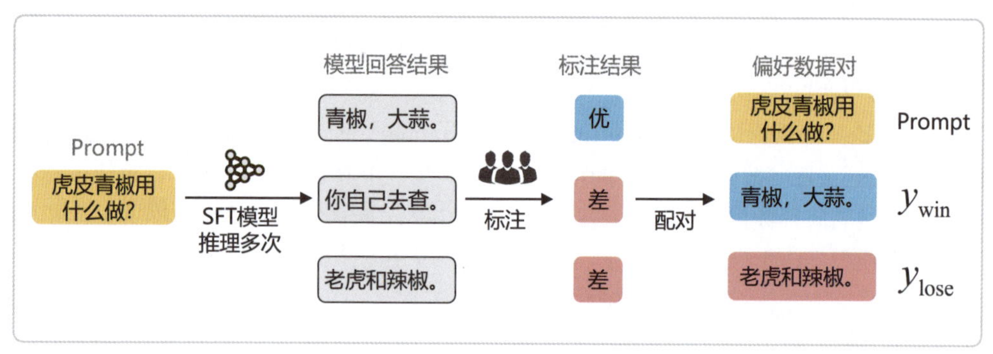

图 3.2 偏好数据集的构建流程

需要注意的是，在实际操作中，某些 Prompt 下生成的 N 个结果可能全部较好或者全部较差，无法形成偏好数据对。在组建偏好数据对时，可以有多种方法。例如，在同一个 Prompt 下，可以将每个较好的结果分别与所有较差的结果逐一配对，从而在同一个 Prompt 下生成多个偏好数据对。在实践中，可以使用多种标注方法和配对策略，形成不同的数据集，并根据实验效果确定最合适的数据集构建方案。

3.2.2 Prompt 的收集

在构建偏好数据集时，需要收集足够高质量、多样化且复杂的 Prompt。这些 Prompt 将作为偏好数据集的基础素材。在收集过程中，可参考图 3.3 及 2.3.1 节中介绍的渠道与方法，并对收集到的 Prompt 进行筛选、清洗和合理配比，以确保数据质量和覆盖面。

拥有大规模用户群的企业（例如 OpenAI）在 Prompt 和偏好数据收集方面具有显著优势。这类企业能够获取海量真实用户对话和反馈，并通过分类与统计分析，全面了解用户问题的分布特征及模型细分能力的实际表现，从而在训练时合理调整数据配比，更有针对性地优化模型性能。

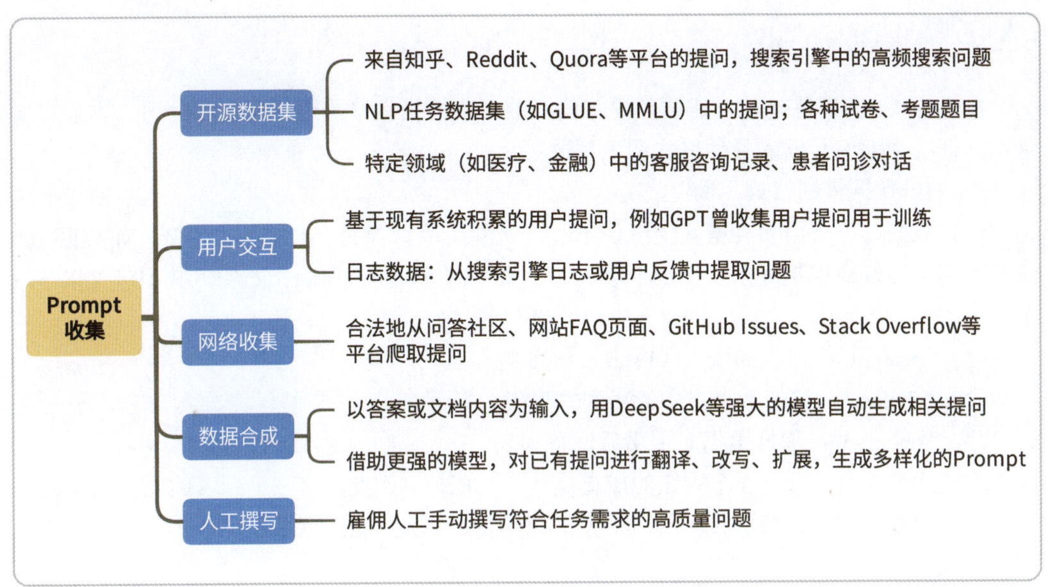
Prompt收集
开源数据集
来自知乎、Reddit、Quora等平台的提问，搜索引擎中的高频搜索问题
NLP任务数据集（如GLUE、MMLU）中的提问；各种试卷、考题题目
特定领域（如医疗、金融）中的客服咨询记录、患者问诊对话
用户交互
基于现有系统积累的用户提问，例如GPT曾收集用户提问用于训练
日志数据：从搜索引擎日志或用户反馈中提取问题
网络收集
合法地从问答社区、网站FAQ页面、GitHub Issues、Stack Overflow等平台爬取提问
数据合成
以答案或文档内容为输入，用DeepSeek等强大的模型自动生成相关提问
借助更强的模型，对已有提问进行翻译、改写、扩展，生成多样化的Prompt
人工撰写
雇佣人工手动撰写符合任务需求的高质量问题

图 3.3　Prompt 的收集方法

3.2.3　问答数据对的清洗

模型生成的问答数据对需要进行清洗。参考 2.3.2 节的内容，并结合 LLaMA 等大型模型的相关论文和实践经验[58]，总结主要清洗方法如下。

（1）**规则清理**：利用规则和正则表达式对数据进行过滤，去除明显的不良模式，例如，连续重复使用表情符号、感叹号、问号等，或频繁出现“no no no”“对不起对不起”“哈哈哈哈”等短语。

（2）**质量评分**：利用奖励模型（RM）对样本进行评分，筛选出高分样本。亦可基于 ChatGPT 等更强大的模型，从多个维度（如准确性、指令遵循性和语言流畅度等）对样本进行评分。综合这些评分，可以有效筛选出高质量的样本。

（3）**难度评分**：高难度的样本对提升模型效果更具价值，因此需要对样本的难度进行评分，以优先保留具有挑战性的数据。采用 Instag 等方法衡量样本的复杂性，将复杂度较高的样本纳入训练集，从而提升模型能力。

（4）**主题分类**：通过主题分类对数据进行初步筛选。利用模型预测对所有数据进行分类，划分为粗粒度类别（如“数学推理”）和细粒度类别（如“图形几何”）。此方法能够保留与目标任务高度相关的样本，同时剔除无关或低质量的内容。

（5）**语义去重**：可以基于 RoBERTa 等模型对偏好数据进行聚类，并根据质量分数和难度分数的乘积对样本进行排序。在每个聚类中，采用余弦相似度作为判定标准，仅保留与已选样本具有显著语义差异的内容。此方法既避免了训练数据中重复样本的干扰，又保持了数据的多样性。

在后续章节中，进行 RLHF 训练时，同样需要对偏好数据集进行类似的清洗和处理。

3.2.4 封装和预处理

在进行 DPO 训练之前，需要预先将偏好数据集按指定格式进行封装和处理。本节将展示实际训练中偏好数据的具体格式和处理过程。

1. 偏好数据集的格式示例

偏好数据可以采用多种格式组织，本节以一种简单直观的 JSON 格式为例，如数据 3.1 所示。整个偏好数据集被定义为一个字典（下文中的“dpo_dataset_dict”），其中包含以下 3 个列表。

（1）“prompt”：模型的输入（Prompt）列表。

（2）“chosen”：偏好数据对中优质回答列表。

（3）“rejected”：偏好数据对中劣质回答列表。

需要注意的是，以上 3 个列表的成员是一一对应的，因此，这三个列表的元素数量必须一致。在读取数据时，务必校验对应关系的正确性，以避免顺序错乱。

数据 3.1 DPO 的偏好数据集示例

```
dpo_dataset_dict = {                    //偏好数据字典，一一对应
    "prompt": [                         //模型的输入(Prompt)列表
        "虎皮青椒用什么做？",
        "How are you?",
        "最近还好吧？",
    ],
    "chosen": [                         //优质回答列表
        "青椒，大蒜。",
        "I am fine.",
        "挺好的，谢谢关心。",
    ],
    "rejected": [                       //劣质回答列表
        "老虎和辣椒。",
        "Leave me alone.",
        "别烦我",
    ],
}
```

2. DPO偏好数据集的Token化示例

类似 2.2.1 节所述，DPO 的偏好数据集也需要经过格式化和 Token 化等处理过程。如图 3.4 所示，将数据 3.1 中的第一条偏好数据对拆分为两个独立的输入序列，并在训练时将它们打包到同一个 Batch 中输入模型进行计算。

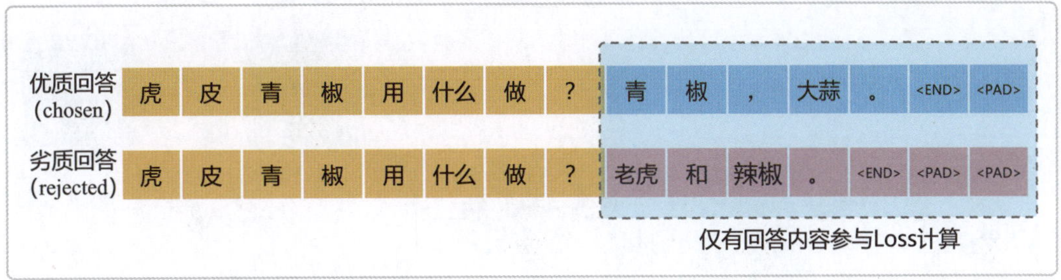

图 3.4 一条 DPO 训练数据形成的两个输入序列

DPO 的 Loss 计算规则可以参考表 2.7，同样，在 DPO 中，只有与回答内容相关的部分参与 Loss 计算（图 3.4 中忽略了位置偏移等细节，详细可参考 2.2.4 节）。

3.3 图解DPO的实现与训练

本节将通过对 DPO 训练流程的介绍，进一步揭示其背后的原理与实现细节。图 3.5 展示了 DPO 的训练流程，经过训练后，策略模型的输出相比训练之前更加符合用户的偏好。

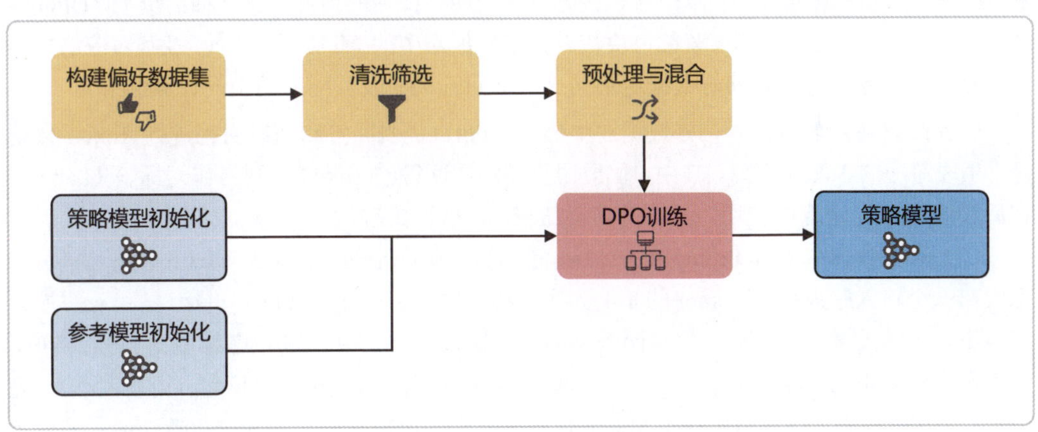

图 3.5 DPO 的训练流程

3.3.1 模型的初始化

如图 3.6 所示，DPO 的训练涉及两个模型——策略模型和参考模型。它们的初始化方法如下。

（1）**策略模型**：直接复制 SFT 模型进行初始化。

（2）**参考模型**：通常也复制 SFT 模型。但在某些情况下，可能会选择一个比 SFT 模型更强的复制。此时，需特别关注参考模型与策略模型的匹配性，主要涉及两者的 KL 散度及训练数据分布等方面。

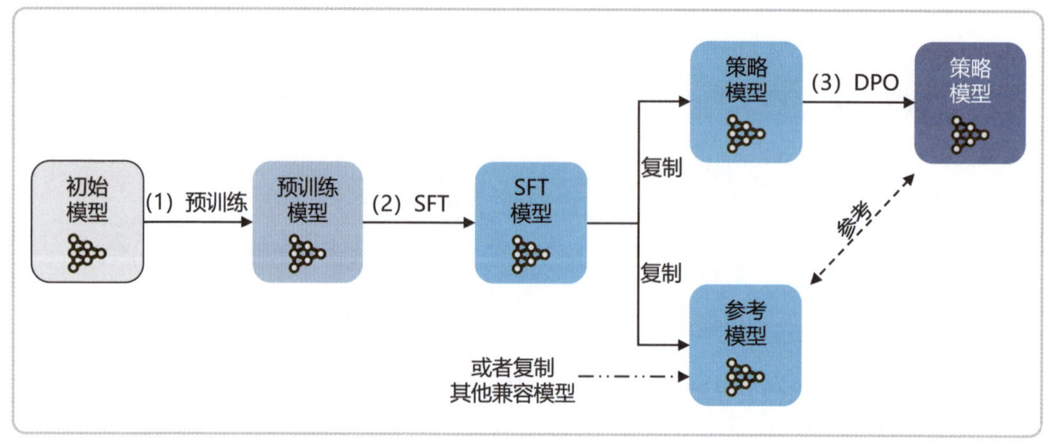

图 3.6 DPO 涉及的模型的演变

3.3.2 DPO 训练全景图

进行 DPO 训练时，可以选择加载两个模型（策略模型 π_θ 和参考模型 π_{ref}），也可以只加载一个模型（策略模型 π_θ）。本节将优先分析加载两个模型的情况，在这种情况下，DPO 的整体训练流程如图 3.7 所示（蓝色色块代表偏好数据对中的"优质回答" y_{w} 及其对应的中间计算结果；粉色色块代表偏好数据对中的"劣质回答" y_{l} 及其对应的中间计算结果）。

（1）**处理偏好数据**：对偏好数据对中的 Prompt、优质回答和劣质回答进行 Token 化处理，生成对应的 Token 序列。其中，优质回答和劣质回答的 Token 序列将作为标签（Label），在后续的 Gather 运算中使用，其原理可参考表 2.6 和表 2.7。

（2）**模型推理**：拼接 Prompt 的 Token 序列和优质回答的 Token 序列（ x 和 y_{w} 拼接），形成第一个输入序列；将 Prompt 的 Token 序列和劣质回答的 Token 序列拼接（ x 和 y_{l} 拼接），形成第二个输入序列。然后，将这两个序列分别输入策略模型 π_θ 和参考模型 π_{ref} 进行推理，一共可生成 4 组 Logits。每组 Logits 的形状（Shape）为（Token 序列长度，词表大小），类似于表 2.4 的结构。每行对应一个 Token 位置，行中各值表示模型预测该位置 Token 的概率分布。

（3）**计算动作概率和损失**：如图 3.7 所示，以优质回答对应的 Token 序列和劣质回答对应的 Token 序列为索引（Index），对 4 组 Logits 分别进行 Gather 操作，提取每个 Token 的概率值，得到 4 组动作概率。将 4 组动作概率代入 $r(x,y) = \beta \cdot \pi_\theta(y \mid x)/\pi_{\text{ref}}(y \mid x)$ 可计算得到两个隐式奖励值，将两个隐式奖励值代入式（3.5）便可计算出损失（Loss），至此，前向计算完成。

（4）**反向传播**：根据损失（Loss）在策略模型 π_θ 上进行反向传播，计算梯度。

（5）**参数更新**：优化器（Optimizer）基于梯度信息更新策略模型 π_θ 的参数。

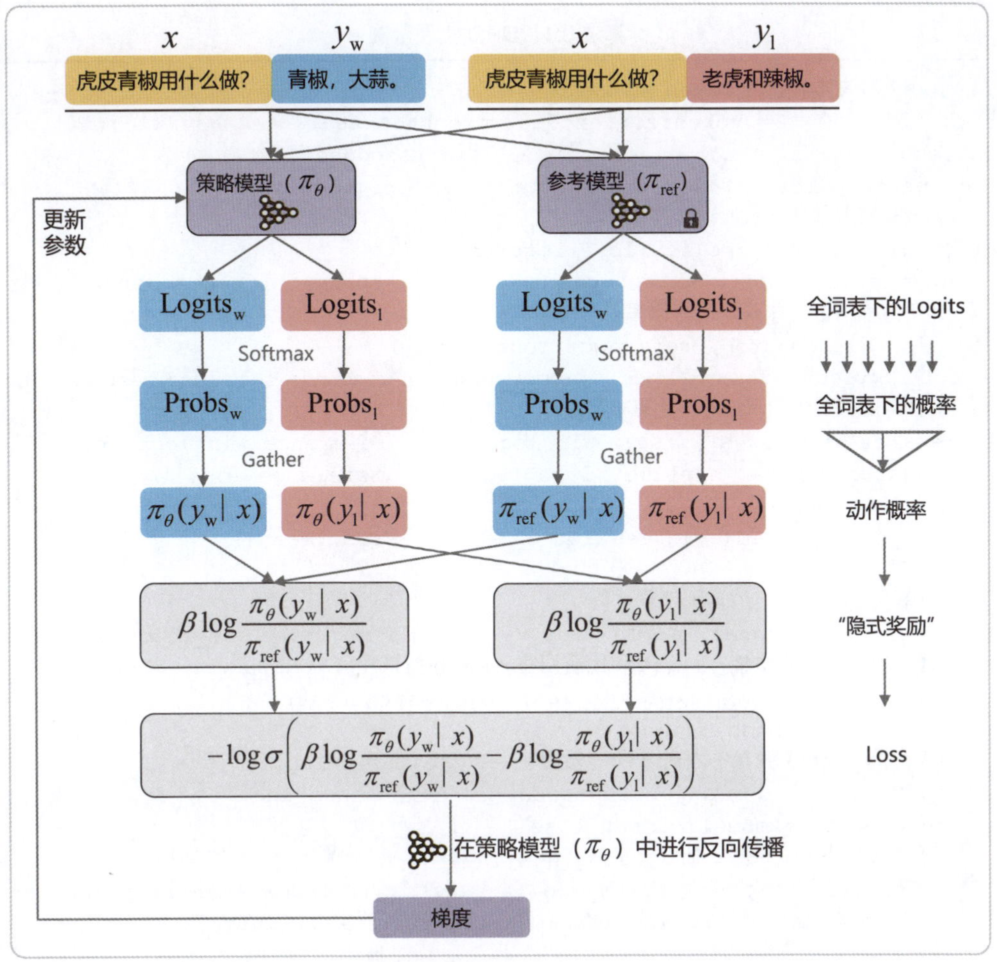

图 3.7 DPO 整体训练流程

按照上述流程，模型会依次处理所有偏好数据对，并多次重复训练，直至完成整个训练过程。最终，策略模型 π_θ 在多轮参数更新后，将表现出更符合用户偏好的输出能力。

需要注意的是，同 2.2.5 节所述，在 DPO 的实际实现中，同样使用 LogSoftmax 将 Softmax 和 Log 计算合并为一步。

3.3.3 DPO 核心代码的提炼和解读

图 3.7 展示了 DPO 的整体训练流程，那么其代码实现是怎样的呢？笔者参考了业界广泛使用的 TRL（Transformers Reinforcement Learning）算法库[60]，其中 DPO 的实现涉及数百行代码。为了便于理解，本节对 DPO 的核心部分进行提炼和适度简化（删除非关键代码，更直观地重命名变量，并添加注释），调整后的伪代码如算法 3.1 所示，与图 3.7 相呼应，读者可以对照理解。

算法 3.1 DPO 实现示例

```
# 【1】将三种文本转换为 Token ID（数字）
prompt_ids        = tokenizer.encode( prompt_text )
win_response_ids  = tokenizer.encode( win_response_text )
lose_response_ids = tokenizer.encode( lose_response_text )
# 【2】策略模型推理并获取动作概率
policy_win_logprob, policy_lose_logprob =
    get_logprob( policy_model, prompt_ids, win_response_ids, lose_response_ids )
# 【3】参考模型推理并获取动作概率
reference_win_logprob, reference_lose_logprob =
    get_logprob( reference_model, prompt_ids, win_response_ids, lose_response_ids )
# 【4】计算隐式奖励值（beta 是超参数 β）
win_rewards  = beta * (policy_win_logprob  - reference_win_logprob)
lose_rewards = beta * (policy_lose_logprob - reference_lose_logprob)
# 【5】计算 DPO loss
loss = - log_sigmoid( win_rewards - lose_rewards).mean()

# 动作概率（logprob）的详细计算过程
def get_logprob( model, prompt_ids, win_response_ids, lose_response_ids ):
    # 【拼接与推理】拼接 prompt 和优质回答 --> 模型推理出 logits_win
    input_win  = Concat( prompt_ids, win_response_ids)
    logits_win = model( input_win )
    # 【拼接与推理】拼接 prompt 和劣质回答 --> 模型推理出 logits_lose
    input_lose  = Concat( prompt_ids, lose_response_ids)
    logits_lose = model( input_lose )
    # 【抽取】从 logits 中抽取一小部分作为动作概率
    win_logprob = Gather(logits_win.log_softmax(),index = win_response_ids )
    lose_logprob  = Gather(logits_lose.log_softmax(), index = lose_
    response_ids )
    return win_logprob, lose_logprob
```

对于算法 3.1，进一步补充说明如下。

（1）为了提高计算效率，通常会将 input_win 和 input_lose 组合成列表（list），然后一次性输入模型（model）进行推理，而不是逐个推理。

（2）由于 Token 序列（代码中以“ids”结尾）的长度不一致，通常需要通过填充特殊的 Token（例如<PAD>）来对齐序列长度。因此，在进行 Attention 计算和 Loss 计算时，通常需要结合与 Token 序列对应的 Mask 序列，以确保填充部分不会对实际计算产生影响。

3.4 DPO实践经验

本节将分析 DPO 中的超参数 β 的作用及调节方法，并探讨 DPO 训练完成后对模型各方面性能的影响。

3.4.1 β 参数如何调节

β 参数的大小直接影响着 DPO 的效果。以下内容将揭示 β 参数对 DPO 效果的作用机制和规律，以帮助读者更深入地理解并科学地进行调优。

1. β 参数的作用

在 DPO 中，β 参数的作用类似于其在 RLHF 中的作用。在 RLHF 中，β 和最终奖励值 $r(x,y)$、原始奖励值 $r_\phi(x,y)$ 的关系如下式所示，这直观地展示了 β 参数的调节作用：

$$r(x,y) = r_\phi(x,y) - \beta(\log\pi_\theta(y|x) - \log\pi_{\text{ref}}(y|x)) \tag{3.7}$$

β 的大小影响着策略模型 π_θ 的优化方向，其作用如图 3.8 所示。

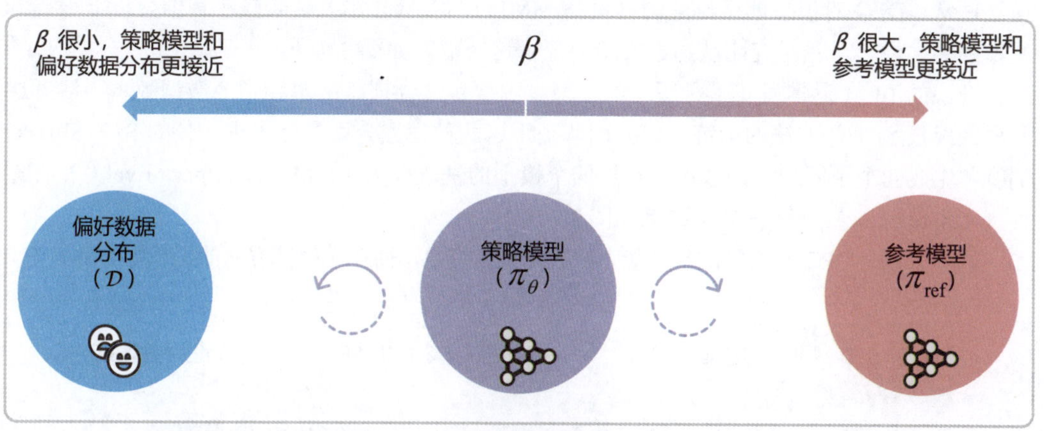

图 3.8 β 参数对策略模型的影响

2. β 参数对DPO效果的影响

β 参数对 DPO 的效果有如下影响。

（1）**当 β 增大时**：KL 散度惩罚力度增大，策略模型 π_θ 在拟合偏好数据分布 $\mathcal{D}$ 的过程中，始终要兼顾与参考模型 π_{ref} 的距离，因此牺牲了一部分探索自由度。最终，策略模型 π_θ 与参考模型 π_{ref} 会比较接近（两者的 KL 散度比较近）。虽然训练过程比较稳定，但是在一定程度上限制了模型效果的提升。

（2）**当 β 减小时**：KL 散度惩罚力度减小，策略模型 π_θ 有更多的自由度去探索，在更新过程中可以更加贪婪地拟合偏好数据分布 $\mathcal{D}$，从而与参考模型 π_{ref} 的距离会增大。最终，策略模型 π_θ 与偏好数据分布 $\mathcal{D}$ 更接近，这可能带来模型效果的提升。然而，如果 β 太小，那么训练可能变得不稳定，或者带来过拟合风险。

3. β 参数取值与参考模型能力的关系

通常，较小的 β 值（例如 0.01～0.1）可以获得更优的模型效果。然而，在使用不同能力的参考模型 π_{ref} 时，对应的最优 β 值是不同的。有研究表明，参考模型的能力水平和最优 β 值之间存在以下**关系**[1]。

（1）如果参考模型 π_{ref} 的能力较强，则最优 β 值较大。

（2）如果参考模型 π_{ref} 的能力较弱，则最优 β 值较小。

综上所述，β 的最优值受参考模型的能力、偏好数据的分布以及策略模型的初始状态等因素的影响。实际应用中，可以根据这些规律进行调优，以确定特定任务的最优 β 值。

3.4.2 DPO 对模型能力的多维度影响

DPO 对模型的基础能力（有用性）和无害性会产生不同程度的影响。本节将结合业界研究成果对此进行梳理。

1. DPO对模型的基础能力和无害性的影响

通常，DPO 对模型的基础能力（例如 MMLU、C-Eval 等）影响较小，但可以显著提升模型的无害性。一些研究团队通过实验验证了这一点，如图 3.9 所示[18]。

开源的 LLM 通常发布多种版本的模型，主要包含预训练版本和指令微调版本，后者通常已经经过 SFT 等方法的训练。研究团队基于这两种模型分别进行了进一步的 SFT 和 DPO 训练，生成四个不同版本的模型。对这四个模型的基础能力（MMLU、Alpaca Eval）和有毒性（RealToxicity）进行评测，结果如图 3.9 所示。

研究表明，DPO 对模型的基础能力的提升较为有限，而在无害性方面的提升则非常显著。

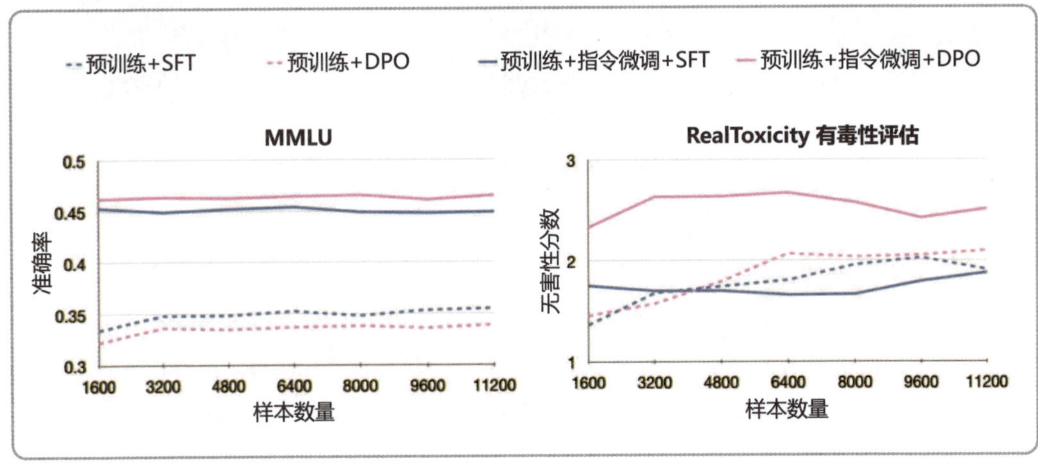

图 3.9 不同对齐方法对模型基础能力与无害性的影响[18]

2. DPO对模型基础能力的细分影响

此外，DeepSeek 的研究团队基于 DeepSeek 67B Chat 模型进行了详细研究，评估了 DPO 训练前后模型的基础能力表现[19]，结果如图 3.10 所示。DPO 对模型基础能力的影响较为微弱，且在某些评测指标上甚至出现了性能退化。

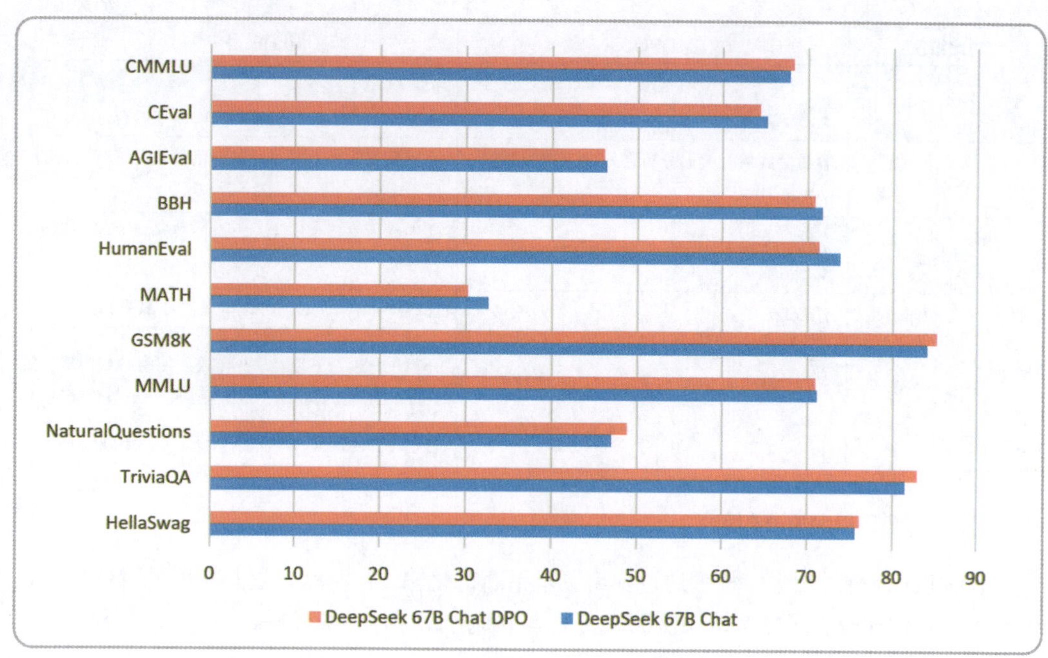

图 3.10 DeepSeek 模型 DPO 前后基础能力对比

3.5 DPO进阶

本节将对比两大对齐算法——DPO 和基于 PPO 的 RLHF，并深入解析 DPO 的梯度更新机制，从而揭示其本质。

3.5.1 DPO 和基于 PPO 的 RLHF 的对比

在大模型对齐领域，DPO 和基于 PPO 的 RLHF 都得到了广泛使用，两者各具特色，对比分析如表 3.1 所示。

表 3.1 DPO 和基于 PPO 的 RLHF 的对比

对比维度	DPO	RLHF（PPO）
算法类型	监督学习	先用监督学习，后用强化学习
探索性	无显式地鼓励，通过β参数间接影响探索性	在 PPO 的 Loss 中有熵正则项，鼓励策略模型有较大的熵，即增加策略模型的探索性
加载模型数量	1 个或 2 个（策略模型，有时还包括参考模型）	4 个（策略模型、评论模型、奖励模型、参考模型）
算力和显存开销	较小	较大

续表

对比维度	DPO	RLHF（PPO）
稳定性	较好	相对较差 （强化学习、较多的超参数、模型耦合性大）
效果	容易受到偏好数据分布之外（OOD）数据的影响[2]	有较高的效果上限，通过强化学习训练有更大的探索空间
样本来源	偏好样本需预先标注，训练时直接使用	偏好样本需预先标注，PPO 阶段通过实时采样生成
样本标签（Label）	有 Label	偏好样本有 Label，PPO 阶段的样本无 Label
Loss	对每个 Token 的 Loss 取均值，以计算整体 Loss	计算过程复杂，涉及序列维度，使用 GAE 算法按 Token 倒推计算出 Advantage，使用 γ 系数衰减每一个位置的价值，还需要进行剪裁（Clip）等处理

3.5.2 理解 DPO 的梯度

在 DPO 训练过程中，模型通过梯度更新不断优化输出。那么，这些梯度的具体形式是怎样的？它们又蕴含了哪些深层次的意义？本节将对此进行详细分析。

1. DPO的梯度公式

由 DPO 的损失函数即式（3.5）推导可得 **DPO 的梯度为**

$$\nabla_\theta \mathcal{L}_{\text{DPO}}(\pi_\theta;\pi_{\text{ref}}) = -\beta \mathbb{E}_{(x,y_w,y_l)\sim\mathcal{D}}\left[\underbrace{\sigma(r_\theta(x,y_l)-r_\theta(x,y_w))}_{\text{动态系数}}\left[\underbrace{\nabla_\theta \log \pi_\theta(y_w|x)}_{\text{优质回答的概率}\uparrow} - \underbrace{\nabla_\theta \log \pi_\theta(y_l|x)}_{\text{劣质回答的概率}\downarrow}\right]\right] \tag{3.8}$$

式中：

（1）$r_\theta(x,y)$ 是隐式奖励函数，$r_\theta(x,y)=\beta\log\dfrac{\pi_\theta(y|x)}{\pi_{\text{ref}}(y|x)}$，$r_\theta(x,y_l)$ 是针对劣质回答 y_l 的隐式奖励值（评分），$r_\theta(x,y_w)$ 是针对优质回答 y_w 的隐式奖励值（评分）。

（2）σ 是 Logistic 激活函数（Sigmoid），$\sigma(x)=1/(1+e^{-x})$，输出范围为（0, 1）。

（3）β 是 DPO 的超参数，一般的取值范围是 0.1～0.5，用于调整模型在参考策略和偏好数据之间的平衡。

因为要最小化 DPO 的损失函数 $\mathcal{L}_{\text{DPO}}$，因此使用梯度下降法更新策略模型 π_θ 的参数：

$$\theta \leftarrow \theta - \eta \cdot \nabla_\theta \mathcal{L}_{\text{DPO}}(\pi_\theta;\pi_{\text{ref}}) \tag{3.9}$$

其中，η 是学习率。

2. DPO梯度更新的含义

如式（3.8）所示，DPO 的梯度更新旨在增加优质回答 y_w 出现的概率，同时减少劣质回答 y_l 出现的概率。更重要的是，梯度中包含一个动态系数——优质回答和劣质回答的隐式奖励差异。换言之，这个动态系数反映了隐式“奖励模型” r_θ ［并非真实存在，详见式（3.2）］

对偏好顺序判断的误差。实验表明，这一动态系数至关重要，去掉该权重系数会导致模型性能退化。

如图 3.11 所示，DPO 梯度公式中的动态系数 $\sigma(r_\theta(x,y_l)-r_\theta(x,y_w))$ 对参数更新幅度有着**缩放作用**。

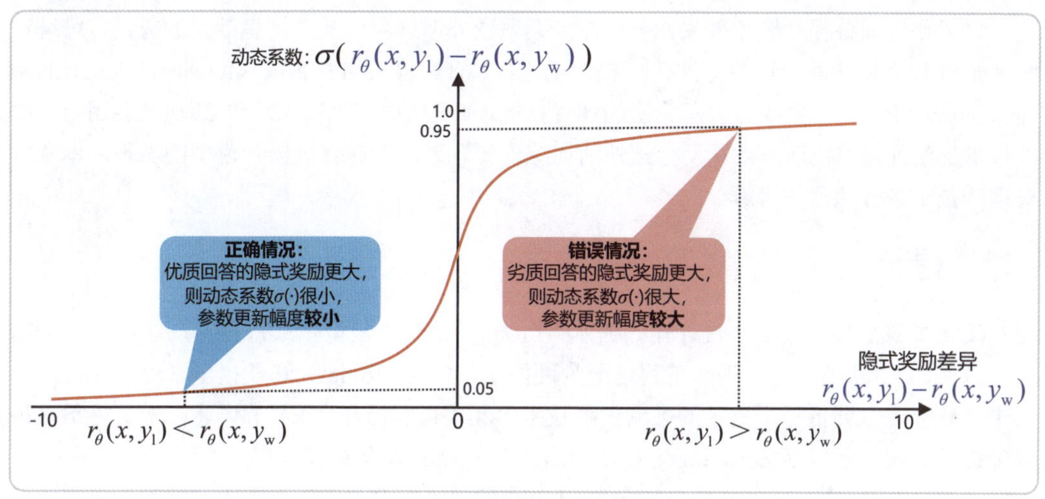

图 3.11 隐式奖励差异对参数更新幅度的影响

（1）当 $r_\theta(x,y_l)<r_\theta(x,y_w)$ 时：隐式奖励模型正确地给优质回答 y_w 较高评分（图中左侧区域），Sigmoid 函数 σ 的输出较小，意味着该样本对梯度更新的影响较小，参数更新幅度较小，因为模型在这一对回答上的表现已经较好，不需要大幅度调整。

（2）当 $r_\theta(x,y_l)>r_\theta(x,y_w)$ 时：隐式奖励模型错误地给劣质回答 y_l 较高评分（图中右侧区域），Sigmoid 函数 σ 的输出较大，意味着该样本对梯度更新的影响较大，参数更新幅度较大，因为模型在这一对回答上的表现较差，需要更大幅度地调整参数来纠正这种错误。

第 4 章 免训练的效果优化技术

除了通过训练提升模型效果，还有许多无须额外训练即可提高模型效果的方法，可统称为**免训练的优化技术**。这些方法包括提示工程、CoT、检索增强生成（Retrieval-Augmented Generation，RAG）、生成与解码算法的调优、推理时的搜索策略，以及外部功能调用等。此类技术灵活便捷、快速高效，没有额外的训练资源开销，能够有效提升模型的表现。本章将对这些技术进行梳理与讲解。

4.1 提示工程

提示工程是指通过精心设计输入提示（Prompt），引导模型生成符合预期的高质量输出的技术。如 2.1.4 节所述，提示工程可分为硬提示（Hard Prompt）和软提示（Soft Prompt）。其中，软提示主要指基于提示的微调训练技术，相关内容已在 2.1.4 节详述，本节将重点讲解硬提示。硬提示包括 Zero-Shot、One-Shot、Few-Shot 以及 CoT 等技术。

上下文学习（In-Context Learning，**ICL**）与硬提示在概念上相近，通过调整上下文提示来影响模型的输出。

本节将围绕提示工程中的常见技术和提示设计技巧展开讲解，为实际应用提供清晰的指导。

4.1.1 Zero-Shot、One-Shot 和 Few-Shot

1. Zero-Shot Learning

Zero-shot Learning（零样本学习）是指在模型没有见过任何与目标任务相关的示例或训练样本的情况下，直接利用预训练中学到的知识，通过输入 Prompt，并在没有具体示范的情况下完成任务。示例如下所示。

输入 Prompt：

```
请翻译成英文："AGI 即将到来，将会给世界带来翻天覆地的变化。"
```

模型输出：

```
AGI is on the horizon and will bring earth-shaking changes to the world.
```

2. One-Shot Learning

One-shot Learning（单样本学习）是指通过提供单个示例，使模型理解任务要求（例如任务目标和输出格式），随后，模型仍需结合自身的知识与泛化能力，继续完成给定的任务。示例如下所示。

输入 Prompt：

```
参考这个信息提取任务的示例：
示例 1：“我要两份薯条和一杯可乐。” -> {“薯条”: 2, “可乐”: 1}
请你提取：“请给我一杯拿铁加冰，五杯热拿铁。”->
```

模型输出：

```
{“拿铁”: 6}
```

3. Few-Shot Learning

Few-shot Learning（少样本学习）是指为模型提供多个示例，使其从多个角度总结出任务模式与要求，随后完成新的任务[146]。示例如下所示。

输入 Prompt：

```
参考这几个信息提取任务的示例：
示例 1：“我要两份薯条和一杯可乐。” -> {“薯条”: 2, “可乐”: 1}
示例 2：“我要半份薯条。” -> {“薯条”: 0.5}
示例 3：“两杯热拿铁，三杯拿铁加冰。” -> {“热拿铁”: 2, “冰拿铁”: 3}
请你提取：“一杯拿铁加冰，五杯热拿铁，半份薯条。”->
```

模型输出：

```
{“冰拿铁”: 1, “热拿铁”: 5, “薯条”: 0.5}
```

在 One-shot 示例中，只为模型提供了一个示例，模型在一定程度上理解了任务目标，但仍然不够完美，例如将热拿铁与冰拿铁的数量进行了汇总。而在 Few-shot 示例中，提供了 3 个示例，即 3-shot。“示例 3”明确区分了热拿铁和冰拿铁，模型基于这些信息能够更好地完成新的任务。

4.1.2 Prompt 的设计原则

Prompt 的设计与编写包含诸多技巧，通过运用这些技巧，可以设计出模型更易理解、更能挖掘其知识和潜力的 Prompt，从而显著提升输出效果，满足用户需求。本节参考了 OpenAI 的提示工程指引[80][81]及其他开源内容[79]，对 Prompt 设计与编写的原则总结如下。

（1）**灵活运用系统消息**：系统消息可以由开发者或用户设置，用于引导模型的行为、风格和角色等。在推理过程中，系统消息通常会作为模型输入的一部分，确保模型在每次对话中始终按照指定要求回答。

（2）**明确指令并使用分隔符**：将指令置于 Prompt 的开头，使用清晰的分隔符（例如“：”、三重引号、XML 标签或换行）将指令与上下文分离，提升模型的信息区分和理解能力。

（3）**明确期望的输出及格式**：对上下文、目标、格式、长度、风格及输出内容进行清晰、详细的描述，使模型能准确识别用户意图。

（4）**提供输出示例**：尽量提供所需格式的示例，帮助模型严格按照要求输出结果。

（5）**递进式尝试**（Zero-Shot→Few-Shot→微调）：初步尝试 Zero-Shot（不提供示例）；若效果欠佳，可加入 Few-Shot 示例；仍不理想时，考虑对模型进行微调以优化其表现。

（6）**避免模糊表述**：避免使用“较短”“较长”等模糊词汇，通过具体的字数、句子数或段落数量表达需求，例如，5 条要点，3 段文字。

（7）**同时提供禁止和替代指令**：与其仅告知模型“不应该”做什么，不如同时提供正确的替代方案，引导其产生期望的输出。

（8）**提供必要的上下文和角色信息**：在 Prompt 中包含所有必要的上下文和指令细节，避免模型自行猜测；同时，可通过系统消息或用户指令明确模型需扮演的角色，确保输出符合特定风格。

（9）**分解复杂任务**：对于复杂任务，可先进行意图分类或逐步拆解任务，再分步骤完成，以降低错误率。

（10）**引导模型先“思考”后回答**：明确指示模型在回答之前进行详细推理，或逐一写出推理步骤，提升回答质量和逻辑性。

（11）**使用参考文本并基于参考作答**：提供可信的参考文本，并要求模型以此为依据回答，减少虚构内容。可进一步要求模型标明引用来源或参考文献。

（12）**动态总结上下文**：当对话长度超出模型的上下文窗口限制时，可定期总结对话内容或筛选最相关的信息，确保模型持续获取关键上下文。

4.2 CoT

思维链（Chain of Thought，CoT）由 Jason Wei 等研究人员于 2022 年在 Google 期间提出，是大模型领域的一项重要技术创新，并迅速被广泛应用于学术研究和实际场景[82]。其核心思想是通过显式地分步推理，提升模型在复杂推理任务中的表现。CoT 技术的关键在于通过在输入 Prompt 中加入推理步骤或通过针对性训练，引导模型按照逐步展开的逻辑推理来回答问题，而非直接生成最终答案。这是一种基于 One-Shot 或 Few-Shot 的推理增强方法。

本节将对 CoT 的原理、各种衍生方法、应用技巧及其在多模态领域的应用进行讲解。

4.2.1 图解 CoT 原理

CoT 的基本原理如图 4.1 所示。模型在生成回答时，首先逐步生成中间推理步骤，随后基于这些步骤推导出最终结果。在图 4.1 中，输入的 Prompt 中包含了思维链的示例，用于激发模型基于思维链进行推理的能力。

然而，对于经过针对性训练并已习惯基于 CoT 回答的模型而言，Prompt 中的 CoT 示例并非必须。CoT 不仅是一种增强模型推理能力的技术，也能通过明确的分步推理过程，让回答更具解释性和透明性。

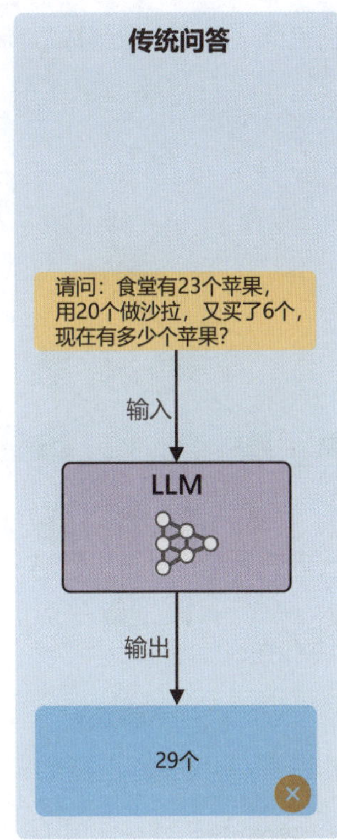

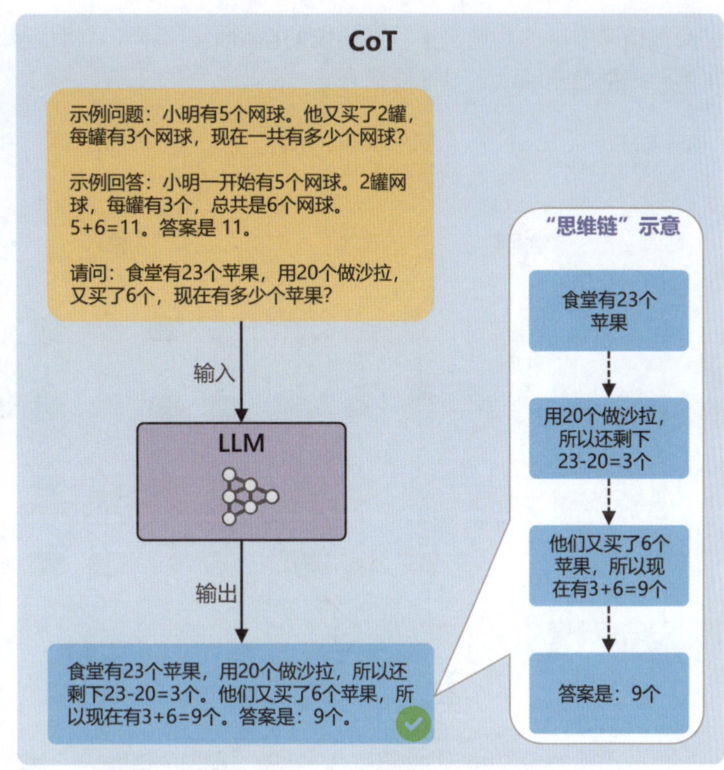

图 4.1　CoT 的基本原理

4.2.2　ToT、GoT、XoT 等衍生方法

在 CoT 展现其潜力后，迅速衍生出多种相关技术，例如 ToT、GoT、Self-consistency CoT、Zero-shot-CoT、Auto-CoT、MoT、XoT 等，其原理与区别如图 4.2 所示。具体总结如下。

（1）**思维树**（Tree of Thoughts，ToT）：由普林斯顿大学等研究团队提出，该框架扩展了 CoT 方法，使其能够在中间步骤的连贯“思维”上进行探索[83]。ToT 允许模型考虑多个不同的推理路径并进行自我评估，以决定下一步行动，并在必要时进行前瞻或回溯以做出全局性选择。通过使用广度优先搜索或深度优先搜索，得以系统性地探索思维树。

（2）**思维图**（Graph of Thoughts，GoT）：由苏黎世联邦理工学院等研究团队提出[87]。GoT 的核心思想在于能够将模型生成的信息建模为任意图结构，其中信息单元（“思维”）作为顶点，边则对应这些顶点之间的依赖关系。这种方法能够有效地组合任意的信息单元，提炼整个思维网络的精髓，或通过反馈回路增强思维。GoT 所利用的图抽象无缝地将 CoT 和 ToT 扩展到更复杂的思维模式，而无须对模型进行任何更新。

（3）**自我一致性 CoT**（Self-consistency CoT）：由 Google 的研究团队提出，该方法首先生成多样化的推理路径集，而不是仅选择单一的贪婪路径；然后从多个路径中选出最一致的答案[85]。自我一致性利用了这样一个直觉：复杂推理问题通常存在多种不同的思维路径，但它们都指向唯一的正确答案。与传统的模型集成不同，自我一致性更像一种“自我集成”，在单一模型的基础上实现性能提升。

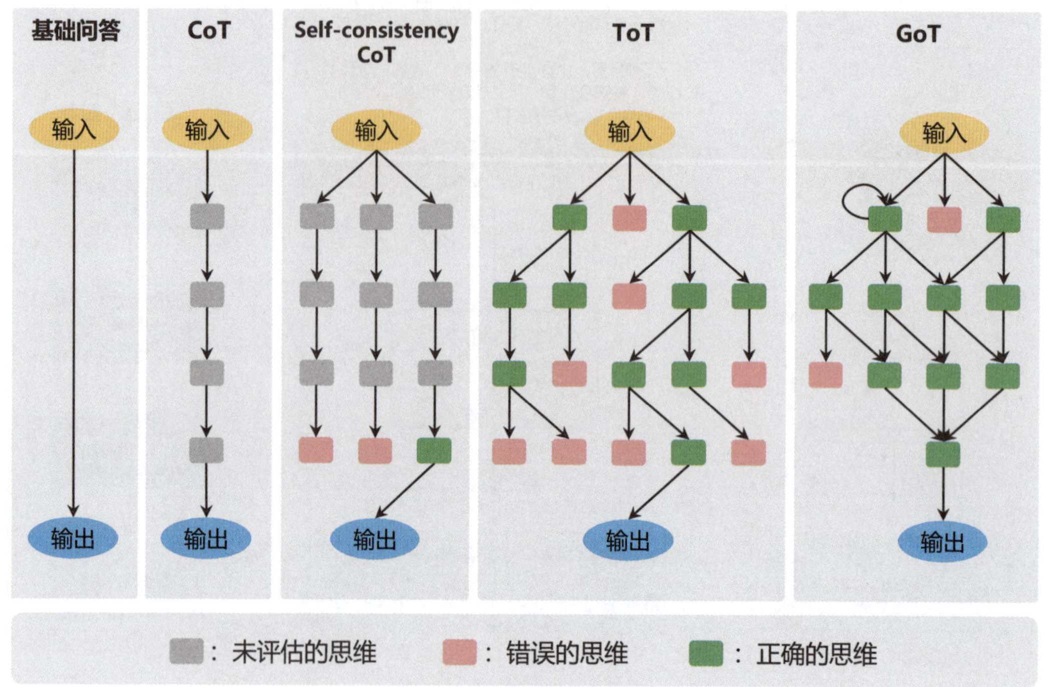

图 4.2　基础问答、CoT、Self-consistency CoT、ToT 和 GoT[87]

（4）**零样本 CoT**（Zero-shot-CoT）：由东京大学等研究团队提出，该方法简单有效，只需在每个 Prompt 中添加“让我们一步一步思考”（Let's think step by step），即可在各种推理任务中诱导出链式思维，并在多个基准推理任务上提升性能[91]。与大多数基于模板的提示不同，该方法本质上是任务无关的，通过单一模板在广泛的任务中引发多步推理。

（5）**Auto-CoT**：该方法旨在自动构建 CoT 样本，包含问题及其对应的推理链[84]。Auto-CoT 包含两个主要阶段：一是问题聚类，将给定数据集中的问题分为若干类；二是示例采样，从每个类中选择一个具有代表性的问题，并使用简单的 Zero-shot-CoT 方法（例如“Let's think step by step”）生成相应的推理链。

（6）**思维记忆**（Memory-of-Thought，MoT）：由复旦大学等研究团队提出，该方法是一个预思考再回忆的框架，通过思维记忆让模型自我改进，无须更新参数[88]。MoT 分为两个阶段——预思考阶段和正式推理阶段。在预思考阶段，模型在未标注的数据集上进行思考，并将思维保存为外部记忆。在正式推理阶段，模型回忆相关记忆以帮助推理并回答给定的问题。

（7）**XoT**（Everything of Thoughts）：由微软等研究团队提出，XoT 基于强化学习和蒙特卡洛树搜索（MCTS）技术，结合轻量级的策略与价值网络，对特定任务进行训练以进行思维搜索，并随后泛化到新问题[86]。一旦训练完成，XoT 就使用轻量的策略和价值网络通过

MCTS 高效地执行思维搜索，之后，基于 MCTS 与 LLM 协作的框架进行思维修正，进一步提升思维质量。该方法能最大程度减少 LLM 的调用次数，显著降低计算开销，从而有效保持 XoT 的整体效率。

4.2.3 CoT 的应用技巧

1. CoT在推理、训练中的应用

CoT 技术的应用场景可分为以下两类。

（1）**推理时使用**：在推理过程中，通过在 Prompt 中动态地插入与任务相似的 Few-Shot 示例来激发模型按照思维链方式生成答案，这能够有效引导模型逐步分解问题并给出答案。这种方式无须对模型本身进行训练，适用于现成模型的直接增强。

（2）**基于 CoT 样本的训练**：通过监督微调（SFT）、DPO 或强化学习（例如 RLHF 等）方法，基于 CoT 样本训练模型，使其更倾向于生成符合人类偏好的推理思维链。这种方式能够持久性促使模型以思维链方式回答问题，甚至可以针对没有插入 Few-Shot 示例的任务。

2. 如何收集高质量的CoT样本

无论是推理还是基于 CoT 样本训练，高质量的 CoT 样本都是关键。CoT 样本需包含“输入—思维链—输出”三部分，可以通过以下**途径**收集。

（1）人工编写：设计典型场景并手动编写清晰的推理步骤。

（2）模型生成：使用更强大的模型生成高质量的推理样本。

（3）开源样本：调研开源 Few-Shot 示例库，从中选取合适的样本。

3. 每个Prompt中应该插入多少个Few-Shot示例

Prompt 中的示例数量需要根据任务需求、模型特性，以及效果与成本来权衡[92]。

（1）效果与成本的平衡：更多的示例通常能够提升模型表现，但 Prompt 过长会增加计算成本和响应延迟。

（2）模型能力的影响：性能较强的模型通常对示例数量的依赖程度较低，同时，添加更多示例的边际收益递减更快。

（3）实验验证：由于任务复杂性和 Few-Shot 示例的多样性存在差异，建议对不同数量的示例进行实验，以确定具体任务下的最佳配置。

4. 如何自动选择Few-Shot示例

从数据集中选择合适的 Few-Shot 示例是提升效果的关键步骤。目前已有一些框架（例如 LangChain）实现了示例选择器（Example Selector）[92]，可用于选择 Few-Shot 示例并将其插入输入 Prompt 中，该框架实现的方法主要如下。

（1）基于相似性的选择：计算输入和示例的 Embedding 表示，选取与输入具有最高余弦相似度的示例。

（2）基于 *n*-gram 重叠分数的选择：比较输入与示例的 *n*-gram 重叠情况，重叠度排序后选取头部的若干示例。

（3）基于最大边际相关性（MMR）的选择：该方法可以在确保相关性的基础上引入多样性，平衡不同样本之间的相似性和差异性。

通过这些策略，可以有效提升 CoT（或 Few-Shot）示例的质量与匹配度，从而更好地激发模型的 CoT 能力。

4.2.4 CoT 在多模态领域的应用

CoT 不仅被应用于 LLM，还被应用于多模态领域，例如 VLM 和 MLLM。一些研究团队在这一领域取得了成果。

多模态 CoT（Multimodal-CoT）由上海交通大学等研究团队联合提出，是一种融合语言与视觉模态的 CoT 推理方法[89]。该方法采用了两阶段框架——推理理由生成阶段和答案推断阶段。在推理理由生成阶段，目标是训练一个能够根据输入的原始语言描述和视觉图像生成详细推理理由的模型。在答案推断阶段，将生成的推理理由、原始语言描述和视觉图像一同输入模型，模型基于这些信息推断出最终答案。这一方法有效减轻了模型的幻觉现象，并加快了训练的收敛速度。

卡内基梅隆大学等研究团队将 CoT 方法应用于 VLM 的训练[90]。研究人员基于 GPT-4o 模型提取详细的推理路径（思维链），并利用这些推理路径对 VLM 进行微调以增强其 CoT 推理能力。此外，研究团队构建了正确与错误推理链的配对数据，使用 DPO 算法训练并优化模型的推理能力。实验结果表明，该方法显著提升了 VLM 的 CoT 推理能力。

4.3 生成控制和解码策略

多种多样的生成控制参数与解码策略对 LLM、VLM 及 MLLM 等模型的生成效果具有显著影响，合理调整这些方面能够快捷、灵活、个性化地提升生成质量。

解码策略是决定最终输出文本流畅性、多样性及整体表现的核心因素。常见的解码算法包括贪婪搜索、波束搜索（Beam Search）及其衍生算法、多项式采样、Top-K 采样、Top-P 采样、对比搜索（Contrastive Search）、投机解码（Speculative Decoding）、前瞻解码（Lookahead Decoding）、DoLa 解码等。

生成控制参数提供了丰富的调节选项，用于定制化生成内容，控制生成细节。这些参数包括重复惩罚、长度惩罚、禁用词列表、强制词列表、最大生成长度和最小生成长度等，对生成结果的质量和特性有直接影响。

HuggingFace 的 Transformers 库凭借强大的生态支持、广泛的应用场景以及精良的代码与 API 设计，其参数命名和使用规范已逐渐成为众多模型的标准[78]。本节将结合 Transformers 库，对解码算法及生成控制参数进行详细解析，帮助读者深入理解文本的生成过程和解码机制，并为优化模型输出效果提供实用指导。

4.3.1 解码的原理与分类

如 1.1.3 节所述，LLM 的原始输出是一个概率分布，表示为 Logits，其形状为（词表大小），代表当前序列位置上所有可能的 Token 及其对应的“可能性”分数。这些 Logits 需要通过解码算法进一步转换为具体的文本，而不同的解码算法会生成截然不同的结果，对模型的生成效果有着重要影响。

1. 解码的原理与概率计算

在文本生成过程中，各类大模型通常采用基于条件概率的自回归生成方式。具体而言，模型每次生成一个 Token 时，都会基于当前上下文（已生成的 Token 序列），计算下一个 Token 的条件概率分布，即

$$P(x_t | x_1, x_2, \cdots, x_{t-1}) \tag{4.1}$$

其中，x_t 是第 t 个 Token，$x_1, x_2, \cdots, x_{t-1}$ 是之前已经生成的 Token 序列。概率分布 P 的形状为（词表大小），表示词表中每个 Token 出现在当前位置的概率。

理想情况下，在生成完整序列 $x = \{x_1, x_2, \cdots, x_T\}$ 时，模型需要最大化完整序列的条件概率，即

$$P(x) = P(x_1)P(x_2 | x_1)P(x_3 | x_1, x_2)\cdots P(x_T | x_1, x_2, \cdots, x_{T-1}) \tag{4.2}$$

为了计算完整序列的条件概率，首先需要按照式（4.1）计算每一步的条件概率，然后将所有的概率相乘得到完整序列的整体概率。这一过程是解码的核心原理，也是生成高质量文本的关键。

在实际应用中，直接相乘可能会因概率值较小而导致数值下溢问题，因此通常将概率转换为对数形式以避免这些问题。将式（4.2）转换为如下的对数概率形式。

$$\log P(x) = \log P(x_1) + \log P(x_2 | x_1) + \log P(x_3 | x_1, x_2) + \cdots + \log P(x_T | x_1, x_2, \cdots, x_{T-1}) \tag{4.3}$$

这种形式通过将累积乘法转换为加法，使计算更加稳定，同时在排序时保持与原始概率的结果一致。

2. 穷举搜索

如图 4.3 所示，Token 的生成过程可以形象地表示为一个以词表大小 V=10^5 为基数的多叉树结构。理论上，采用**穷举搜索**（Exhaustive Search）的方法能够获得全局最优解。然而，穷举搜索的计算代价极高。

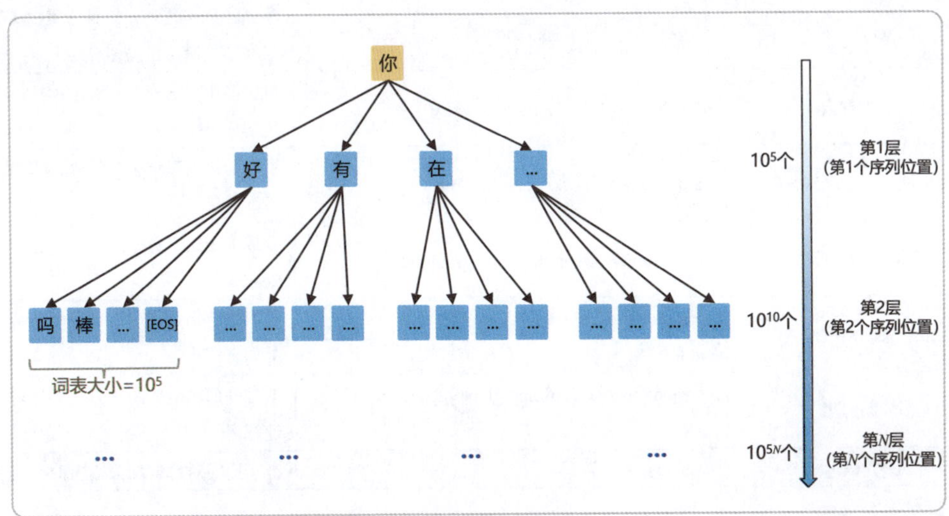

图 4.3　穷举搜索的解码过程

以初始 Token“你”为例，在生成下一个 Token 时，模型需要在整个词表中选择最优的候选项，总共有 $V=10^5$ 个可能的词元，且每个词元出现的概率会根据已生成的 Token 序列的不同而有所变化。随着生成过程的进行，每增加一个 Token，多叉树向下拓展一层，候选序列数量呈指数级增长。以词表大小 $V=10^5$ 和已生成的 Token 数量 N 为例，可能的连续 Token 序列组合数量为 $V^N=10^{5N}$。

这一爆炸式增长使穷举搜索几乎不可行，因为评估如此庞大的候选序列集将消耗极其多的计算资源。因此，在实际应用中，通常会采用更高效的解码算法，如贪婪搜索（Greedy Search）、波束搜索（Beam Search）等。这些方法通过限制候选路径的数量或选择高概率路径，显著降低了计算复杂度，同时尽量保持生成结果的质量。

3. 解码算法分类

有多种解码算法可用于指导模型生成文本。Transformers 库中的 generate()函数可以配置多种参数，以实现不同的解码算法，从而使模型遵照解码算法生成文本。各种解码算法的分类及对比如表 4.1 所示[78]。

表 4.1 解码算法的分类及对比

解码算法	条件参数	功能和特色
贪婪搜索	num_beams=1 且 do_sample=False	简单快速，选择概率最高的 Token，内容确定性强
对比搜索	penalty_alpha>0 且 top_k>1	在生成非重复且连贯的长文本方面表现优异
多项式采样	num_beams=1 且 do_sample=True	随机性高，生成内容多样化
Top-K 采样	do_sample=True 且设置 top_k	从概率最高的 k 个候选 Token 中随机采样，平衡质量与多样性
Top-P 采样	do_sample=True 且设置 top_p	从累计概率达到 p 的候选集中随机采样，平衡质量与多样性
波束搜索	num_beams>1 且 do_sample=False	维护多个候选序列，尽量生成全局最优解
基于波束的多项式采样	num_beams>1 且 do_sample=True	引入随机性以增强多样性，同时保持较高质量
多样性波束搜索	num_beams>1 且 num_beam_groups>1	分成多个组，每个组独立进行 Beam Search
带约束的波束搜索	constraints!=None 或 force_words_ids!=None	可以强制指定在生成结果中包含某些内容
辅助解码	assistant_model 或 prompt_lookup_num_tokens 被设置	通过外部模型辅助等方法优化与加速解码
层对比解码	dola_layers 被设置	基于层间对比来增强输出的事实性

4.3.2　贪婪搜索

贪婪搜索（Greedy Search）每次生成下一个 Token 时，都会选择当前概率最高的 Token，不考虑生成序列的全局最优性或多样性，然后继续对下一个 Token 位置执行相同的操作。尽管这种方法简单快速，但生成的内容可能过早陷入局部最优，缺乏多样性。

采用贪婪搜索的生成和解码过程如图 4.4 所示。

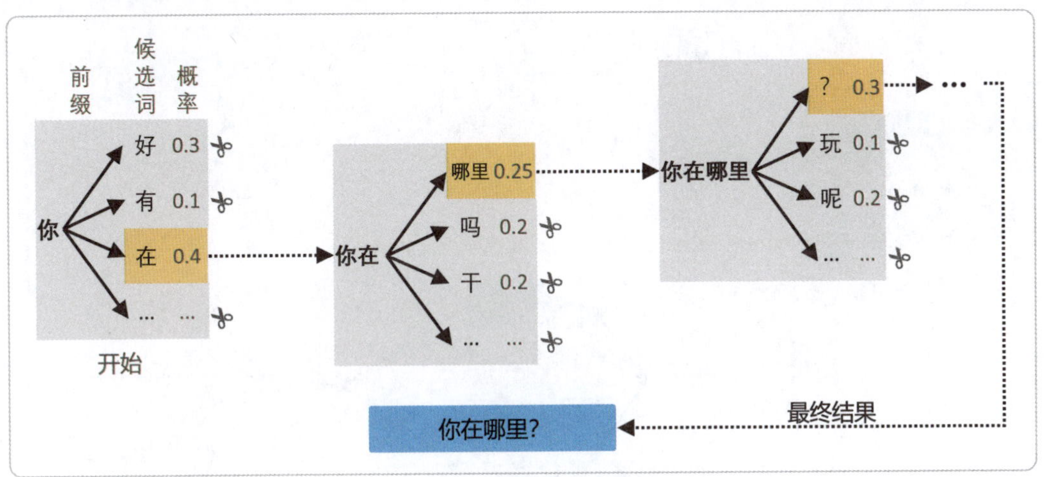

图 4.4　贪婪搜索的生成与解码过程

（1）模型以输入“你”为前缀，计算词表中每个候选 Token 的概率分布，并选择概率最高的候选 Token“在”（概率为 0.4）。此时生成的序列是“你在”。

（2）模型以生成的序列“你在”为输入，重新计算下一个 Token 的概率分布，并选择概率最高的候选 Token“哪里”（概率为 0.25）。此时生成的序列更新为“你在哪里”。

（3）模型以生成的序列“你在哪里”为输入，继续计算下一个 Token 的概率分布，并选择概率最高的候选 Token“？”（概率为 0.3）。假设此处仅生成 3 个 Token，则最终生成的完整序列为“你在哪里？”。需要注意，此示例中忽略了结束符<EOS> Token 的处理逻辑。

可以通过以下参数开启并使用贪婪搜索。

（1）num_beams=1：设置 Beam 的数量，设为 1。

（2）do_sample=False：关闭随机采样策略，以确保使用确定性搜索。

4.3.3　Beam Search：图解、衍生方法

1. Beam Search

波束搜索（**Beam Search**）在每一步生成时，不是仅选择一个最优 Token，而是保留多个候选序列（称为 Beam，即波束），其余的路径则被剪枝。这些候选序列会在后续步骤中继续扩展，直到生成结束。最终，从所有候选序列中选择得分最高的作为最终输出[78]。Beam 的数量（num_beams 参数）越多，搜索空间越广，生成结果越接近全局最优，但计算成本也

随之增加。

Beam Search 的生成和解码过程如图 4.5 所示。

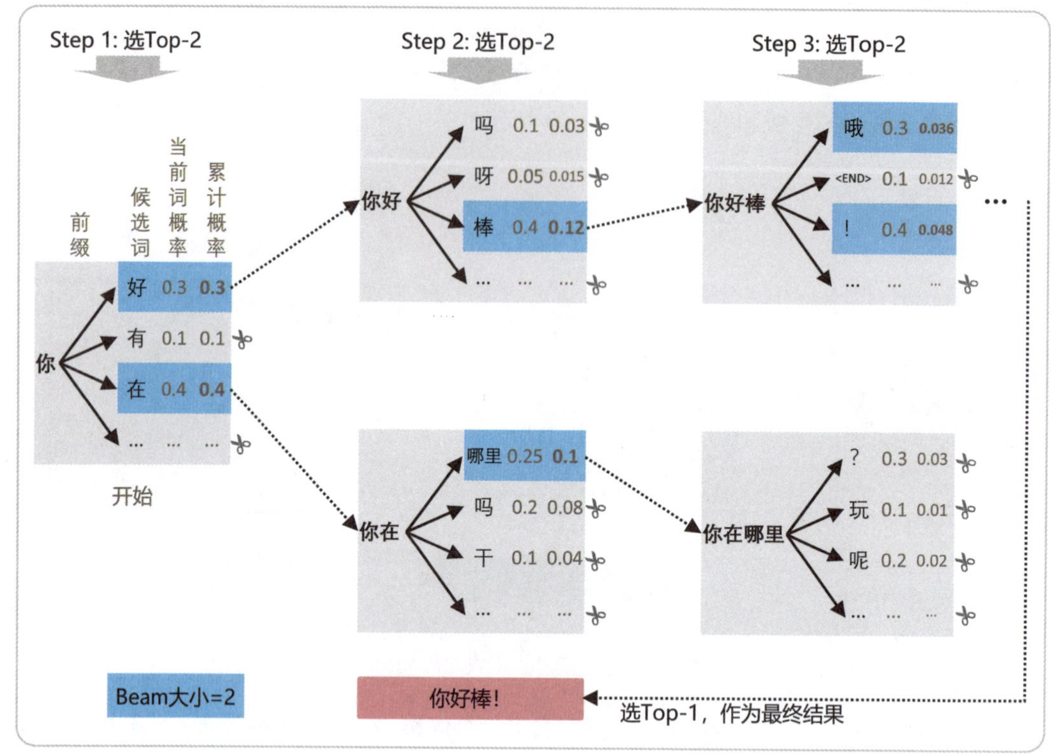

图 4.5 Beam Search 的生成与解码过程

（1）***初始化***：模型以输入“你”为前缀，计算词表中每个候选 Token 的概率分布，并仅保留概率最大的 Top-2 候选词（因为 Beam 的数量为 2）。初始阶段可以得到两条路径（前缀序列）：“你→好”（累积概率 0.3）和“你→在”（累积概率 0.4）。

（2）***扩展路径***（先局部取 Top-2，再全局取 Top-2）：模型基于上述两条路径分别生成下一个词，然后在全局范围内筛选最优路径。**【第 1 步】**对扩展路径 1（“你→好”），以“你好”为输入，预测下一个词的概率分布，并在局部保留概率最大的 Top-2：“你好→棒”（累积概率 0.3×0.4=0.12）、“你好→吗”（累积概率 0.3×0.1=0.03）。**【第 2 步】**对扩展路径 2（“你→在”），以“你在”为输入，预测下一个词的概率分布，并在局部保留概率最大的 Top-2：“你在→哪里”（累积概率 0.4×0.25=0.1）、“你在→吗”（累积概率 0.4×0.2=0.08）。**【第 3 步】**将所有 4 条扩展路径放在一起，按累积概率排序，保留全局 Top-2 的路径。最终结果为：“你好→棒”和“你在→哪里”。

（3）***重复扩展***：按上述方法，分别以“你好棒”和“你在哪里”为输入，继续扩展路径，并对每一步生成的路径进行筛选，直到所有路径均达到终止条件（例如生成结束符 <EOS> 或达到最大长度）。

（4）**最终选择**：在所有生成的候选路径中，选择累积概率最高的一条作为最终结果。图中结果为“你好棒！”。

可以通过以下参数开启并使用 Beam Search。

（1）num_beams：设置 Beam 的数量，需大于 1。

（2）do_sample=False：关闭随机采样策略，以确保使用确定性搜索。

2. 多样性波束搜索

多样性波束搜索（Diverse Beam Search）是对传统 Beam Search 的扩展，旨在生成更具多样性的候选序列[114][78]。其核心思想是将 Beam 分成多个组（num_beam_groups），对每个组独立进行 Beam Search。组内路径仍然按照传统方法选择概率最高的候选项，而组间通过施加多样性惩罚来降低生成结果的相似性，从而提升整体多样性。

可以通过以下参数开启并使用多样性波束搜索。

（1）num_beams：指定 Beam 的总数量，需大于 1。

（2）num_beam_groups：指定将 Beam 分成的组数，需大于 1，每组独立执行搜索。

（3）diversity_penalty（可选）：控制组间生成结果的差异程度，值越大，生成的结果越不同。

当设置 num_beams > 1 且 num_beam_groups > 1 时，即可开启多样性波束搜索。

3. 带约束的波束搜索

带约束的波束搜索（Constrained Beam Search）允许在生成文本时施加特定的限制，非常适合需要在生成结果中强制包含某些内容的任务[115]。例如，在摘要生成任务中，可以通过该方法确保特定关键词出现在生成结果中。

可通过以下参数开启并使用带约束的波束搜索。

（1）constraints：指定生成文本时需要满足的限制条件。

（2）force_words_ids：强制生成结果中包含的特定词或词组。

4. 基于波束搜索的多项式采样

基于波束搜索的多项式采样（Beam-Search Multinomial Sampling）是一种结合 Beam Search 和采样策略的解码方法，适用于需要平衡生成质量与多样性的任务[78]。与传统 Beam Search 不同，该方法在每一步生成中对候选 Token 进行多项式采样，而不是仅选择概率最高的 Token。

通过以下参数可开启并使用该策略。

（1）num_beams：设置 Beam 的数量，需大于 1。

（2）do_sample=True：开启随机采样策略。

通过上述配置，可在解码过程中引入探索性，同时保留一定的生成质量。

4.3.4 图解 Top-*K*、Top-*P* 等采样方法

1. 多项式采样

多项式采样（Multinomial Sampling）是生成式模型中一种常见的随机采样方法，生成下

一个 Token 时，以模型预测的概率分布为依据，在概率分布中"按概率大小"随机抽取 Token（而非等概率随机采样）[78]。假设如图 4.6 所示，"在"的概率为 0.2，"今"的概率为 0.1，这意味着，如果进行 100 次采样，"在"大约会被选中 20 次，而"今"大约会被选中 10 次。

多项式采样的流程如图 4.6 所示，具体步骤如下。

（1）模型以输入"你"为前缀，计算词表中每个候选 Token 的概率分布。

（2）根据该概率分布进行采样。如图 4.6 所示，采样到的 Token 为"今"，此时生成的序列为"你今"。

（3）以"你今"为新的前缀输入模型，重复上述过程，直到满足终止条件（例如生成结束符<EOS>或达到最大长度）。

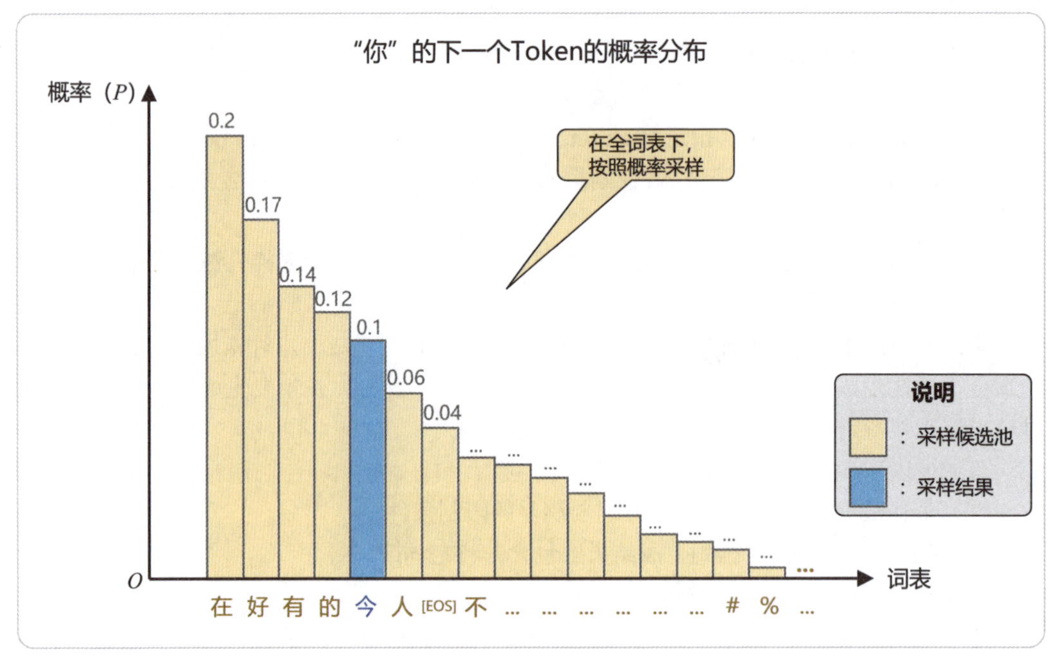

图 4.6　多项式采样的流程

可以通过以下参数开启并使用多项式采样。

（1）num_beams=1：设置 Beam Search 的 Beam 大小为 1。

（2）do_sample=True：开启随机采样策略。

2. 调节温度系数

如图 4.6 所示，在多项式采样中，理论上所有的 Token 都有可能被抽中，只是概率的大小有所不同。这种机制可能会导致生成冷门的前缀序列，例如"你#"或"你%"等，从而影响后续生成序列的质量。为了缓解这一问题，可以通过调整 Softmax 的温度系数来优化采样过程。

降低温度系数能够压缩概率分布，使高概率 Token 被抽中的概率进一步增加，而低概率

Token 被抽中的概率得到抑制。这种调整会使概率分布更尖峰化，从而有效减少冷门 Token 的出现频率。例如，当温度系数较低时，概率分布会更集中在少数几个 Token 上；而当温度系数较高时，概率分布趋于平坦，使更多的 Token 具备较为接近的被抽中概率。

可以通过 temperature 参数调整温度，其默认值为 1。

此外，还可以采用 Top-*K* 或 Top-*P* 采样的方法对候选池进行限制，这些方法将在后续章节中进行详细介绍。

3. Top-*K*采样

Top-*K* 采样（Top-*K* Sampling）是一种在生成任务中常用的策略，类似于多项式采样，但其采样候选池经过筛选[117]。使用 Top-*K* 采样时，每一步生成 Token 时仅保留模型预测概率最高的前 *K* 个词，并从中按概率分布进行随机采样。

Top-*K* 采样的流程如图 4.7 所示，具体步骤如下。

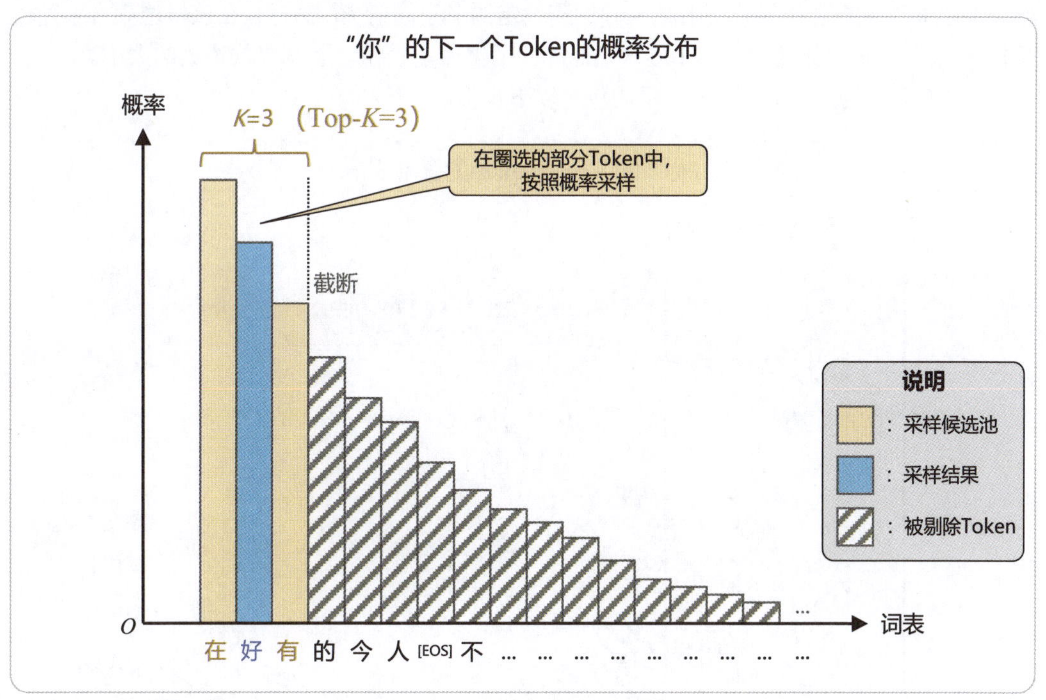

图 4.7　Top-*K* 采样的流程

（1）**计算概率分布**：模型以输入“你”为前缀，计算词表中每个候选 Token 的概率分布。

（2）**排序与截断**：根据生成的概率分布，将所有 Token 按概率从高到低排序，选取前 *K* 个概率最大的 Token，构成新的采样候选池。例如，图中“在”“好”“有”被保留，其余 Token（概率较低的词元）被剔除。

（3）**重新归一化概率**：对截断后的 *K* 个 Token 的概率重新进行归一化处理，使候选池内的概率总和为 1，以确保采样过程中概率分布的规范性。

（4）**随机采样**：按照归一化后的概率分布，从截断后的候选集中随机采样，选出下一个生成的 Token。例如，图中“好”被选中，生成序列更新为“你好”。

（5）**重复上述过程**：模型以当前生成的序列（例如“你好”）作为新的输入前缀，重复上述步骤，直到满足终止条件（例如生成结束符<EOS>或达到最大长度）。

可以通过以下参数开启并使用 Top-*K* 采样。

（1）do_sample=True：开启随机采样策略，这是使用 Top-*K* 采样的前提条件。

（2）top_k=10：当设置 top_k 的值为 10 时，表示每步仅保留概率最高的前 10 个候选 Token。

（3）temperature=1.0（可选）：调整采样的温度系数。

4. Top-*P*采样

Top-*P* 采样（Top-*P* Sampling），又称**核采样**（Nucleus Sampling），该方法通过动态选择一个最小候选集合，使候选词的概率和达到设定的概率阈值 *P*，然后，在该候选集合中随机采样[116]。与 Top-*K* 采样相比，Top-*P* 采样能够根据概率累积动态调整候选集的大小。

Top-*P* 采样的流程如图 4.8 所示，包含以下步骤。

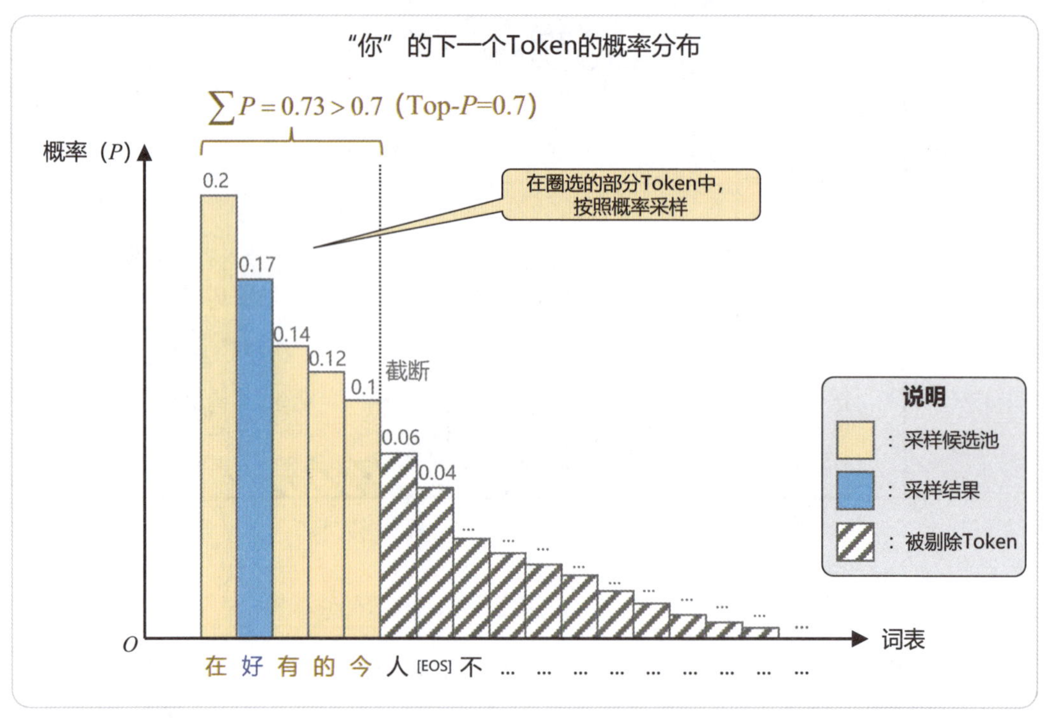

图 4.8　Top-*P* 采样的流程

（1）**计算概率分布**：模型以输入“你”为前缀，计算词表中每个候选 Token 的概率分布。

（2）**排序与截断**：将候选 Token 按概率从高到低排序，并从高概率 Token 开始累加，直到累积概率达到设定的阈值 Top-*P*（例如图中设置为 0.7），固定采样候选池。超过此累积概率的所有 Token 都被剔除。例如，图中"在""好""有""的""今"被保留，其余低概率 Token（例如"人""[EOS]""不"等）被剔除。

（3）**重新归一化概率**：对截断后的 Token 的概率重新进行归一化处理，使候选池内的概率总和为 1，以确保采样过程中概率分布的规范性。

（4）**随机采样**：按照归一化后的概率分布，从截断后的候选集中随机采样，选出下一个生成的 Token。例如，图中"好"被选中，生成序列更新为"你好"。

（5）**重复上述过程**：模型以当前生成的序列（例如"你好"）作为新的输入前缀，重复上述步骤，直到满足终止条件（例如生成结束符<EOS>或达到最大长度）。

可以通过以下参数开启并使用 Top-*P* 采样。

（1）do_sample=True：开启随机采样策略，这是使用 Top-*P* 采样的前提条件。

（2）top_p=0.7：累积概率阈值，例如，可以设置为 0.7。

（3）temperature（可选）：调整采样的温度系数。

4.3.5 其他解码策略

除了上述章节中描述的经典解码策略（例如贪婪搜索、Beam Search、Top-*K* 和 Top-*P* 等），还有一些创新性的生成与解码策略，具体总结如下。

（1）**对比搜索**（Contrastive Search）：由剑桥大学等研究团队提出，对比搜索在生成非重复且连贯的长文本输出方面表现优异[74]。其核心思想包括在每个解码步骤中，从模型预测的最可能候选集中选择输出，以增强生成文本与人类编写前缀之间的语义连贯性；通过保持生成文本的词元相似度矩阵稀疏性，避免输出退化问题。当设置 penalty_alpha > 0 且 top_k > 1 时，可启用对比搜索策略。

（2）**投机解码**（Speculative Decoding）：也称辅助解码（Assisted Decoding）。该方法通过引入一个较小的辅助模型或其他机制，能够一次性预生成多个候选 Token，主模型则在单次前向传播中验证这些候选 Token，从而显著加速解码过程[153][118]。以 2024 年 12 月发布的 DeepSeek-V3 为例，该模型通过整合投机解码和多 Token 预测（Multi-Token Prediction，MTP）技术，创新性地实现了每次预测两个 Token 的策略，从而将文本生成速度提升了约 1.8 倍[152]。

（3）**前瞻解码**（Lookahead Decoding）：前瞻解码旨在通过并行生成和验证多个 *n*-gram，基于 Jacobi 迭代方法，打破自回归解码的顺序依赖，从而加速模型的推理过程[75]。前瞻解码无须辅助模型或额外的数据存储，因而简化了部署。其高效的并行化策略使该方法在加速推理的同时兼顾生成质量。

（4）**层对比解码**（Decoding by Contrasting Layers，**DoLa**）：DoLa 是一种对比解码策略，由麻省理工学院等研究团队于 2023 年发表[77]，旨在提高输出的事实准确性并减少幻觉现象。通过对比模型中较早层与最终层的 Logits 的差异，DoLa 能够放大 Transformer 层中特定部分局部化的事实知识，从而增强生成文本的真实性。用户可通过设置 dola_layers 参数选择对比的层（例如"low"层、"high"层或具体的层索引），根据任务的需求灵活优化解码过程。

上述解码策略在不同应用场景中展现了独特优势，为生成式任务提供了更多选择。

4.3.6 多种生成控制参数

在模型生成与解码过程中，除了上述与生成策略相关的参数，还有多种用于控制生成细节的参数，这些参数对生成内容和效果也具有显著的影响。本节对常用的控制参数进行了归纳总结，这些核心参数及其功能解析如表 4.2 所示[78]。

表 4.2 控制生成细节的部分关键参数

分类	参数名	功能解析
控制长度的参数	max_length	生成序列的最大长度（包括输入 Prompt 和新生成的 Token 数量）。如果同时设置了 max_new_tokens，则该值会被覆盖
	max_new_tokens	在忽略输入长度的情况下，生成的新 Token 的最大数量
	min_length	生成序列的最小长度（包括输入 Prompt 和新生成的 Token 数量）。如果同时设置了 min_new_tokens，则该值会被覆盖
	min_new_tokens	在忽略输入长度的情况下，生成的新 Token 的最小数量
	early_stopping	对于 beam 类方法的提前停止策略： True 表示当有 num_beams 个完整候选时就停止，False 表示基于启发式的方法，"never"表示只在无更优候选时停止
	stop_strings	指定字符串或字符串列表，当生成的输出包含这些字符串时终止生成
控制缓存的参数	use_cache	是否使用 KV Cache（缓存）加速解码
鼓励、抑制与重复控制	repetition_penalty	重复惩罚参数，大于 1 增加重复惩罚，减少重复 Token 生成
	length_penalty	对于 beam 类方法的长度惩罚： 当 length_penalty > 0.0 时，鼓励生成较长的序列；当 length_penalty < 0.0 时，鼓励生成较短的序列
	no_repeat_ngram_size	若大于 0，则在生成时，长度为 no_repeat_ngram_size 的 ngram，不得重复生成
	bad_words_ids	不允许生成的 Token ID 列表
	force_words_ids	必须生成的 Token 列表，可为简单列表或包含多种形式的嵌套列表
	forced_bos_token_id	强制在解码起始位置生成的 Token，常用于多语种模型
	forced_eos_token_id	达到 max_length 时强制最后生成的 Token，可为单个 Token ID 或 Token ID 列表
	exponential_decay_length_penalty	在达到一定长度后，进行指数型长度惩罚
	suppress_tokens	在生成过程中被抑制的 Token 列表
	begin_suppress_tokens	在生成开始时被抑制的 Token 列表，仅在生成的开头阶段有效
	low_memory	对 Beam Search 和对比搜索采用顺序处理，以减少内存峰值占用

续表

分类	参数名	功能解析
指定返回结果	output_scores	是否返回预测分数（Logits 处理后的分数）
	output_logits	是否返回未经处理的预测 Logits
指定的特殊 Token	pad_token_id	填充的 Token ID
	bos_token_id	序列开头的 Token ID
	eos_token_id	序列结束的 Token ID，可为单个或多个

4.4 RAG

在大模型的应用和落地过程中，RAG 技术正逐步成为关键方案。它以 LLM、VLM 或 MLLM 为基础，通过外部知识检索与动态上下文注入，为模型提供访问最新信息、特定领域知识，以及海量训练数据未覆盖（OOD）内容的能力。

传统的模型在回答问题时仅依赖模型参数中固化的知识，这些知识是在训练阶段从海量数据中提取和学习的。然而，由于训练数据和模型参数是静态的，当用户提出涉及最新动态或特定领域的问题时，模型可能难以给出准确答案。RAG 技术通过在回答生成阶段即时检索外部数据，将模型的“内部知识”与“外部知识”有机结合，从而显著提升输出的时效性和有用性。

RAG 的主要作用与优势如下。

（1）**提供最新信息**：通过访问和利用实时更新的数据，RAG 确保回答内容的时效性，适应快速变化的现实动态。

（2）**提供专业领域知识**：RAG 通过集成特定领域的知识库，能够在专业领域中提供精准且权威的答案，满足细分场景的需求。

（3）**减少虚假信息**：RAG 基于检索到的事实生成回答，有效减少生成虚假或错误信息的可能性，提升内容的可信度。

（4）**高效的知识整合**：相比于昂贵且复杂的模型微调，RAG 提供了一种经济高效的知识整合方式，优化了开发成本和资源利用。

本节将对 RAG 技术的原理、流程以及框架组件等内容进行详细阐述。

4.4.1 RAG 技术全景图

检索增强生成（Retrieval-Augmented Generation，RAG）是一种结合信息检索与模型生成的技术，通过引入外部知识库或检索系统，增加生成式模型的知识范围和回答准确性。Meta（前身为 Facebook AI Research）等研究团队于 2020 年提出了 RAG[147]，显著提升了知识密集型 NLP 任务的性能。

RAG 的原理如图 4.9 所示，整体可分为两部分——离线构建环节和在线服务环节。

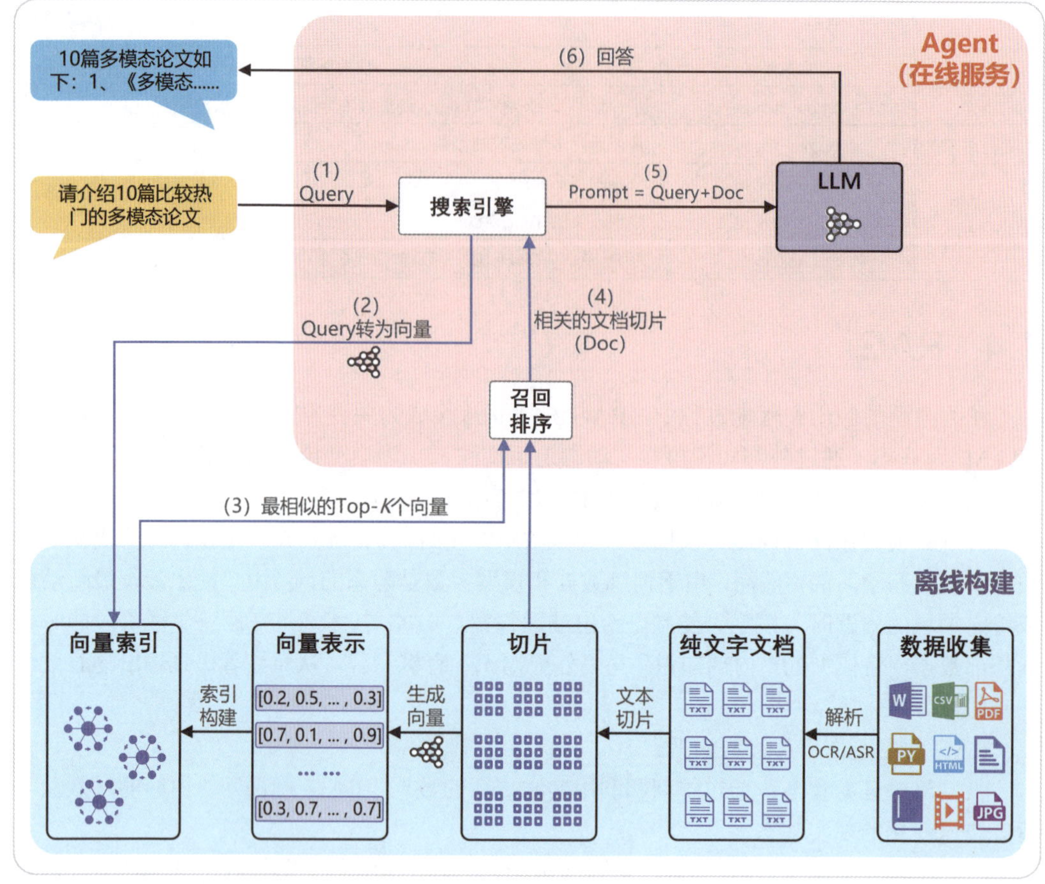

图 4.9 RAG 的原理

1. RAG的离线构建环节

离线构建环节的流程主要包括以下步骤。

（1）**数据收集**：从多种渠道收集数据，包括网页、PDF 文档、Word 文档、Excel 表格、代码文件、图片，以及音频、视频等多模态内容。

（2）**解析与文本提取**：对于 PDF、Office 等文档，需要通过相应的解码库或解析库提取文本内容；对于图片中的文字，可通过光学字符识别（OCR）技术提取文字；对于音频或视频内容，可通过自动语音识别（ASR）等技术提取文本。此外，获得的文本可能包含无关标记、多余空白、格式符号等噪声，需要进行清洗。

（3）**文本切片**（Chunking）：为了高效、准确地实现文本检索，需要将较长文档划分为更小的文本片段（Chunk）。通常每个片段的长度为数百个 Token，这样可以在查询时精确定位到与用户请求最相关的文本片段，同时为后续的向量化表示和检索提供更高的精度。

（4）**生成向量**（Embedding）：将每个文本片段输入向量化模型（例如 BERT 类模型或轻量级的模型），生成高维向量表示。这些向量捕捉了文本片段的语义特征，并在向量空间中体现相似度和差异性。

（5）**索引构建**：获取所有文本片段的向量后，利用工具（例如 FAISS、Milvus 等开源组件）构建向量索引。向量索引支持高效的相似度搜索，能够快速定位最相关的文本片段。此外，还需要存储向量索引、文本片段及其与向量的对应关系，以供在线查询时使用。

2. RAG的在线服务环节

在线服务环节的流程主要包括以下步骤。

（1）**用户查询**（Query）：用户向 Agent 提出一个问题或请求。

（2）**查询向量化**（Query Embedding）：搜索引擎对 Query 进行解析、纠错和改写后，通过向量化模型（与离线构建中的模型一致，如 BERT 类模型或轻量级模型）将其转化为高维向量表示，捕捉语义特征。

（3）**向量检索**：生成查询向量后，系统在向量索引库中执行相似度搜索，检索与查询向量最相似的 Top-K 个向量。

（4）**召回排序**：根据 Top-K 个向量关联的文本片段及其相关特征（例如文档属性等）进行排序和过滤，进一步筛选出 N 个最相关的文本片段（$N<K$）。

（5）**组装新的 Prompt**：将用户的原始 Query 与检索得到的 N 个文本片段合并，形成扩展的 Prompt。该 Prompt 包含用户问题及相关参考资料，为模型提供了丰富的上下文知识。

（6）**模型生成回答**：将扩展后的 Prompt 输入模型。Prompt 中包含额外的上下文信息，模型可以结合外部知识进行推理和生成，从而生成内容更准确、真实且有根据的回答，显著降低生成幻觉或不实信息的风险。

3. Contextual RAG

追加上下文的 RAG（**Contextual RAG**）由 Anthropic 的研究团队于 2024 年提出，能够显著提升 RAG 的检索性能[93]。

传统 RAG 方法通常将文档切割为多个片段，进而对每个片段生成对应的向量，并利用向量索引进行语义相似度检索。然而，这种方法在实际应用中经常面临上下文缺失的问题：切割后的文档片段往往缺乏关键的背景信息（例如涉及的主题、时间或具体场景），导致即便检索到语义相关的片段，也可能难以满足实际查询需求，从而降低检索质量。

Contextual RAG 旨在解决这一问题。其核心方法是在文档切片和生成向量之前，为每个文档片段自动生成一段情境化描述，描述内容包括片段的来源、主题、时间和其他重要的背景信息。这些情境化信息会附加到片段上，使其在基于 BM25 的检索或向量检索过程中能够提供更加丰富的上下文语义，从而显著提高检索的相关性与准确性。

这一方法不仅有效解决了传统 RAG 中上下文缺失的问题，还能大幅提升信息检索的精确性和实用性，为后续生成任务提供更高质量的上下文支持。

4.4.2 RAG 相关框架

RAG 涉及多种底层框架与基础库，包括各类文档解析库、向量化模型、数据库，以及召回和排序策略等。RAGFlow、LangChain 等框架支持一站式 RAG 系统的搭建。本节将对这些内容进行简要介绍。

1. RAGFlow：RAG的一站式框架

RAGFlow 是一款专注于高效 RAG 的多功能引擎，具备强大的数据处理能力，并支持多种关键特性，主要包括[94]以下特性。

（1）**可视化支持**：RAGFlow 提供文本分块的可视化功能，使用户能够直观地了解引用来源，并对其进行人工干预与优化。输出结果包含可追溯的关键引用，确保答案基于真实数据，从而显著减少生成过程中的幻觉现象。

（2）**兼容多种数据类型**：RAGFlow 支持处理多种异构数据源，包括 Word 文档、Excel 表格、图片、扫描件、结构化数据和网页等，极大地扩展了系统的适用范围。

（3）**自动化与灵活的工作流**：RAGFlow 提供一站式的 RAG 工作流编排，支持配置化的模型与向量化模型。结合多种召回与排序策略，不仅提升了问答的准确性，还通过直观的 API 设计显著降低了部署和使用成本。

2. LangChain对RAG的支持

LangChain 是一个针对 LLM 等大模型生态设计的应用程序开发框架，针对 RAG 提供了完善的支持，主要功能如下[92]。

（1）**向量化模型**（Embedding Model）：LangChain 支持丰富的向量化模型，用于将文本转化为语义向量。支持的模型供应商包括 OpenAI、百度千帆等，用户可以通过简单配置生成高质量的文本向量。

（2）**向量存储库**（Vector Store）：LangChain 提供多种向量存储库（例如 FAISS、Milvus 等），支持高效的向量数据存储和相似性检索。通过与向量化模型结合，这些存储库为构建语义搜索和推荐系统提供了强大支持，用户可根据具体需求选择合适的存储方案。

（3）**文档加载器**（Document Loader）：LangChain 的文档加载器支持从多种数据源（例如 PDF、网页、CSV 等）高效加载数据，并可通过自定义加载器满足特定需求。

（4）**文本拆分器**（Text Splitter）：为提高检索效率和精确性，LangChain 提供多种文本拆分策略，将大文档分割成适合检索的小块。这些策略包括按字符数、标题、代码块或语义进行拆分，并支持递归处理复杂的文档结构。

（5）**输出解析器**（Output Parser）：LangChain 的输出解析器能够将 LLM 生成的内容转换为结构化格式（例如 JSON、XML 等），并通过重试或自动修正机制处理解析错误。此外，用户也可以自定义解析器以满足特定需求。

4.5 功能与工具调用

在应对现实世界中多样且复杂的任务时，仅依靠 LLM、VLM 和 MLLM 等大模型的内部知识与推理能力往往难以满足所有需求，因此，需要将大模型与现实世界中的各种工具和平台有机结合起来。通过赋予大模型调用外部工具的能力，使其能够借助成熟工具与外部资源交互，获取最新信息、执行复杂运算并处理各类数据，从而显著提升任务适应性和实用价值。功能与工具调用技术正是基于这一需求应运而生的。

本节将对功能调用的原理、框架、分类等内容进行讲解。

4.5.1　功能调用全景图

功能调用（Function Calling），也称**工具调用**（Tool Use），是指在基于大模型完成任务的过程中，Agent 通过特定机制调用外部对象，获取返回结果后将其与原始 Prompt 一起输入大模型，由大模型进一步推理并完成特定任务。被调用的对象可以是远程 API、数据库查询接口、本地函数或工具插件（Plugin）等。

图 4.10 展示了功能与工具调用技术的流程。其中，Agent 是一个本地运行的软件系统，大模型是其子模块之一。Agent 还包括用户请求解析模块、参数处理模块、工具调用模块、调用结果解析模块及与大模型交互的组件等。整体流程如下。

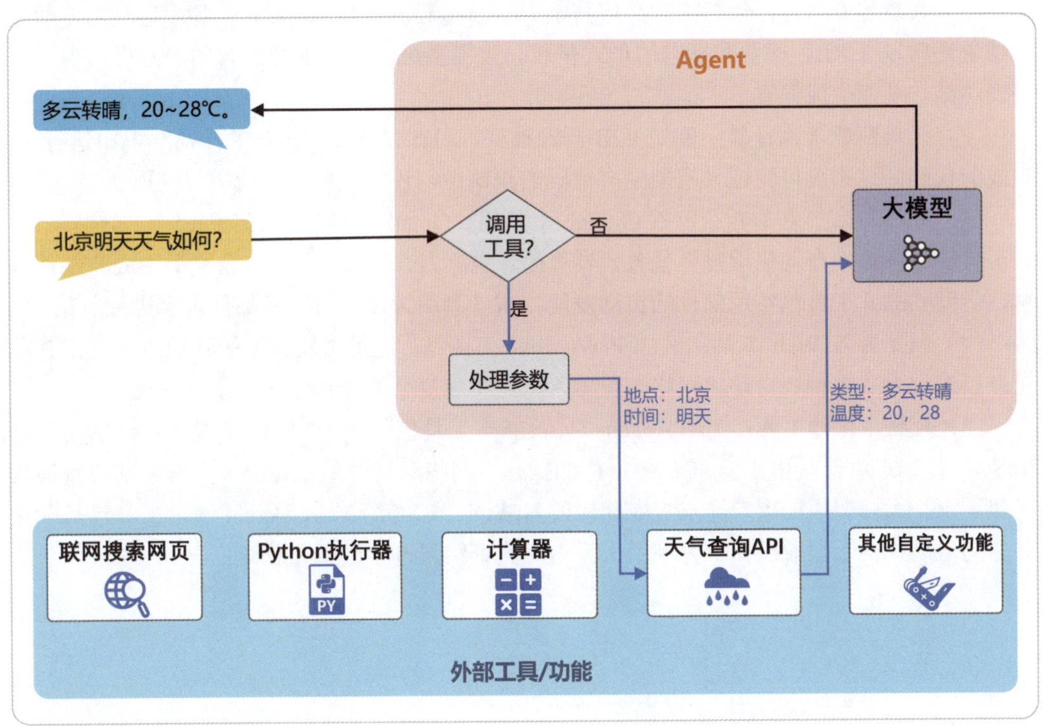

图 4.10　功能与工具调用的流程

（1）**用户输入请求**：用户发出请求，例如“北京明天天气如何？”。

（2）**任务解析**：Agent 分析用户意图，判断是否需要调用外部工具及选择合适的工具。任务解析可以通过简单的关键词匹配、正则表达式匹配实现，或者由大模型或轻量模型辅助完成。如果无须调用工具，则大模型直接生成回答，任务结束。

（3）**参数处理并发起调用**：当需要调用工具时，Agent 根据工具接口要求对输入参数进行格式化处理。例如，对于天气查询 API，参数可能为{地点：北京，时间：明天}。处理完参数后，Agent 向远程天气服务发送请求。

（4）**解析并封装返回结果**：工具返回结构化数据后（可能经过特殊协议加密或压缩），Agent 按照对应协议解析并将其转换为大模型可理解的文本或数据格式。

（5）**生成最终回答**：大模型将 Prompt 与工具返回的结果作为输入，经过推理生成最终回答，并将其返回给用户。

通过上述流程，大模型能够有效调用外部工具，扩展自身能力，应对复杂任务。

4.5.2 功能调用的分类

关于功能与工具调用，各类大模型应用框架提供了详尽的实践指导，并支持多种功能调用方案。本节以知名的 LangChain 框架为参考，将功能调用归纳为以下几类[92]。

（1）**在线搜索功能**：包括微软必应搜索、Google 搜索、Brave Search 等。这些功能的返回结果通常以 URL、摘要和标题的形式呈现。大模型可以进一步对检索到的网页内容进行整理总结，从而生成答案。

（2）**代码解释与执行器**：例如 E2B 开源框架，可在云端安全隔离的沙盒环境中运行 AI 生成的代码。这不仅可验证大模型生成代码的正确性，还可直接运行代码以获取结果。

（3）**办公与生产力工具**：包括 GitHub 工具包、Gmail 工具包、Office365 工具包等。这些工具能够有效地自动化重复性任务，显著提升生产力。例如，可结合大模型生成的邮件内容，借助 Gmail 工具包实现邮件的自动发送，或者利用大模型对大量邮件内容进行总结。

（4）**浏览器与 Web 工具**：例如 Playwright 工具包，这是微软开发的开源自动化工具，允许以编程方式控制和自动化网络浏览器，从而实现复杂的 Web 自动化操作。

（5）**数据库操作工具**：例如 Apache Cassandra 工具包和 Spark SQL 工具包，分别支持对 NoSQL 分布式数据库和传统 SQL 数据库的操作。这些工具可高效处理大规模数据的查询与管理需求，大模型根据用户需求生成相应的 NoSQL 或 SQL 语句，Agent 通过工具包基于这些语句自动执行数据库操作，并利用大模型对查询结果进行分析和总结。

第 2 部分

强 化 学 习

第 5 章　强化学习基础

强化学习屡屡引领技术浪潮，不断带来新的突破与惊喜：

2016 年，AlphaGo 借助强化学习击败世界围棋冠军，举世震撼；2022 年，ChatGPT 通过强化学习训练，横空出世，引领大模型浪潮。

具身智能、人形机器人及自动驾驶汽车等技术，凭借强化学习和大模型的强大优势，展现出卓越的环境适应能力，如雨后春笋般蓬勃发展……

5.1　强化学习核心知识

强化学习建立在深厚的理论基础之上，拥有庞大的技术体系。因此，在学习各种强化学习算法之前，需要先掌握这些基础知识。本节将系统地介绍若干关键概念、基本架构、建模理论、强化学习算法分类及主要的训练范式等内容，为后续深入学习强化学习算法建立基础。

5.1.1　定义与区别

1. 强化学习的定义

强化学习（Reinforcement Learning，**RL**）是机器学习的一个重要分支，其核心研究目标是让智能体在与环境的持续交互中，通过试探与反馈的循环过程，学习能够最大化长期累计奖励的行动策略。近年来，深度学习迅速发展，强化学习经常与之结合使用，被称为**深度强化学习**（Deep Reinforcement Learning，**DRL**）。因此，现代语境下提及的强化学习多指深度强化学习。

“强化”的两重含义：一方面，在强化学习中，当智能体的某个动作带来较高的奖励时，该动作的执行概率会被“强化”，即智能体在类似情境下更倾向于再次选择同一动作。相反，如果某个动作导致了惩罚，其执行概率则会被“弱化”，使智能体通过反馈逐步优化行为。另一方面，强化学习的概念借鉴了心理学中的“条件反射”理论，通过奖励和惩罚来塑造和调整智能体的行为[32]。

2. 强化学习的发展历程

强化学习的发展历程如图 5.1 所示，其起源可以追溯至 20 世纪 50 年代，之后由 Richard S. Sutton 等学者相继提出了许多关键算法和理论。自 2012 年起，随着深度学习的迅猛发展，强化学习在多个领域催生了备受关注的应用。例如，DeepMind 于 2013 年提出了 DQN 算法；AlphaGo 于 2016 年击败世界围棋冠军；OpenAI 等团队于 2017 年提出了 PPO 和 RLHF 方法。2022 年 11 月，结合 RLHF 训练的 ChatGPT 正式发布。2024 年 12 月，OpenAI 发布经过更深入强化学习优化的 o1 模型，这极大地激发了业界基于强化学习对大模型进行训练的关注和投入。

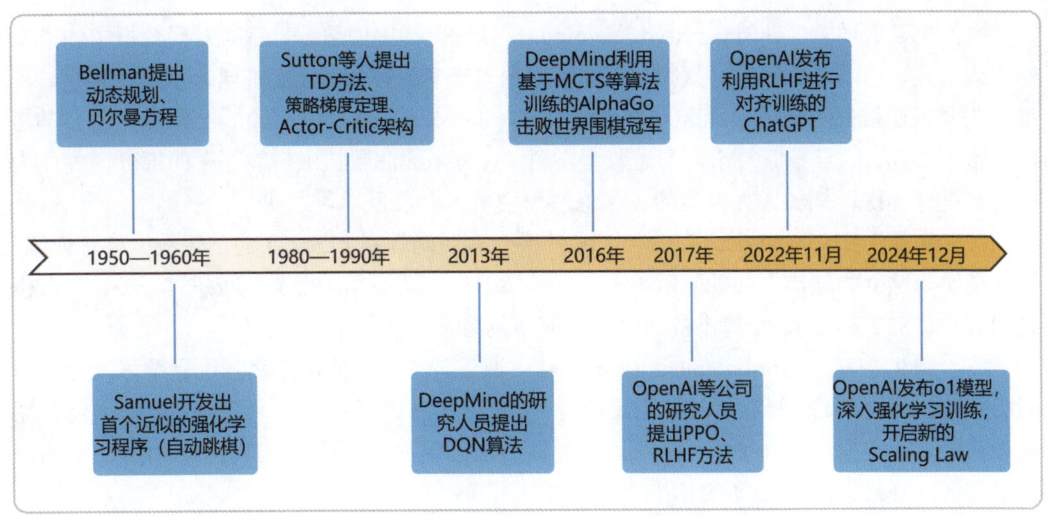

图 5.1 强化学习的发展历程

Richard S. Sutton 被誉为“现代强化学习之父”，荣获 2024 年图灵奖。他于 1978 年获得斯坦福大学心理学学位，随后转向计算机领域，成为强化学习的领军人物[148]。他在许多核心理论的提出与发展中发挥了关键作用，包括广为人知的时序差分（TD）方法、策略梯度定理，以及 Actor-Critic 架构等，为现代强化学习的发展打下重要基础。

3. 无监督学习、监督学习和强化学习的区别

无监督学习、监督学习和强化学习并列为**三大机器学习范式**。如图 5.2 所示，它们在数据利用方式、学习目标和训练方法上存在显著差异。

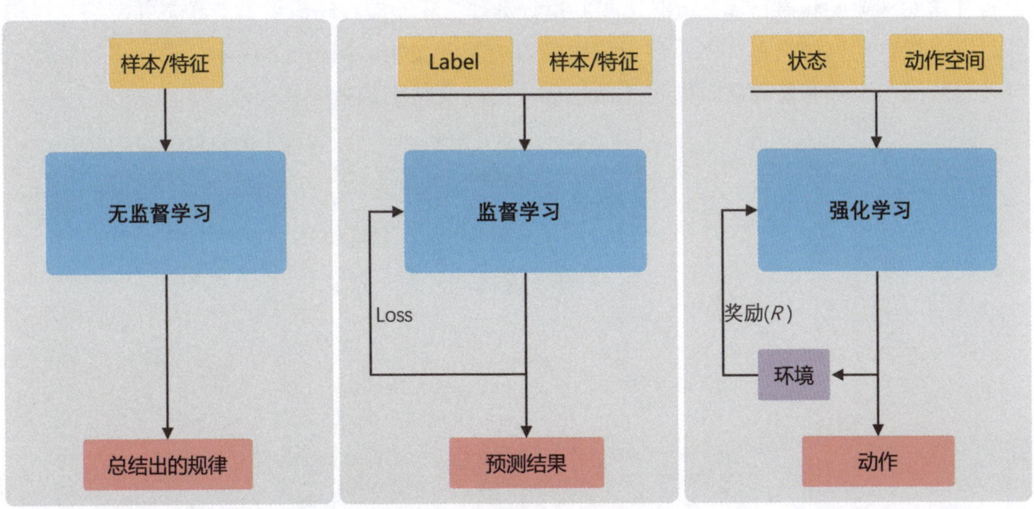

图 5.2 三大机器学习范式的对比

（1）**无监督学习**（Unsupervised Learning）：处理无标签的数据，旨在发现数据中的潜在结构或模式，自动总结数据的规律，无须依赖预先定义的标签。无监督学习常用于聚类、降维和关联规则挖掘等任务。此外，**自监督学习**（Self-Supervised Learning）作为无监督学习的一个子类别，融合了监督学习与无监督学习，它将未标注数据中自然存在的部分内容作为伪标签进行训练，例如，大模型的预训练过程使用了自监督学习方法。

（2）**监督学习**（Supervised Learning）：使用带有明确标签（Label）的已知数据进行训练，目标是学习输入与输出之间的映射关系。监督学习被广泛应用于分类、回归等任务。在大模型训练中，SFT 和 DPO 是典型的监督学习应用场景。

（3）**强化学习**（Reinforcement Learning）：通过智能体与环境的交互进行学习，无须明确的标签。智能体通过试错，从环境反馈的奖励或惩罚中学习最佳行动策略，以最大化长期累计奖励。在大模型的训练中，基于人类反馈的强化学习以及基于自博弈（Self-Play）的强化学习训练是常见的强化学习应用。

5.1.2 基础架构与核心概念

本节将通过两个不同的例子来解释强化学习的基础架构与核心概念。

第一个例子以自动驾驶汽车在具体环境下的自动决策为例，优化的策略是自动驾驶算法（微观层面）。

第二个例子则以基于自动驾驶的长途旅游服务为背景，探讨轨迹、回合、状态空间和动作空间，优化的策略是旅游路线规划模型（宏观层面）。

1. 强化学习的基础架构

强化学习的运行主要涉及两个核心角色：智能体（Agent）和环境（Environment）。智能体通过感知环境的状态，基于策略选择并执行动作；环境接收动作后更新状态并反馈奖励信号。这里以自动驾驶汽车为例，展示强化学习的基础架构，如图 5.3 所示。通过多次训练，自动驾驶汽车上的智能驾驶算法将不断优化，逐渐变得更加智能和高效。

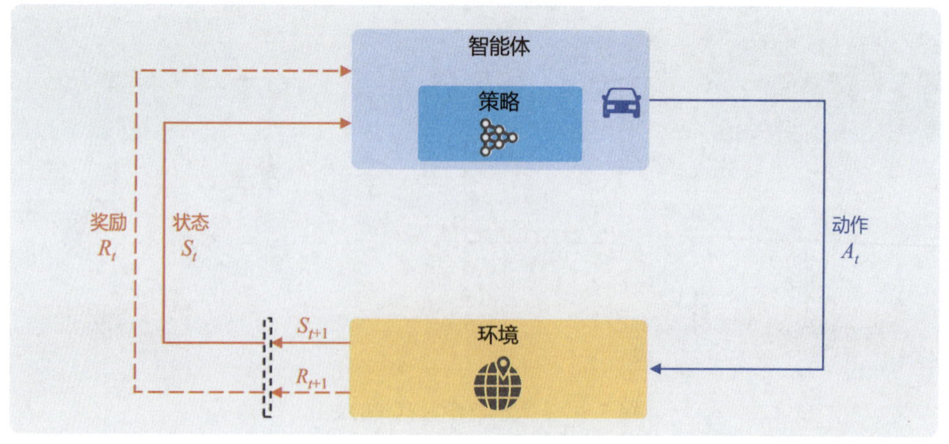

图 5.3　强化学习的基础架构

在图 5.3 中，S_t、R_t、A_t 分别表示当前时间步的状态、奖励及将要执行的动作，S_{t+1}、R_{t+1} 则代表在下一个时间步将会观测到的状态和奖励。以自动驾驶汽车为例，核心角色和元素的定义如下。

（1）**智能体**（Agent）：负责决策的实体，感知当前环境的状态，基于策略选择并执行动作。通过持续与环境交互，接收奖励反馈，智能体不断学习和优化策略，以最大化累计奖励。在本例中，智能体即自动驾驶汽车。

（2）**策略**（Policy）[①]：决定智能体在给定状态下应采取的动作规则或准则，是智能体行为的核心。例如，自动驾驶汽车中运行的控制算法或智驾模型，指导车辆在不同情况下操作，如决定何时加速、减速或转向。

（3）**动作**（Action）：智能体在特定状态下可以选择并执行的操作。动作会引起环境状态发生变化。例如，加速、减速、转向、变道、刹车和鸣笛等动作。

（4）**环境**（Environment）：智能体所处的外部环境，定义了状态空间、动作空间、状态转移概率和奖励函数。环境接收智能体的动作后，更新状态并反馈奖励。例如，道路条件、交通标志、信号灯、行人、其他车辆、天气状况和光照条件等。

（5）**状态**（State）：环境在某一时刻的具体情况描述，包含了智能体决策所需的信息。智能体根据当前状态，利用策略选择下一步的动作。例如，汽车通过传感器感知到的当前位置、速度、车道信息、前后车距离、交通信号灯、周围障碍物位置等状态。

（6）**奖励**（Reward）：智能体执行动作后，环境给予智能体的即时反馈信号，能反映出动作的好坏。奖励用于训练和优化智能体的策略，但在动作选择的时刻，智能体并不知道即将获得的奖励。例如，**正向奖励**：安全行驶、遵守交通规则、乘客舒适度高、节省燃料等；**负向奖励**：发生交通违章、碰撞事故、急刹车、乘客不适等。

2. 轨迹、回合、状态空间和动作空间

为了进一步解释强化学习的运行机制，本节通过另一个示例展开说明。

假设有**一家 AGI 旅游公司**，提供基于自动驾驶汽车的长途旅游服务。旅客只需选择一个旅游行程，自动驾驶汽车将全程负责行程规划、驾驶及接送服务，帮助旅客完成整个旅游行程。

如图 5.4 所示，该公司刚开业时，从南到北共有 18 条试运营路线，起点为深圳，终点为北京或西安，沿途可连接图中其他城市（景点）。

在旅游项目刚上线时，旅客最喜爱的路线尚未明确，需要通过多次实际运行，并结合累计奖励（旅客评分），**基于强化学习训练旅游路线规划模型**。目标是逐步改善旅客的体验，最终确定最受旅客欢迎的路线。在本例中，相关概念对应如下。

（1）动作：汽车行进的路线和方向。例如，当处于 S_1=张家界时，可采取的动作为“往成都”“往洛阳”“往上海”，或者称作往西北、往正北、往东北。在图 5.4 中，方向线条越粗，则表示去往该方向的概率越大，即动作概率越大。

---

① 由于字母 π 的发音与“Policy”一词的首字母发音相近，因此常用 π 来表示策略。

（2）状态：沿途的各个城市，例如，S_1=张家界。

（3）奖励：旅客在各个城市对周边景点的评分（1 星到 5 星）。例如，对于图 5.4 中绿色实线的轨迹，假设对应的各阶段奖励为{(S_1=张家界,R_1=5)，(S_2=上海,R_2=4)，(S_3=北京,R_3=5)}，累计奖励为 14（折扣因子 γ 为 1）。

（4）智能体：自动驾驶汽车。

（5）策略（π）：运行在汽车上的**旅游路线规划模型**。

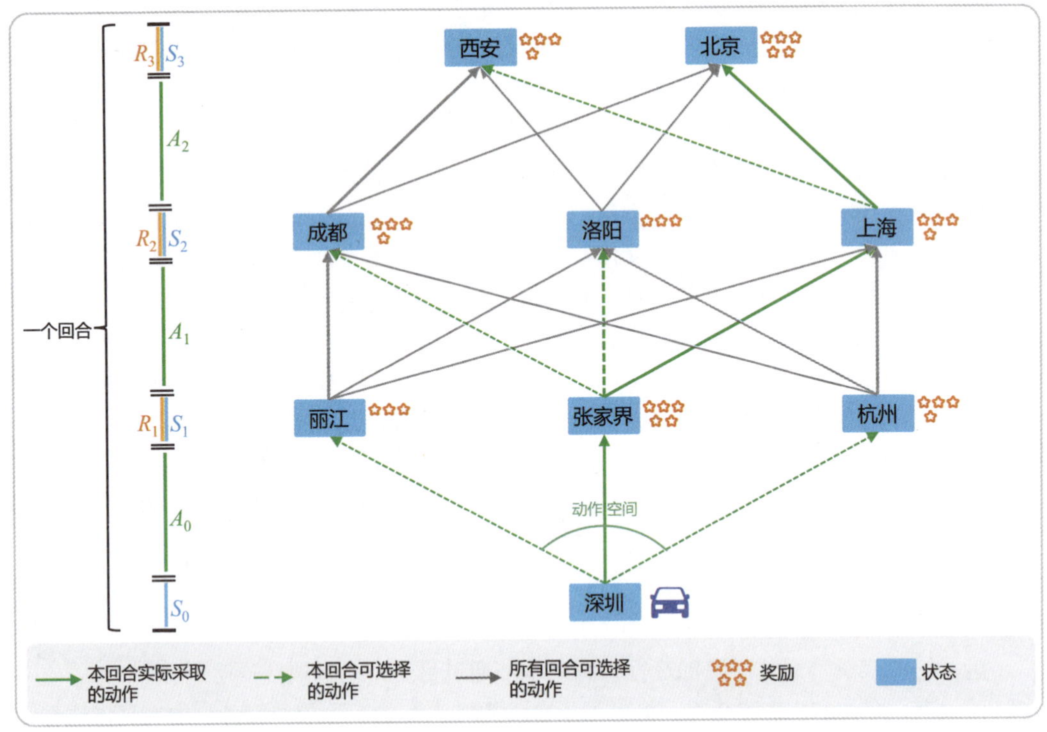

图 5.4　强化学习的运行轨迹（基于自动驾驶的长途旅游服务）

在通用的强化学习中，还涉及一些其他核心概念，其定义和解释如下。

（1）**经验**（Experience）：是指智能体在与环境交互过程中所获得的信息和数据，可用来训练智能体的策略。例如，一条经验可以用一个四元组（S_0, A_0, R_1, S_1）表示。

（2）**轨迹**（Trajectory，通常简写为τ）：智能体从初始状态到终止状态所经历的一系列状态、动作和奖励的序列。例如，轨迹可以表示为{(S_0, A_0),(R_1, S_1, A_1),(R_2, S_2, A_2),(R_3, S_3)}。对于自动驾驶汽车，轨迹可以是从起点到目的地的行驶路径，包括经过的所有道路、执行的驾驶动作和收到的奖励。例如，轨迹τ_1={(S_0=深圳, A_0=往张家界),(R_1=5, S_1=张家界, A_1=往上海),(R_2=4, S_2=上海, A_2=往北京),(R_3=4, S_3=北京)}；轨迹τ_2={(S_0=深圳, A_0=往丽江), (R_1=4, S_1=丽江)}。其中，轨迹τ_1对应于图 5.4 中绿色实线表示的轨迹。

（3）**回合**（Episode）：一次完整的交互过程，从智能体的初始状态开始，经过一系列状态转移和动作选择，直到达到终止状态。例如，一个完整的从深圳到北京的旅游行程。

(4) **状态空间**（State Space）：所有可能状态的集合（图 5.4 中的 9 个城市）。状态空间的大小直接影响强化学习问题的复杂度和求解方法。

(5) **动作空间**（Action Space）：所有可能动作的集合（图 5.4 中的箭头）。动作空间可以是离散的或连续的，定义了智能体在每个状态下可选择的操作范围。

5.1.3 马尔可夫决策过程

马尔可夫链（Markov Chain）和马尔可夫决策过程（Markov Decision Process，MDP）是强化学习领域的重要理论基础。

马尔可夫链由俄罗斯数学家马尔可夫（Andrey Markov）在 20 世纪初提出，用于描述具有马尔可夫性质的系统状态转移过程。在此基础上，马尔可夫决策过程引入了动作和奖励的概念，构建了用于优化决策的数学模型。许多强化学习算法都建立在马尔可夫决策过程框架之上。

此外，基于马尔可夫决策过程还衍生出许多相关的建模框架，例如，适用于不完全信息决策问题的部分可观测马尔可夫决策过程（Partially Observable Markov Decision Process，POMDP），以及适用于多智能体系统的去中心化部分可观测马尔可夫决策过程（Dec-POMDP）等。5.6.2 节将详细介绍去中心化部分可观测马尔可夫决策过程。

变量的大小写约定：在概率论中，通常使用大写字母（如 S、A、R）来表示**随机变量**，这些变量代表随机试验的可能结果及其对应的概率分布；而小写字母（如 s、a、r）则用于表示随机变量可能被观测到的**具体数值**。

1. 马尔可夫链

马尔可夫链是一种具有马尔可夫性质的随机过程，描述了一系列可能发生的事件，其中每个事件的发生概率仅取决于前一个事件的状态，而与更早的历史状态无关。通俗地说——"未来只依赖现在，与过去无关"。

通常，被研究的马尔可夫链是离散且有限的，即时间步为离散的，且状态数量有限。因此，本节仅讨论离散时间和有限状态空间的马尔可夫链。从数学上讲，设有状态序列$\{S_t\}$，即一组随机变量序列。如果其状态转移概率（Probability）P 满足：

$$P(S_{t+1}=s_{t+1} | S_t=s_t) = P(S_{t+1}=s_{t+1} | S_t=s_t, \underbrace{S_{t-1}=s_{t-1},\cdots,S_0=s_0}_{\text{与更早的历史状态无关}}) \tag{5.1}$$

则该离散的状态序列（随机过程）$S_0, S_1, S_2, \cdots$ 可被称为**马尔可夫链**。也就是说，该序列具有**马尔可夫性质**。其中，$P(S_{t+1}=s_{t+1} | S_t=s_t)$ 表示当处于状态 s_t 时，下一个状态转移到 s_{t+1} 的概率。

例如，下围棋的过程可以被视为一个马尔可夫链，下一步的动作仅依赖当前棋盘的状态，与之前的移动历史无关。相反，也存在许多非马尔可夫链的例子，例如股票价格，明天的价格不仅与今天的价格相关，还可能受到过去一段时间价格走势的影响。

高阶马尔可夫链是对一阶（标准）马尔可夫链的推广。在高阶马尔可夫链中，未来状态的概率不仅依赖当前状态，还受到更早的 N-1 个状态的影响，因此也被称为 **N 阶马尔可夫链**。换言之，系统的未来行为由其过去的 N 个状态共同决定。

2. 马尔可夫决策过程

马尔可夫决策过程在马尔可夫链的基础上引入了动作（A）和奖励（R）的概念。马尔可夫决策过程不仅包含状态之间的转移概率（P），还包含在每个状态下可采取的动作，以及对应的奖励。马尔可夫决策过程由四元组（S, A, P, R）构成，其中 P 代表状态转移概率。假设在时间步 t 的状态为 s，执行动作 a 之后，时间步 t+1 的状态变为 s' 且获得的即时奖励为 r，则该状态转移概率可表示为

$$P(s',r \mid s,a) = \Pr\{S_{t+1} = s', R_{t+1} = r \mid S_t = s, A_t = a\} \tag{5.2}$$

其中，“Pr”表示概率，根据条件 $S_t = s$，$A_t = a$ 可知，马尔可夫决策过程的状态转移不仅取决于上一个状态，还受到执行动作的影响。

马尔可夫决策过程与马尔可夫链：马尔可夫决策过程具有主动性，决策者可以通过采取行动来影响系统状态的转移；马尔可夫链则是被动的，系统状态的转移不受决策者控制。马尔可夫决策过程适用于需要选择策略以优化长期回报的场景，马尔可夫链则适用于建模不包含决策过程的系统状态转移，两者的对比如图 5.5 所示。

假设系统仅包含晴天和下雨两种天气状态。如图 5.5（a）所示，在没有外部干预的情况下，两种天气状态会根据内在的转移概率自由地进行状态转移。此时，农民在面对干旱时将束手无策，回报不可控。然而，如果施加外部干预，则可以影响天气状态的转移。

定义动作集 A 和奖励集 R，其中动作集 A={a_1=无操作, a_2=发射增雨火箭}，奖励集 R 包含了不同状态转移情况下的奖励分数，则状态转移过程如图 5.5（b）所示，这一过程变为马尔可夫决策过程。决策者通过选择不同的动作，可以影响天气状态的转移，从而优化回报。

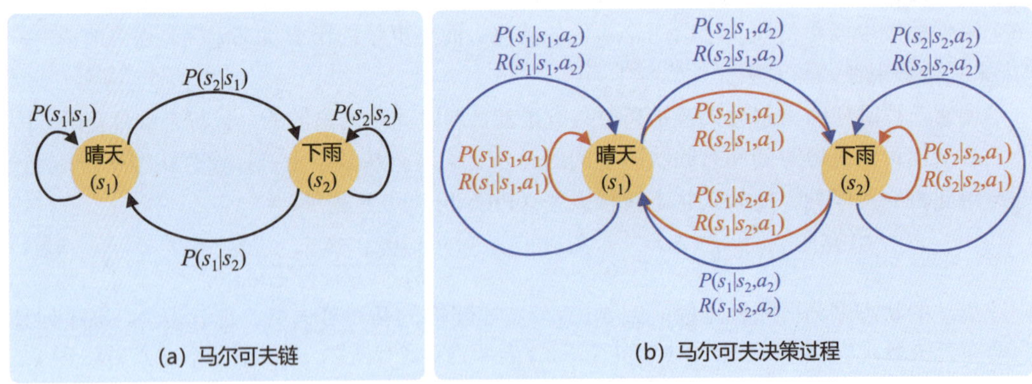

图 5.5　马尔可夫链与马尔可夫决策过程

3. 部分可观测马尔可夫决策过程

部分可观测马尔可夫决策过程（POMDP）是马尔可夫决策过程（MDP）的扩展和推广[45]。POMDP 用于建模智能体在决策过程中无法完全观测环境状态的场景，被广泛应用于机器人

控制、自动驾驶、医疗决策等领域。

POMDP 与马尔可夫决策过程的区别：在标准的马尔可夫决策过程中，智能体能够完全观测到环境的状态，因此决策过程可以基于已知的状态进行。然而，在 POMDP 中，智能体无法观测到环境的完整状态，只能通过部分观测结果（观测集）来推断，这引入了不确定性，使 POMDP 的决策过程更加复杂。而马尔可夫决策过程不包含观测集，因为智能体总是知道当前环境的完整状态。如果将马尔可夫决策过程看作 POMDP 的一种特例，则马尔可夫决策过程的观测集与状态集相同。

POMDP 的形式定义：POMDP 由一个七元组 $(S, A, T, R, \Omega, O, \gamma)$ 组成，其中：

（1）S 是状态集，表示环境可能处于的所有状态。

（2）A 是动作集，表示智能体可以执行的所有动作。

（3）T 是转移概率，表示在当前状态和动作下，环境转移到下一个状态的概率。

（4）R 是奖励函数，表示在某个状态下执行某个动作所获得的即时奖励。

（5）Ω是观测集，表示智能体能够观测到的所有可能的观测结果。

（6）O 是观测概率，表示在特定状态下采取某一动作后，获得某一观测结果的概率。

（7）γ 是折扣因子，取值范围是[0, 1]，用于权衡即时奖励和未来奖励的重要性。

POMDP 为智能体在信息不全面的环境中做出决策提供了强大的理论框架。通过对环境的不确定性及智能体有限的观测能力进行建模，POMDP 能够更真实地反映复杂的现实世界问题。然而，如何高效地求解 POMDP 仍然是一个极具挑战性的课题。

5.1.4　探索与利用、ε-贪婪策略

1. 探索与利用问题

探索与利用（Exploration-Exploitation）的平衡是强化学习的核心挑战之一。智能体在学习过程中需要在“尝试新动作”（探索）与“选择当前已知的最优动作”（利用）之间进行权衡。过度探索可能导致学习过程缓慢，甚至无法收敛到最优解；过度利用则可能使智能体陷入局部最优。下面以选择饭店为例进行分析。

（1）**利用**：基于已知经验，做出最优选择。即只选择自己熟悉且喜欢的几家饭店，虽然减少了不确定性，但可能错过更好的美食。

（2）**探索**：尝试新的选择。即尝试新的饭店，可能发现更美味的食物，但也可能面临口味不佳或服务不稳定的风险。

2. 探索与利用问题的解决方案

为解决探索与利用之间的权衡问题，研究人员提出了多种策略，如图 5.6 所示。

（1）**ε-贪婪策略**：一种简单且被广泛采用的探索方法。

（2）**上置信界**（Upper Confidence Bound，**UCB**）算法：通过计算每个动作的置信度上界值，将预期回报与不确定性结合，选择具有最高上界的动作[119]。

（3）**汤普森采样**：一种基于贝叶斯理论的策略，通过从每个动作的后验概率分布中采样来选择动作。

（4）**熵正则化**：在优化目标中引入熵正则项，鼓励策略的多样性和探索性，这一方法被用在著名的 PPO 算法论文中。

（5）**乐观初始化**：通过将价值函数的初始估计设为较高值来促进探索。由于初始值被高估，算法会优先尝试未被充分探索的动作，以验证其真实价值。

（6）**玻尔兹曼探索**（Boltzmann Exploration）：该方法通过引入温度系数，将动作的估计价值转化为概率分布，以概率的方式选择动作。当温度较高时，各动作的选择概率差异较小，算法更倾向于探索；而当温度较低时，高价值动作的选择概率显著增加，算法更侧重于利用。

（7）**噪声注入**：OpenAI 提出了一种基于噪声的方法，不同于传统的基于动作空间的噪声方法，该方法在参数空间中注入噪声，在奖励信号稀疏的任务中表现优异[31]。

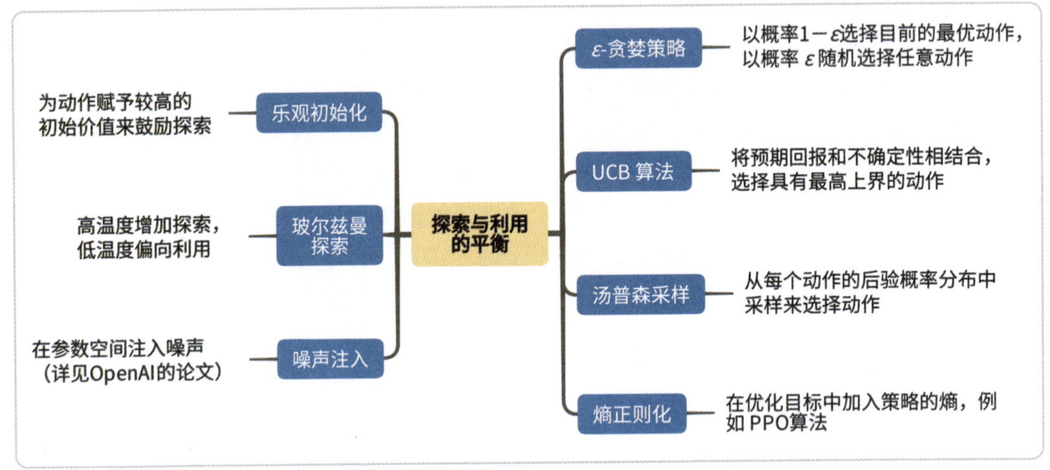

图 5.6　探索与利用问题的解决方案

3. ε-贪婪策略

ε-贪婪（Epsilon Greedy）是一种简单而有效的策略，用于在强化学习中平衡探索与利用。通过引入探索概率因子 ε，控制探索与利用的比例，如式（5.3）所示。

$$a_t = \begin{cases} \arg\max\limits_{a\in A} Q(a), & \text{以概率}1-\varepsilon \\ \text{随机选择 } a\in A, & \text{以概率}\varepsilon \end{cases} \tag{5.3}$$

其中，ε 的取值范围为[0, 1]，a_t 表示智能体在时间步 t 选择的动作。具体含义如下。

（1）**利用**（概率为 $1-\varepsilon$）：选择当前预估价值最高的动作，以最大化即时回报。

（2）**探索**（概率为 ε）：智能体随机选择一个动作，以探索潜在的更优解。

如图 5.7 所示，在训练初期，可以将 ε 的值设得比较大，随着训练的进行，逐步减小 ε 的值，使智能体在初期更多地进行探索，加深对环境的了解，逐渐转向利用，从而提高学习效率和最终策略的性能。

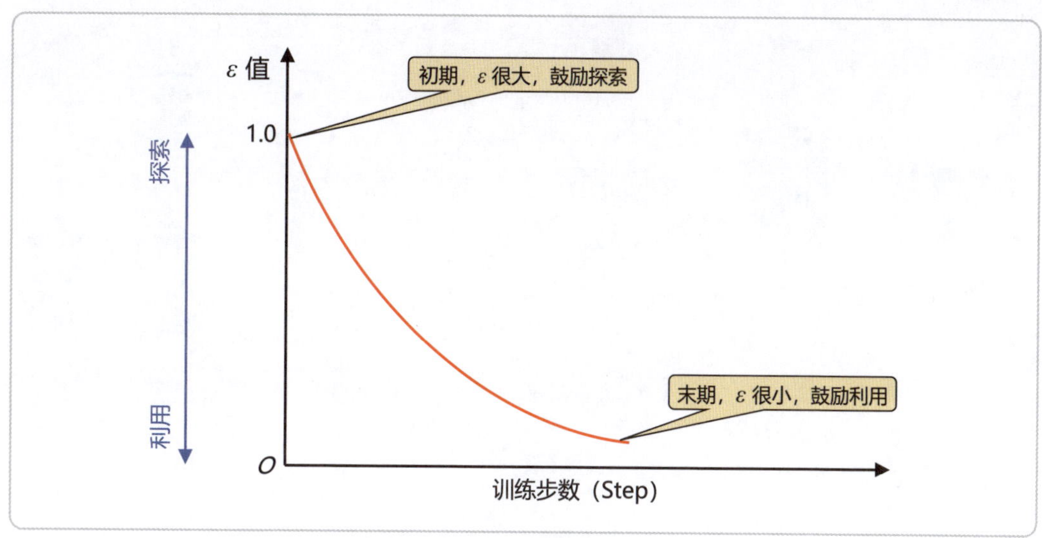

图 5.7 ε 值随训练步数的变化曲线

5.1.5 同策略与异策略

强化学习可以从两个角度进行划分：一方面，根据收集经验时采用的策略与训练时采用的策略是否相同，分为同策略（On-policy）和异策略（Off-policy）；另一方面，根据训练过程是否直接与环境交互，分为在线强化学习（Online RL）和离线强化学习（Offline RL）。这些概念揭示了强化学习的各种训练范式，正确区分和理解它们至关重要。然而，这些概念常常被混淆。要清晰地区分这些概念，需要先理解行为策略（Behavior Policy）与目标策略（Target Policy）的关系。

1. 行为策略与目标策略

策略π是智能体的核心，通常指智能体用于决策和选择动作的算法或模型。根据其所处阶段和角色的不同，策略可以分为行为策略与目标策略，两者的关系如图 5.8 所示。

行为策略（Behavior Policy）：指的是智能体在与环境交互时实际**执行交互行为**的策略。它负责收集用于训练的数据，涵盖了智能体的探索行为。行为策略可以与目标策略相同，也可以不同，具体取决于所采用的训练方法。在异策略训练中，行为策略通常需要具备足够的探索能力，以确保覆盖目标策略可能采取的所有动作。可以将行为策略视为目标策略的**“陪练”**。

目标策略（Target Policy）：指的是在强化学习训练中**最终希望得到的策略**。目标策略决定了智能体最终希望采取的动作，以最大化其长期回报。在异策略训练中，目标策略通常与行为策略不同，通过这种方式，训练算法能够利用更广泛的数据来优化目标策略。例如，在 Q-learning 中，行为策略可能采用ε-贪婪策略进行探索，而目标策略则是完全贪婪策略，用于选择使价值 Q 最大的动作。

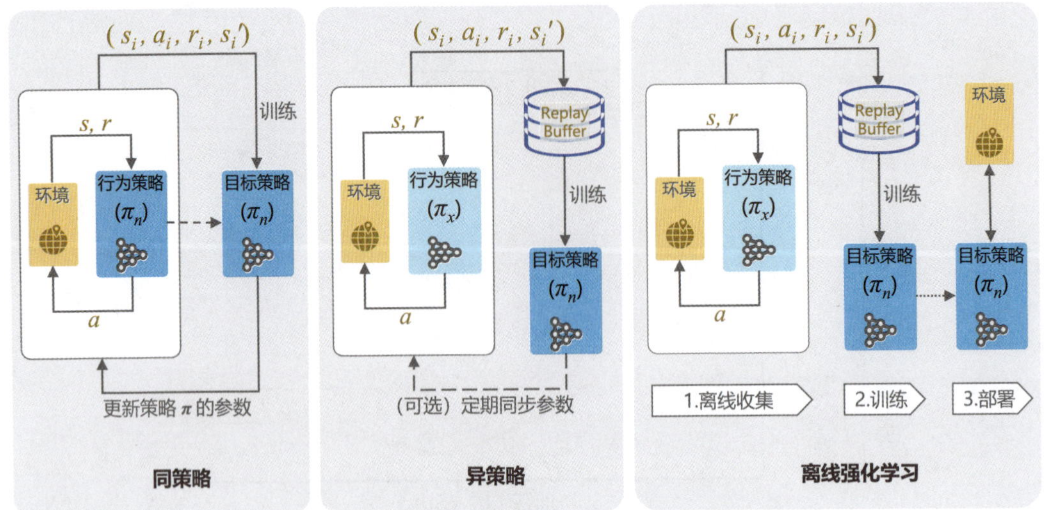

图 5.8 行为策略与目标策略的关系

2. 同策略与异策略

同策略：当行为策略与目标策略相同时，称为同策略学习。也就是说，智能体根据当前策略选择动作，并利用这些经验来更新当前策略，两者是**同一个版本的策略**。如图 5.8 所示，在同策略下，行为策略和目标策略都是π_n，本质上是同一个策略（模型）。为了便于理解和对比，图中绘制了两个策略的示意图。例如，策略梯度方法和 SARSA 算法都是典型的同策略算法。

异策略：当行为策略与目标策略不同时，称为异策略学习。智能体可以使用某种策略进行探索，但学习（训练）和优化的是另一种策略，两者属于**不同版本（或不同类型）的策略**。例如，Q-learning、DQN 等算法是典型的异策略算法，尽管可能使用ε-贪婪策略进行探索，但最终学习的是最优策略。

在异策略下，如图 5.8 所示，行为策略（π_x）和目标策略（π_n）是两个不同的策略。行为策略收集到的经验（s_i, a_i, r_i, s'_i）会存入回放缓冲区（Replay Buffer，通常简写为 D），目标策略则从回放缓冲区中随机采样数据并进行训练。目标策略在进化之后，可以定期将参数同步给行为策略，使行为策略也得到改进。然而，也可以选择不同步，使行为策略保持不变，这可以使行为策略一直保持较好的探索性。

3. 回放缓冲区

回放缓冲区是强化学习中用于存储经验（状态、动作、奖励、下一个状态等元组）的数据结构。在异策略方法中，回放缓冲区尤为重要，是许多强化学习算法（例如 DQN、DDPG、SAC 等）的关键组件[109]。相反，同策略方法通常依赖最新生成的经验来训练并更新策略，不能使用回放缓冲区。然而，少数经过改进的同策略算法也会结合回放缓冲区，在保持策略一致性的同时提升样本利用率。

使用回放缓冲区有以下**好处**。

（1）打破样本相关性：通过随机抽取经验样本，减少序列数据之间的时间相关性，避免训练过程中因连续采样而导致的时间相关性，从而提升模型的泛化能力和训练效果。

（2）提高数据利用率：存储并重用过去的经验，增加样本的重复使用次数。

（3）平衡数据分布：回放缓冲区能够存储多样化的经验，避免训练过程中数据分布的偏差，使模型能够在更广泛的状态和动作空间中进行训练。

（4）支持批量训练：允许使用小批量样本进行并行训练，加快训练速度并提高计算资源的利用率。

（5）促进探索与利用的平衡：通过存储多样化的经验，帮助模型更好地探索环境，同时有效利用已有的知识进行决策。

5.1.6　在线/离线强化学习

1. 定义

在线强化学习：在训练过程中，策略持续与环境交互并收集经验，动态生成训练数据，目标策略也在通过训练不断进化。

离线强化学习：又称**批量强化学习**（Batch RL），有时也被称为完全异策略强化学习（Fully Off-policy RL）。在训练过程中，智能体完全不与环境交互，而是在一个与线上环境隔离的环境中进行训练，仅依赖预先收集的数据。这些数据可能来自历史记录、其他策略的积累，或是模拟环境生成的样本。待训练完全结束后，才将策略整体部署到线上环境中应用。

2. 同策略、异策略、在线强化学习、离线强化学习的区别

同策略和异策略是两种具体的训练（学习）方法，它们的主要区别在于经验收集与训练的策略是否相同。而在线强化学习和离线强化学习是更为宽泛的概念，它们的主要区别在于训练过程中是否与环境交互。

这些概念的关系如图 5.9 所示。

图 5.9　同策略、异策略、在线强化学习、离线强化学习的关系

（1）离线强化学习只能使用异策略方法，因为需要利用固定数据集中的数据，这些数据可能来自多个不同的策略。

（2）在线强化学习可以使用同策略方法或者异策略方法。

（3）同策略方法需要实时生成数据，因此只能基于在线强化学习的框架进行训练。

5.1.7 强化学习分类图

强化学习涵盖多种方法，其分类如图 5.10 所示。

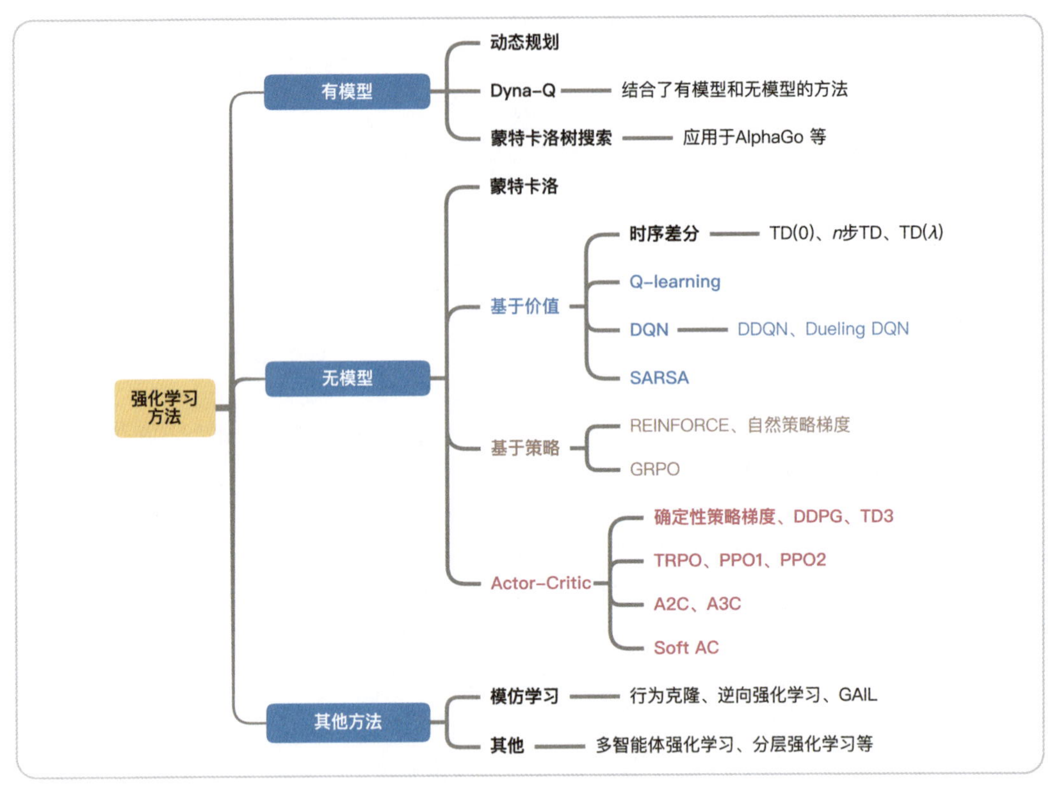

图 5.10　强化学习方法分类

（1）**是否依赖环境模型：**分为有模型（Model-Based）和无模型（Model-Free）的方法。有模型的方法利用环境模型进行规划和决策；无模型的方法则直接通过与环境交互学习策略或价值函数。

（2）**学习对象不同：**分为基于价值（Value-Based）的、基于策略（Policy-Based）的和演员-评委[①]（Actor-Critic，AC）算法。基于价值的算法通过估计各状态的价值函数（例如 V 或 Q）间接推导出最优策略；基于策略的算法直接学习和优化策略函数 π；Actor-Critic 算法则同时结合了基于价值的算法和基于策略的算法的特点。

（3）**智能体的数量：**分为单智能体强化学习和多智能体强化学习（Multi-Agent Reinforcement Learning，MARL）。MARL 适用于多个智能体在同一环境中交互的复杂场景，涉及协作、竞争等关系。

① 又叫策略模型-价值模型，即策略模型扮演“演员”，价值模型扮演“评委”。

（4）**行为策略是否与目标策略相同**：分为同策略方法和异策略方法。同策略方法要求行为策略和目标策略相同，而异策略方法允许行为策略与目标策略不同，更适合高效利用历史数据。

此外，强化学习还常与监督学习（Supervised Learning，SL）、对比学习（Contrastive Learning，CL）、模仿学习（Imitation Learning，IL）、生成对抗网络（Generative Adversarial Networks，GAN）等技术结合，催生了多种交叉算法，进一步扩展了强化学习的应用领域。

这种多维度的分类方式有助于更深入地理解强化学习方法，并在不同应用场景中选择最适合的算法，以满足多样化的需求。

在图 5.10 中，Dyna-Q 与蒙特卡洛树搜索（Monte Carlo Tree Search，MCTS）不仅适用于有模型（Model-Based）的场景，在某些情况下，MCTS 也可以与无模型（Model-Free）的方法结合使用。此外，大多数 AC 架构的算法同时具有基于价值和基于策略的特性。例如，DPG、DDPG、PPO 等算法虽然属于基于策略的算法，但它们也有 AC 架构类型算法的特性，因为它们同时包含一个价值（Critic）网络和一个策略（Actor）网络，实现了价值函数和策略的协同更新。

5.2 价值函数和回报预估

在强化学习中，智能体通过与环境持续交互以最大化回报，而价值函数（Value Function）为智能体评估不同状态或动作的未来回报提供支持。价值函数犹如可以预测未来回报的“先知”。在实践中，可以基于蒙特卡洛（Monte Carlo，MC）方法等技术对价值函数进行估算。

为了深入理解价值函数，首先，需要明确奖励（Reward）、回报（Return）以及折扣回报（Discounted Return）这三个基本概念，并正确区分即时奖励与回报。其次，基于各状态的奖励，通过反向计算可以得到每个状态的回报。进一步，本节将探讨四种主要的价值函数——Q_π、V_π、V_*和Q_*，并分析它们之间的关系。最后，贝尔曼方程作为强化学习的基石，提供了递归定义这些价值函数的理论基础，我们需要了解其内涵。

本节将主要围绕上述内容进行深入讲解，帮助读者系统掌握价值函数与回报估计的核心知识。

5.2.1 奖励、回报和折扣因子

在强化学习中，智能体优化的目标是回报，而非单一时间步的奖励 R，回报反映的是长期收益，需要正确区分。在计算折扣回报时，通常引入折扣因子 γ。

1. 奖励

奖励是智能体在某个时间步 t 采取动作 a_t 后，从环境中获得的即时反馈，通常用符号 r_{t+1} 表示，反映当前动作的好坏程度。从 t 时刻起得到的奖励序列如图 5.11 所示。

奖励信号是强化学习的驱动力，它为智能体提供了关于当前动作的即时评价。通过不断地获取奖励，智能体可以优化策略，以在未来的决策中获得更多的累计奖励。

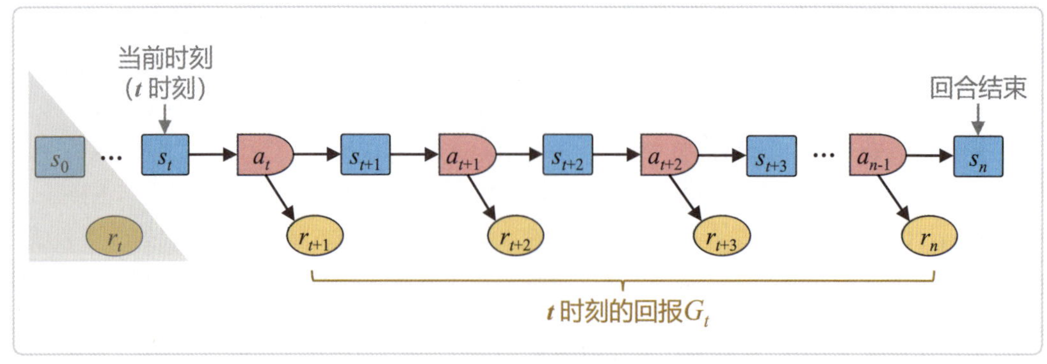

图 5.11　从 t 时刻起得到的奖励序列

奖励可以是正值、零值或负值，并可根据不同的应用场景自由、灵活地定义。下面给出两个示例。

（1）**玩魔方机器人**：如果希望机器人用时越短越好，则可以定义奖励为每过 1s 奖励减少 1（$r_t = -1$），使累计奖励越大（花费时间越少）越好，从而引导机器人通过最短时间完成任务。

（2）**短视频推荐模型**：可以定义奖励为：奖励值=α ×完播数量+β ×点赞量+γ ×视频时长。其中α 、β 、γ 是权重系数，用于平衡各个指标的重要性。

在实际应用中，可以设计复杂的奖励函数以更好地反映任务目标，这一过程通常被称为**奖励塑形**（Reward Shaping）。

2. 回报

回报常用字母 G 表示（G 是 Gain 的缩写，即收益），也被称为未来回报、累计奖励或累计折扣奖励，是指从某一时间步开始，未来所有奖励的累计总和。它衡量了从当前时间步开始，智能体未来可能获得的总奖励，可用于评估智能体策略的长期优劣。

例如，当前处于时间步 t，假设单个回合总共可以运行 n 步（例如 5.1.2 节的 AGI 旅游公司），希望预估从时间步 t 到本回合结束时的回报，则计算公式为

$$G_t = R_{t+1} + R_{t+2} + R_{t+3} + \cdots + R_n \tag{5.4}$$

如图 5.11 所示，在状态 s_i 处，回报 G_t 为奖励 $r_{t+1}, r_{t+2}, \cdots, r_n$ 之和。

假设一个回合总共有 5 个状态（t 的取值为 0, 1, 2, 3, 4），则处于各个状态时，其回报的计算如图 5.12 所示，其中 G_4 为终止状态的回报，故 G_4=0。

随机性：时间步 t 的回报 G_t 具有随机性，主要原因如下。

（1）**状态转移的随机性**：同一动作在相同状态下可能有不同的后续状态，体现了环境的随机性。例如，在 5.1.2 节的“AGI 旅游公司”示例中，由于天气、季节和人流量等环境因素不同，旅客对同一景点的评分可能会有所差异。

（2）**动作的随机性**：在收集经验时，为了保持探索性，智能体可能随机选择动作（参见 5.1.4 节），因此，即使处于同样的状态，执行的动作也可能不同。

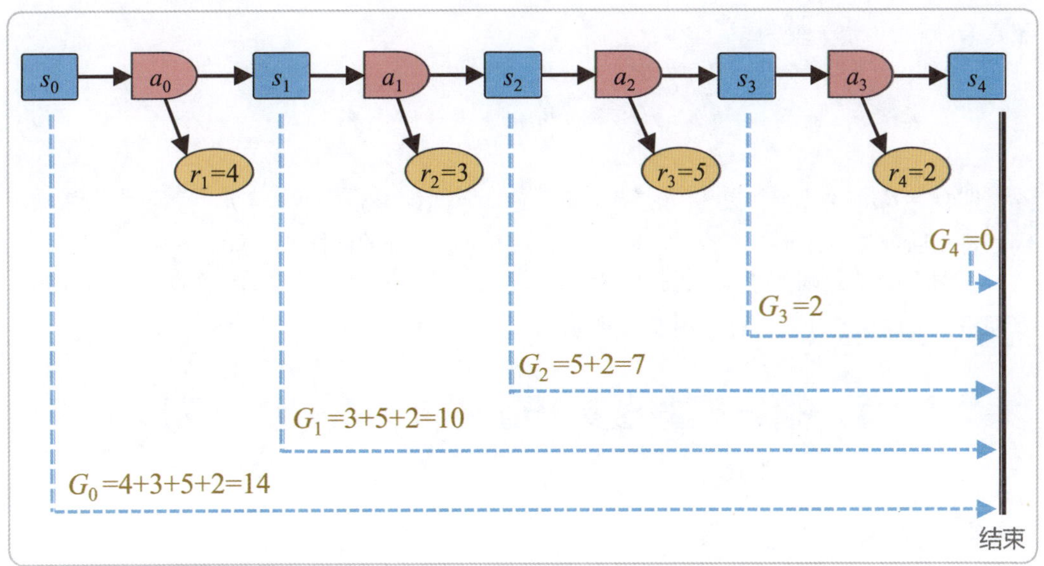

图 5.12　不同状态下的回报

3. 折扣回报和折扣因子

如图 5.11 所示，在某些情况下，不止有 n+1 个状态，可能存在无限个状态，这时计算所得的 G_t 可能趋近于无穷大或无穷小。此外，近期奖励和远期奖励对当前时刻的重要性通常不同，这主要是由于状态转移和环境的随机性使更远期的奖励具有更大的不确定性，正所谓“夜长梦多”。

为了解决这些问题，引入**折扣因子γ**，其取值范围是[0, 1]，进而可以计算出从时间步 t 开始的**折扣回报**（Discounted Return）[32]，即

$$G_t = r_{t+1} + \gamma r_{t+2} + \gamma^2 r_{t+3} + \gamma^3 r_{t+4} + \cdots = \sum_{k=0}^{\infty} \gamma^k r_{t+k+1} \tag{5.5}$$

其中，r_{t+1} 表示在时间步 t 采取动作 a_t 后获得的即时奖励。

引入折扣因子 γ 主要有以下作用。

（1）**确保回报的收敛性**：折扣因子的引入确保了无限时间步的累计奖励是有限的，这对于理论分析和算法的稳定性至关重要。若无折扣因子，累计奖励就可能发散，尤其是在环境中存在持续奖励的情况下。

（2）**平衡短期与长期奖励**：较小的 γ 值（接近 0）使智能体更注重当前奖励，较大的 γ 值（接近 1）使智能体更注重长期收益。

（3）**影响训练稳定性**：适当的 γ 值可以加快学习过程，因为它影响了奖励信号的传递强度。在训练过程中，根据不同的任务和 Loss 的收敛情况，可以对 γ 进行调节以稳定训练。

5.2.2　反向计算回报

为了便于推导 G_t 的迭代形式，假设每个回合总共有 n+1 个状态（t 的取值为从 0 到 n 的

整数），则式（5.5）变为

$$\begin{aligned} G_t &= R_{t+1} + \gamma R_{t+2} + \gamma^2 R_{t+3} + \gamma^3 R_{t+4} + \cdots + \gamma^{n-t-1} R_n \\ &= R_{t+1} + \gamma(R_{t+2} + \gamma R_{t+3} + \gamma^2 R_{t+4} + \cdots + \gamma^{n-t-2} R_n) \\ &= R_{t+1} + \gamma G_{t+1} \end{aligned} \tag{5.6}$$

即 $G_t = R_{t+1} + \gamma G_{t+1}$。其中，$R_{t+1}$ 表示智能体在时间步 t 采取动作 A_t 后获得的即时奖励。因为每个回合总共有 n+1 个状态，所以，第 n+1 个状态处的回报 G_n 为 0。

在图 5.12 的基础上，引入折扣因子 γ，根据经验数据存储，从最后一个状态位置开始计算回报，反向迭代计算过程如图 5.13 所示。

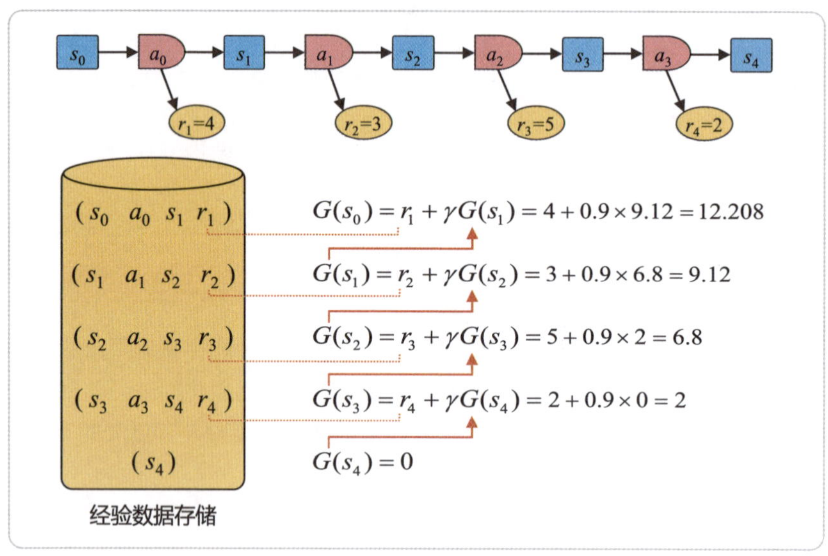

图 5.13　反向迭代计算过程

5.2.3　价值函数

在强化学习中，**价值函数**用于衡量智能体在特定状态 s 下，或在采取特定动作 a 后所能获得的回报期望 $\mathbb{E}_\pi[G_t]$。价值函数在指导智能体决策的过程中起着至关重要的作用。例如，当智能体处于状态 s 时，应该执行动作 a_0 还是 a_1 呢？通过价值函数可以预估这两个动作对应的未来回报，从而选择回报最高的动作。

本节将介绍四种价值函数：动作价值函数 $Q_\pi(s,a)$、状态价值函数 $V_\pi(s)$、最优状态价值函数 $V_*(s)$、最优动作价值函数 $Q_*(s,a)$，这四种价值函数**均表示未来回报**，但其条件和应用场景略有不同[32]。

1. 动作价值函数

动作价值函数（Action-Value Function）衡量在策略 π 下，智能体在状态 s 时采取动作 a 后所能获得的回报的期望值，该期望值有时也被泛称为 ***Q* 值（Q-value）**，通常记为 $Q_\pi(s,a)$，其定义为

$$
\begin{aligned}
Q_\pi(s,a) &= \mathbb{E}_\pi[G_t \mid S_t{=}s, A_t{=}a] \\
&= \mathbb{E}_\pi[\sum_{k=0}^{\infty}\gamma^k R_{t+k+1} \mid S_t{=}s, A_t{=}a] \\
&= \mathbb{E}_\pi[(R_{t+1} + \gamma^1 R_{t+2} + \gamma^2 R_{t+3} + \ldots + \gamma^k R_{t+k+1}) \mid S_t{=}s, A_t{=}a]
\end{aligned} \tag{5.7}
$$

其中，$S_t{=}s, A_t{=}a$ 为条件，即随机变量 S_t 和 A_t 被观测到的真实值，R 为即时奖励，γ 是折扣因子。从 $Q_\pi(s,a)$ 的表示形式可以看出，其**依赖以下三个因素**。

（1）状态 S_t：不同的状态对应不同的未来回报。例如，在图 5.4 中，“S_1=张家界”和“S_1=丽江”这两个状态的未来回报是不同的。

（2）动作 A_t：在相同的状态下，执行不同的动作会导致不同的回报。例如，在状态“S_1=张家界”时，执行动作“A_1=往洛阳”和“A_1=往上海”对应的回报不同。

（3）策略 π：图 5.4 整体可以看作一个策略 π：图中标注了多个箭头，决定了在每个状态下可能执行的动作及其概率。而如果换为另一个版本的地图（策略 π'），则在相同的状态下可能有不同的动作概率（例如，在“S_1=张家界”时选择“A_1=往成都”的概率最大）。因此，不同的策略对应不同的回报。

2. 状态价值函数

状态价值函数（State-Value Function），记为 $V_\pi(s)$，表示在状态 s 下，遵循策略 π 时，智能体能够获得的回报的期望值，其数学表达式为

$$
V_\pi(s) = \mathbb{E}_\pi[G_t \mid S_t{=}s] = \mathbb{E}_\pi[\sum_{k=0}^{\infty}\gamma^k R_{t+k+1} \mid S_t{=}s] \tag{5.8}
$$

与 $Q_\pi(s,a)$ 相比，$V_\pi(s)$ 仅依赖策略 π 和状态 s，不再依赖具体的某个动作 a。换言之，$V_\pi(s)$ 已经兼顾了所有可能的动作 a（例如，根据策略 π 对不同动作的概率加权求和）。因此，$V_\pi(s)$ 关注的是状态本身的整体价值，而不具体针对某个动作。

动作价值函数 $Q_\pi(s,a)$ 与状态价值函数 $V_\pi(s)$ 的关系如图 5.14 所示，当进行到状态 s_2 时，为了执行下一个动作，可以计算三个不同动作的未来回报（未来累计奖励）。假设动作 a_2 的未来回报最大，这为选择下一个动作提供了明确的指导。

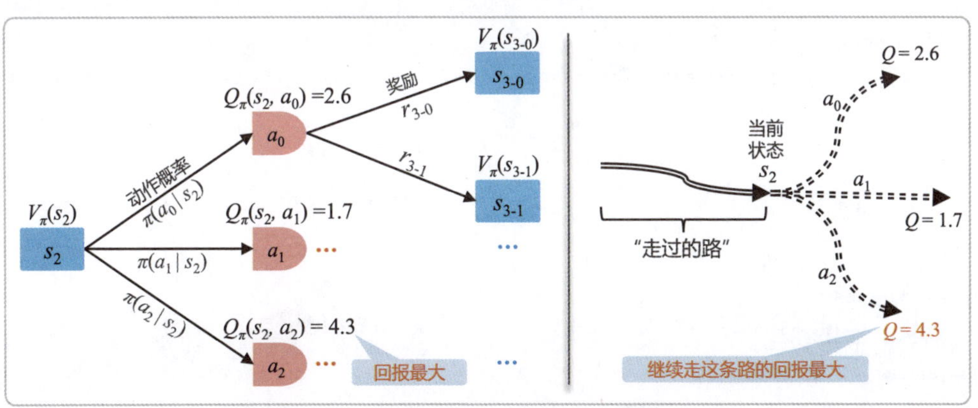

图 5.14　动作价值函数与状态价值函数的关系

3. 最优状态价值函数和最优动作价值函数

假设存在一个策略π_*，其在所有状态下的回报的期望值均不低于其他策略π，即对于所有状态$s \in S$，满足$V_{\pi_*}(s) \geqslant V_\pi(s)$，可以宽泛地用$\pi_* \geqslant \pi$来表示最优策略。基于这一假设，定义如下。

（1）**最优策略**（Optimal Policy）：记为π_*，在所有状态下，最优策略π_*的回报的期望值不低于其他任何策略。

（2）**最优状态价值函数**（Optimal State-Value Function）：记为$V_*(s)$，表示在状态s下，能够获得的最大期望回报。定义为$V_*(s) = \max_\pi V_\pi(s)$。可见，$V_*(s)$仅依赖状态$s$，不再依赖策略$\pi$和具体的动作$a$。它反映了在状态$s$下，遵循最优策略$\pi_*$所能获得的最大回报。

（3）**最优动作价值函数**（Optimal Action-Value Function）：记为$Q_*(s,a)$，表示在状态s下采取动作a后，能够获得的最大期望回报。定义为$Q_*(s,a) = \max_\pi Q_\pi(s,a)$，$Q_*(s,a)$依赖状态$s$和动作$a$，不再依赖具体的策略$\pi$。$Q_*(s,a)$是在所有可能的策略中，采取动作$a$，并遵循最佳策略$\pi_*$所能获得的期望回报的上限。给定$s$和$a$，无论采取什么策略，回报的期望值均不可能超过$Q_*(s,a)$。

5.2.4 奖励、回报和价值的区别

奖励（Reward）、回报（Return）和价值（Value）三者的关系如图 5.15 所示。需要注意的是，此处假设折扣因子γ=1。它们的区别如下。

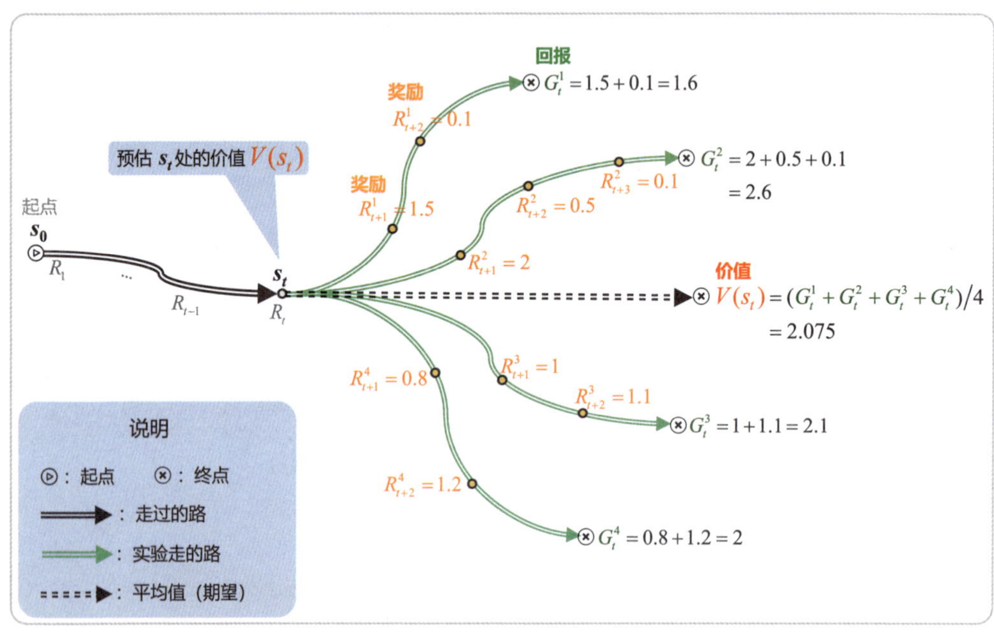

图 5.15 奖励、回报和价值的关系

（1）**奖励**：即时奖励，是在某一状态下获得的**局部收益**或**短期收益**。

（2）**回报**：未来回报，是从当前状态 s_t 开始计算，之后所有奖励的累计和，即**未来的总收益**。

（3）**价值**：价值是回报的期望值，即在所有可能的轨迹中，回报乘以其发生概率后的加权平均值，表示在**平均情况下的未来总收益**。

总体来说，奖励是局部的、即时的一部分收益；回报和价值则表示从某个状态开始后的所有收益的总和。

5.2.5　贝尔曼方程——强化学习的基石

贝尔曼方程（Bellman Equation）不仅是强化学习的基石，也是实际算法设计和实现的重要指导原则。此外，它提供了一种递归的价值函数定义方法，能够描述和转换四种价值函数之间的关系。这种关系可以通过转换图直观地表示。本节将讲述这些内容。

1. 贝尔曼方程

贝尔曼方程由理查德·贝尔曼（Richard E. Bellman）于 20 世纪 50 年代提出，采用动态规划的方法解决优化和决策问题。通过定义价值函数的递归关系，贝尔曼方程将复杂的决策问题分解为更易处理的子问题，从而推动了强化学习在各个领域的广泛应用。

对于给定策略 π，**状态价值函数的贝尔曼方程**为

$$V_\pi(s)=\sum_a \pi(a\mid s)\sum_{s',r} p(s',r\mid s,a)[r+\gamma V_\pi(s')] \tag{5.9}$$

其中：

（1）$\pi(a\mid s)$ 是策略 π 在状态 s 下选择动作 a 的概率，且对于状态 s 下的所有动作 a 的概率和为 1。

（2）$p(s',r\mid s,a)$ 是状态转移和奖励的联合概率分布，表示在状态 s 下采取动作 a 后，转移到下一状态 s' 并获得奖励 r 的概率。

（3）r 是即时奖励，在状态 s 下采取动作 a 后立即获得的奖励值。

（4）γ 是折扣因子，取值范围是[0, 1]，用于权衡即时奖励和未来奖励的重要性。

类似地，**动作价值函数的贝尔曼方程**为

$$Q_\pi(s,a)=\sum_{s',r} p(s',r\mid s,a)[r+\gamma\sum_{a'}\pi(a'\mid s')\,Q_\pi(s',a')] \tag{5.10}$$

2. 贝尔曼最优方程

除此之外，在最优策略 π_* 下，由贝尔曼方程衍生出贝尔曼最优方程，包含最优状态价值函数的贝尔曼方程与最优动作价值函数的贝尔曼方程。

最优状态价值函数的贝尔曼方程为

$$V_*(s)=\max_a \sum_{s',r} p(s',r\mid s,a)[r+\gamma V_*(s')] \tag{5.11}$$

最优动作价值函数的贝尔曼方程为

$$Q_*(s,a)=\sum_{s',r}p(s',r\mid s,a)\left[r+\gamma\max_{a'}Q_*(s',a')\right] \tag{5.12}$$

根据贝尔曼最优方程可知：在最优策略 π_* 下，一个状态的最优价值等于从该状态采取最优动作后期望回报的最大值。借助最优价值函数 V_*，可以在每个状态下应用贪婪策略选择最优动作，从而实现长期最优的结果，这是因为 V_* 已经包含了所有未来可能的回报信息，确保了选择的动作能够最大化长期回报。

5.2.6 Q 和 V 的转换关系、转换图

1. Q 和 V 的转换图

动作价值函数 $Q_\pi(s, a)$ 与 $Q_\pi(s', a')$ 之间、状态价值函数 $V_\pi(s)$ 与 $V_\pi(s')$ 之间存在相互转换的关系，即**转换图**（**Backup Diagrams**），如图 5.16 所示。转换图直观地展示了贝尔曼方程的原理，阐明了当前状态的价值如何依赖后续状态的价值[32]。

图 5.16（a）展示了两个相邻状态的状态价值函数 V_π 之间的转换关系，可以参考式（5.9）进行理解；图 5.16（b）展示了两个相邻状态的动作价值函数 Q_π 之间的转换关系，可以参考式（5.10）进行理解。

通过转换图，可以清晰地看到当前状态的价值如何通过策略和环境的转移，递归地依赖未来状态的价值，这为强化学习算法的设计提供了重要的理论基础。

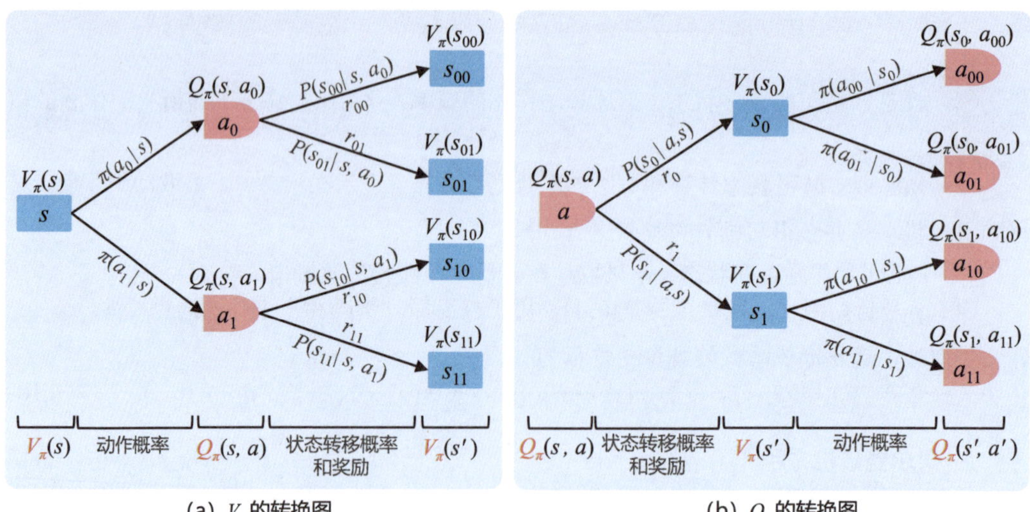

(a) V_π 的转换图　　(b) Q_π 的转换图

图 5.16　相邻状态的价值转换图

V_* 和 Q_* 的转换图：V_* 和 Q_* 的转换图与 V_π 和 Q_π 的转换图（图 5.16）相似，区别是：在最优转换图中，动作选择时采用取最大值的方法，而不是依据某个策略的期望值进行选择。

2. Q 和 V 的迭代计算、互相转换关系

基于式（5.9）和图 5.16（a），可得到在状态 s 处 $V_\pi(s)$ 的迭代计算公式如下。

$$\begin{aligned}V_\pi(s) &= \sum_a \pi(a\mid s)\sum_{s',r} p(s',r\mid s,a)[r+\gamma V_\pi(s')] \\ &= \pi(a_0\mid s)Q_\pi(s,a_0)+\pi(a_1\mid s)Q_\pi(s,a_1) \\ &= \pi(a_0\mid s)\left[P(s_{00}\mid s,a_0)\left(r_{00}+\gamma V_\pi(s_{00})\right)+P(s_{01}\mid s,a_0)\left(r_{01}+\gamma V_\pi(s_{01})\right)\right]+ \\ &\quad \pi(a_1\mid s)\left[P(s_{10}\mid s,a_1)\left(r_{10}+\gamma V_\pi(s_{10})\right)+P(s_{11}\mid s,a_1)\left(r_{11}+\gamma V_\pi(s_{11})\right)\right]\end{aligned} \tag{5.13}$$

同理，基于式（5.10）和图 5.16（b），可得 $Q_\pi(s,a)$ 的迭代计算公式，具体推导此处略去。

进一步，结合图 5.16（a）和式（5.13）可知，由动作价值函数 Q 可以计算得出状态价值函数 V，具体的**转换关系**式如下。

$$V_\pi(s)=\sum_a \pi(a\mid s)Q_\pi(s,a) \tag{5.14}$$

同理，由状态价值函数 V 也可以计算得出动作价值函数 Q，具体的**转换关系**式如下。

$$Q_\pi(s,a)=\sum_{s',r} p(s',r\mid s,a)[r+\gamma V_\pi(s')] \tag{5.15}$$

5.2.7 蒙特卡洛方法

强化学习的核心目标是通过与环境的交互，学习一个能够最大化累计奖励的策略。这个过程涉及价值估计和策略优化，研究人员提出了多种相关方法。在无模型的场景下，蒙特卡洛方法与时序差分（Temporal Difference，TD）方法是两种最为基础的技术。本节将重点介绍蒙特卡洛方法。

蒙特卡洛方法利用随机采样来解决在理论上有明确答案，但因计算复杂、维度过高或不易直接求解而难以通过传统解析方法解决的问题。该方法被广泛应用于各个学科领域。常见的应用场景包括优化问题、数值积分问题，以及从概率分布中生成样本等。

在强化学习中，蒙特卡洛方法通过多次试验获得多个实际的运行轨迹，根据这些轨迹来估计价值函数或优化策略，特别适用于那些环境模型未知或难以解析的问题。如图 5.17 所示，假设当前处于状态 s_t，如果需要预测当前位置的未来回报 $V(s_t)$，那么可以进行多次试验，每次试验从状态 s_t 运行，直到一个回合结束，这样可以得到多条实际运行轨迹。结合轨迹中各个状态的奖励 r，根据式（5.5），可以得到每条轨迹的回报 G_t。

如图 5.17 所示，进行了三次实验，对三次实验得到的实际回报 G_t 求均值，可以计算出状态 s_t 的价值 $V(s_t)$。

$$\begin{aligned}V(s_t) &= \sum_i G_t^i \Big/ N \\ &= (G_t^1+G_t^4+G_t^6)\ /\ 3 = 2.97\end{aligned} \tag{5.16}$$

根据大数定理，当采样的轨迹数量 N 增加（实验次数增多）时，预估的价值 $V(s_t)$ 将更接近真实值。

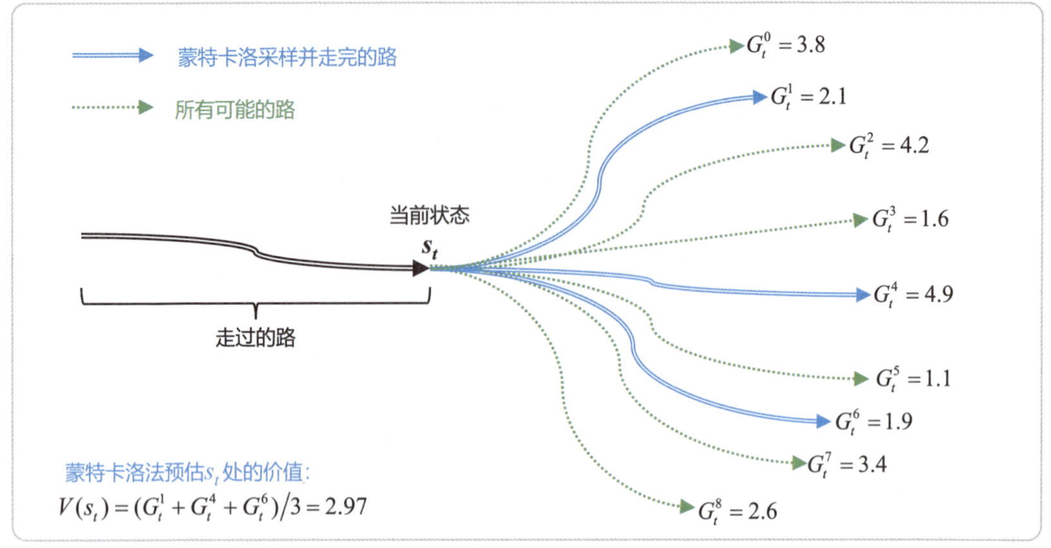

图 5.17　蒙特卡洛法预估状态 s_t 的未来回报（价值）

在实际应用中，蒙特卡洛方法可以在每运行完一个回合后立即更新状态价值 $V(s_t)$，无须等待所有回合结束再进行更新。状态价值的动态更新规则如下。

$$V(s_t) \leftarrow V(s_t) + \alpha\left(G_t - V(s_t)\right) \tag{5.17}$$

其中，α 是学习率，G_t 是某个回合实验得到的回报。通过计算实际回报 G_t 与当前价值估计 $V(s_t)$ 之间的误差调整状态 s_t 的价值估计，学习率 α 控制更新的步伐，将当前价值估计 $V(s_t)$ 向实际回报的方向调整。

需要注意的是，在一个回合结束后，轨迹上包含多个状态，这些状态的价值估计（例如 $V(s_t),V(s_{t+1}),V(s_{t+2}),\cdots$）都可以按照式（5.17）进行更新。

5.3　时序差分

时序差分方法是一种被广泛应用于强化学习的技术，既适用于价值估计，也适用于策略优化，是许多强化学习算法（例如 SARSA、Q-learning、DQN 和 PPO）的理论基础。Richard S. Sutton 于 1988 年对该方法进行了系统性阐述[95]。

TD 方法包含多种类型，主要包括单步 TD（One-step TD）、多步 TD（n-step TD）与 TD(λ)。TD、蒙特卡洛、动态规划（DP）等方法各有优势和适用场景，且彼此之间存在联系。本节将对这些内容进行详细讲解。

5.3.1　时序差分方法

1. TD的核心思想

TD 方法基于当前的价值估计进行**自举**（Bootstrapping）学习，即通过自身的估计值（例如 $V(s_{t+1})$）来更新当前的估计值（例如 $V(s_t)$）。与蒙特卡洛方法类似，TD 方法也可以更新轨迹上所有状态的价值，不同之处在于，TD 不需要等待整个回合结束，而是每前进一步就进行一次更新。

TD 方法的核心思想是利用当前的价值估计来更新价值函数，这本质上基于贝尔曼方程。具体来说，TD 方法通过比较当前状态的价值估计 $V(s_t)$ 与下一个状态的价值估计 $r_{t+1}+\gamma V(s_{t+1})$（其中，$r_{t+1}$ 为即时奖励，$V(s_{t+1})$为下一个状态的价值估计），来调整当前状态的价值 $V(s_t)$，确保价值估计逐步收敛到真实的价值函数。TD 方法的价值更新规则如下。

$$V(s_t) \leftarrow V(s_t)+\alpha\left[r_{t+1}+\gamma V(s_{t+1})-V(s_t)\right] \tag{5.18}$$

其中：

（1）$V(s_t)$ 是状态 s_t 的当前价值估计。

（2）α 是学习率，控制更新步伐。

（3）r_{t+1} 是从状态 s_t 转移到 s_{t+1} 时获得的即时奖励。

（4）γ 是折扣因子，取值范围是[0, 1]，用于权衡即时奖励和未来奖励的重要性。

2. 自举及其利弊分析

从式（5.18）可以看出，TD 方法是一种自举的方法。**自举**通常指通过重复使用自身的估计值来更新模型参数。在强化学习中，自举指的是利用当前的价值估计来更新价值函数。具体来说，TD 方法通过部分信息（下一步的奖励 r_{t+1} 和下一个状态的价值估计 $V(s_{t+1})$）来更新当前状态的价值 $V(s_t)$。

自举方法具有以下特点。

（1）**偏差大**：如果价值估计不准确，那么自举会引入偏差。这种偏差来源于模型对环境的当前理解，如果估计值存在系统性误差，则偏差可能逐步累积。

（2）**方差小**：TD 方法的更新基于一步或少数几步的转移，不需要等待整个回合结束，受到的随机性影响较小，这减小了估计的方差。

自举方法通常收敛速度更快，这一特性使其应用于许多强化学习算法，例如 DQN、PPO、A2C、A3C 等，在训练过程中，基于 TD 方法的更新规则实现了高效的价值估计和策略优化。

5.3.2 TD 目标和 TD 误差

基于式（5.18），定义 **TD 目标**（TD Target）和 **TD 误差**（TD Error），如下所示。

$$V(s_t) \leftarrow V(s_t)+\alpha\Bigg[\underbrace{\underbrace{r_{t+1}+\gamma V(s_{t+1})}_{\text{TD目标}}-V(s_t)}_{\text{TD误差}}\Bigg] \tag{5.19}$$

TD 误差 δ_t 可以表示为

$$\delta_t = V_{\text{TD目标}}-V(s_t)=r_{t+1}+\gamma V(s_{t+1})-V(s_t) \tag{5.20}$$

TD 误差衡量了当前价值估计与 TD 目标之间的差异，它反映了当前估计与最新信息的不一致程度，指导价值函数的更新方向和幅度。由于 TD 目标包含了最新的环境反馈信息 r_{t+1}，因此被认为比 $V(s_t)$更接近真实值，通常将 TD 目标作为价值函数拟合的目标。TD 目标与 TD 误差的关系如图 5.18 所示。

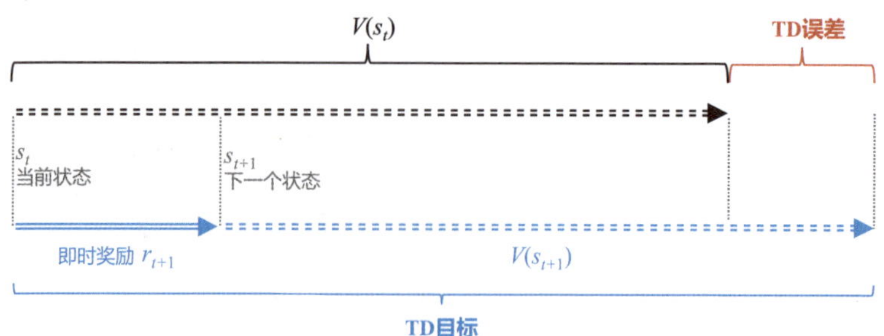

图 5.18　TD 目标与 TD 误差的关系

5.3.3　TD(λ)和多步 TD

1. 单步TD

单步 TD，也被称为 TD(0)，是最为基础的 TD 方法，如式（5.18）所示。在单步 TD 中，智能体与环境在每个时间步交互一次。它在每个时间步上都可以进行价值更新，仅依赖未来一步的奖励与下一个状态的价值估计 $V(s_{t+1})$。

2. 多步TD

多步 TD 方法是单步 TD 方法的推广，智能体与环境交互 n 次，如式（5.21）所示。与单步 TD 方法类似，多步 TD 方法在每个时间步也可以进行更新，区别在于多步 TD 方法依赖未来 n 步的奖励和状态 s_{t+n} 的价值估计 $V(s_{t+n})$。多步 TD 的价值更新规则如下。

$$
\begin{aligned}
V(s_t) &\leftarrow V(s_t)+\alpha\left[G_t^{(n)}-V(s_t)\right] \\
&= V(s_t)+\alpha\left[\underbrace{\left(r_{t+1}+\gamma r_{t+2}+\gamma^2 r_{t+3}+\cdots+\gamma^{n-1} r_{t+n}+\gamma^n V(s_{t+n})\right)}_{n\text{步的折扣回报+第}(t+n)\text{步的价值}V(s_{t+n})} - V(s_t)\right]
\end{aligned}
\tag{5.21}
$$

多步 TD 方法结合了蒙特卡洛方法和动态规划的优势，因此，通常可以实现更加高效的学习过程，取得比单步 TD 方法更好的效果。图 5.19 展示了在一个随机游走任务上使用多步 TD 方法的实验效果，不同的曲线对应不同的步数（n）。在该任务上，当 n=4 时，均方根误差取得最小值，即 n=4 时达到最优效果[32]。

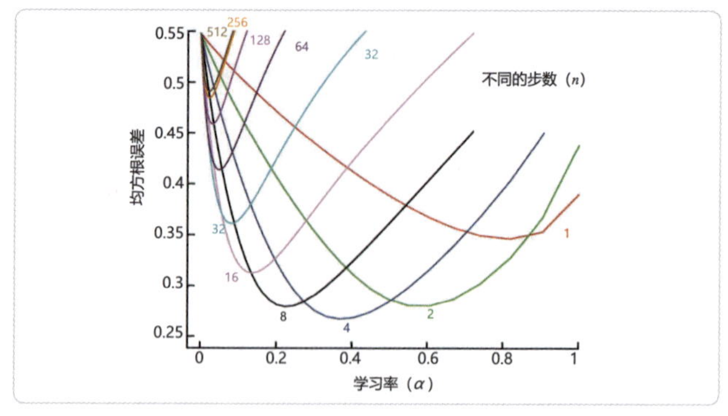

图 5.19　多步 TD 方法中步数（n）与效果的关系[32]

3. TD(0)、多步TD与蒙特卡洛方法之间的关系

TD(0)、多步 TD 与蒙特卡洛方法之间存在紧密的联系。如图 5.20 所示，当步数 n=1 时，多步 TD 退化为 TD(0)；当步数 n 趋于无穷大时，多步 TD 退化为蒙特卡洛方法。

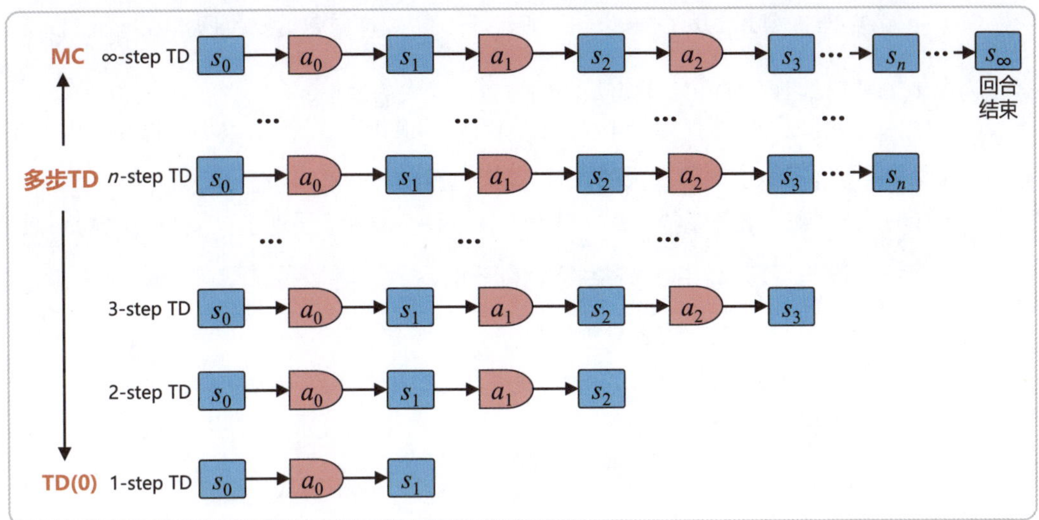

图 5.20　TD(0)、多步 TD 与蒙特卡洛方法之间的关系

4. TD(λ)：融合蒙特卡洛与TD方法

TD(λ)以一种更优雅的方式融合了蒙特卡洛方法与 TD 方法，通过调整 λ 因子，可以在 TD(0)（λ=0）和蒙特卡洛方法（λ=1）之间进行平衡，参数 λ 决定了误差信息在时间上的传播范围[95]。TD(λ)方法的价值更新规则如下。

$$V(s_t) \leftarrow V(s_t) + \alpha\left[G_t^\lambda - V(s_t)\right] \tag{5.22}$$

其中，G_t^λ 是在时间步 t 的 λ **回报**（λ-return），即综合考虑多个步数的回报，以 λ 为权重的加权和。λ 回报的计算公式为

$$G_t^\lambda = \underbrace{(1-\lambda)\sum_{n=1}^{T-t-1}\lambda^{n-1}G_{t:t+n}}_{\text{侧重于TD}} + \underbrace{\lambda^{T-t-1}G_t}_{\text{侧重于MC}} \tag{5.23}$$

其中：

（1）λ 是衰减因子，决定了在价值更新时考虑多远的未来回报。通过调整 λ 的值，可以在算法的偏差和方差之间取得平衡。

（2）T 是任务或回合的终止时间步。T 限制了回报的计算范围，这使未来回报不再延续到无穷远。式（5.23）中 T-t-1 表示从当前时间步 t 开始，到终止时间步 T 之间的步数。

（3）$G_{t:t+n}$ 是从时间步 t 开始，经过 n 步后的回报。这通常是 n 步 TD 回报，结合了即时

奖励和未来的估计价值。即 $G_{t:t+1}$ 为 1 步回报，$G_{t:t+2}$ 为 2 步回报，……，$G_{t:t+n}$ 为 n 步回报。

（4）G_t 是从时间步 t 开始直到终止状态的回报。

为什么说 TD(λ)统一了蒙特卡洛方法和 TD 方法呢？由式（5.23）可推导出以下结论。

（1）当 $\lambda=0$ 时：公式变为 $G_t^0 = \sum_{n=1}^{T-t-1} 0^{n-1} G_{t:t+n} = G_{t:t+1}$，即只包含一步回报 $G_{t:t+1}$，TD(λ)退化为单步 TD 方法，即 TD(0)。具有最小的方差、最大的偏差。

（2）当 $\lambda=1$ 时：公式变为 $G_t^1 = 0 + G_t = G_t$，TD(λ)退化为蒙特卡洛方法，即使用完整回合的回报来更新价值估计。具有最大的方差、最小的偏差。

（3）当 $0<\lambda<1$ 时：结合蒙特卡洛方法和 TD 方法的优势，实现了偏差与方差的平衡。

5.3.4 蒙特卡洛与 TD、DP、穷举搜索的区别

1. 蒙特卡洛与TD的偏差、方差分析

蒙特卡洛方法和 TD 方法在估计价值时各有优劣：蒙特卡洛方法偏差小、方差大；TD 方法偏差大、方差小，如图 5.21 所示。

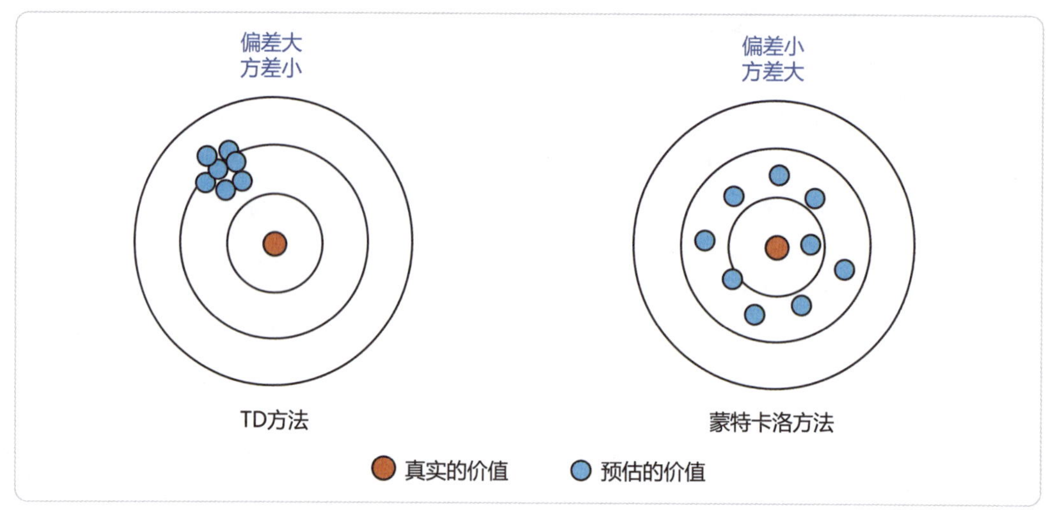

图 5.21 蒙特卡洛方法与 TD 方法在估计价值时的偏差、方差对比

具体解释如下。

（1）**蒙特卡洛方法的偏差**：无偏估计。蒙特卡洛方法基于实际的完整回报（从起始状态到终止状态的累计奖励）来更新价值估计。因此，在理论上，当样本量足够大时，根据大数定理，蒙特卡洛方法得到的是无偏的价值估计。

（2）**蒙特卡洛方法的方差**：方差大。由于蒙特卡洛方法依赖完整的回报，经过多个步骤且每个步骤的转换具有随机性，随机性叠加后会导致估计的价值有较大的波动。因此，蒙特卡洛方法的估计通常具有较大的方差。

（3）**TD 方法的偏差**：有偏估计。TD 方法通过引入当前的价值估计来更新价值函数，即采用“自举”的方法，这会导致较大的偏差（原因详见 5.3.1 节关于“自举”的描述）。

（4）**TD 方法的方差**：小方差。由于 TD 方法的更新仅基于一步或少数几步的转移，不依赖完整回报，因此不需要等待整个回合结束，受随机性影响较小，这减小了方差（原因详见 5.3.1 节关于“自举”的描述）。

2. 蒙特卡洛与TD、DP、穷举搜索的关系

在强化学习中，有四类方法可以进行价值估计与策略优化：蒙特卡洛、TD、动态规划（Dynamic Programming，DP），以及穷举搜索（Brute-Force Search）。从深度搜索和广度搜索的视角看，它们的关系如图 5.22 所示[32]。

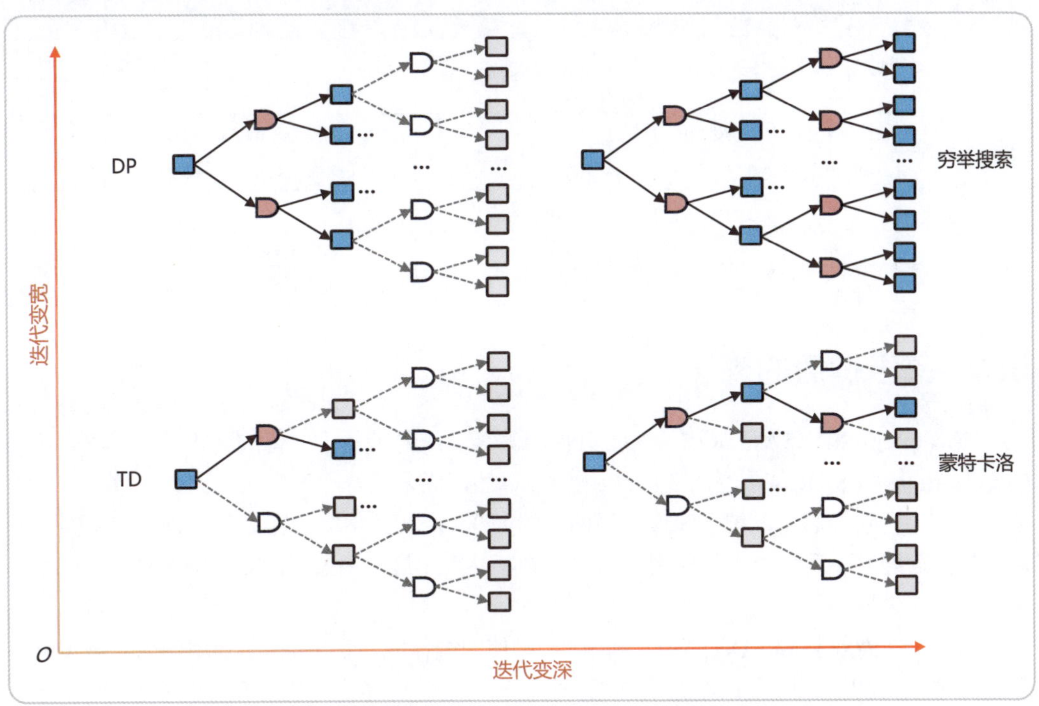

图 5.22　蒙特卡洛、TD、DP、穷举搜索的关系

（1）蒙特卡洛方法和穷举搜索的搜索深度最大（直到回合终止）。

（2）穷举搜索的广度最大。

（3）DP 的搜索广度次之。

（4）TD 方法综合了动态规划和蒙特卡洛方法的思想。

3. 蒙特卡洛、TD、DP、穷举搜索的多维度对比

这四类价值估计方法有着不同的特点和应用场景，它们之间的区别如表 5.1 所示。

表 5.1　四类价值估计方法的对比

	蒙特卡洛	TD	DP	穷举搜索
是否依赖环境模型	否	否	是	否
方差	大	小	小	视具体实现而定
偏差	无偏估计	有偏估计	无偏估计	视具体实现而定
计算复杂度	中等（与回合数和样本量有关）	低	高	非常高（状态和策略空间爆炸式增长）
更新方式	基于完整回报，直到回合结束后才能更新	在线更新，每个时间步更新	递归式更新	穷举之后更新
学习速度	较慢（需等待回合结束）	较快（实时更新）	中等	在大规模问题上不可行
适用场景	回合较短、能完整观测回合终止的任务	多种场景	已知环境模型、问题规模小、离散环境	状态空间小且可穷举的任务
主要优点	无环境模型依赖、无偏估计	收敛快、方差小、实时更新	精确性高	易于实施，直观
主要缺点	方差大、延迟更新	有偏估计	依赖环境模型	计算复杂度过高

5.4　基于价值的算法

Q-learning、SARSA、DQN（深度 Q 网络）等算法属于基于价值的强化学习算法。传统的 Q-learning 和 SARSA 作为早期的强化学习算法，尚未结合深度学习，因此在效果和应用场景上较为有限。然而，结合深度神经网络的 DQN 及其衍生算法在处理高维状态空间下的离散决策问题时表现出色，其应用范围也得到了显著拓展，涵盖了游戏、推荐系统、机器人控制等多个领域。

例如，在游戏领域，DeepMind 利用 DQN 使智能体能够在 Atari 游戏中学习复杂策略，甚至超越人类水平[109]；在推荐系统领域，微软和字节跳动等公司的研究团队基于 DQN 结合用户行为等特征，优化了广告或内容的展示效果。

此外，DQN 和 DDQN 等基于价值的强化学习算法，构成了其他强化学习算法的基础。例如，这些算法的思想被应用于 A2C、DDPG、TD3 等算法中，在强化学习领域占据重要地位。本节将对上述内容进行详细讲解。

5.4.1　Q-learning 算法

1. Q-learning算法简介

Q-learning 算法由 Chris Watkins 于 1989 年提出[110]，用于学习并逼近最优动作价值函数 $Q_*(s,a)$，其训练过程基于时序差分（TD）方法。如 5.2.3 节所述，最优动作价值函数 $Q_*(s,a)$

表示在状态 s 下采取动作 a 后，能够获得的最大期望回报。假设在图 5.4 中，当处于状态 s=张家界时，如果已知 $Q_*(s$=张家界$,a$=往上海$)$在所有动作对应的回报中取得最大值，则可以选择动作 a=往上海，以最大化未来回报。因此，若能准确学习 $Q_*(s,a)$，便可选取最优动作并执行，以实现最优决策。

Q-learning 算法主要有以下两种形式。

（1）**基于表格的 Q-learning 算法**：通过表格表示最优动作价值函数 $Q_*(s,a)$，如表 5.2 所示，每个格子（S_i, A_j）记录对应的价值 Q，在经过多步训练后，表格中的价值 Q 逐步更新并趋于最优。在推理时可以查表进行，例如对于状态 S_1，可以查表选取该行价值最大的动作 A_3 执行。这种方法仅适用于动作离散且问题复杂度较低的简单场景。

（2）**DQN 及其衍生算法**：最优动作价值函数 $Q_*(s,a)$通过深度神经网络近似表示。DQN 利用深度神经网络显著提升了价值 Q 的拟合能力，极大地拓展了应用场景。

表 5.2　基于表格的 Q-learning 算法

	动作 A_0	动作 A_1	动作 A_2	动作 A_3
状态 S_0	9	6	−3	5
状态 S_1	−4	1	6	8
状态 S_2	7	2	−6	3

2. SARSA

SARSA 算法是另一种基于价值的强化学习算法。与 Q-learning 不同，SARSA 直接拟合动作价值函数 $Q_\pi(s,a)$。SARSA 是一种 On-Policy 的强化学习方法，Q-learning 则是 Off-Policy 的方法。

由于传统的基于表格的 Q-learning 和 SARSA 在实际应用中的场景相对有限，故此处不再详细讨论。

5.4.2 DQN

1. DQN的原理

随着深度学习的迅猛发展，传统的 Q-learning 算法也得到了显著改进。2013 年，DeepMind 的研究人员提出了深度 Q 网络（Deep Q-Network，DQN），这一创新在强化学习领域具有里程碑意义[109]。DQN 通过深度神经网络对高维状态空间进行有效逼近，成功在多个复杂任务中超越了传统强化学习算法。

在 DQN 被提出后，涌现出诸如 Double DQN（DDQN）、Dueling DQN 等变体。这些改进算法通过优化网络结构、增强训练稳定性等技巧，进一步提升了深度强化学习在各类应用中的表现。

DQN 的**主要特性**如下。

（1）DQN 用于近似最优动作价值函数 $Q_*(s, a)$。

（2）DQN 属于 Off-Policy 的强化学习方法。

（3）DQN 主要应用于动作离散的场景。

（4）DQN 的训练过程基于时序差分（TD）方法。

如图 5.23 所示，DQN 模型的**输入输出结构**有以下两种类型。

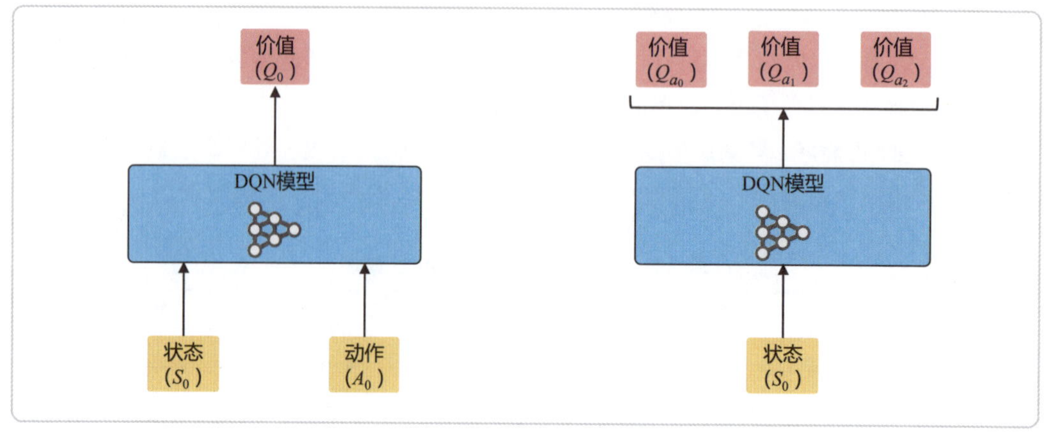

图 5.23　两种输入输出结构的 DQN 模型

（1）输入为当前状态（S_0）和候选执行的动作（A_0），输出为对应的价值 Q_0（未来回报的预估）。在实际应用中，也可以批量计算多个动作的价值 Q。

（2）输入为当前状态（S_0），输出为动作空间中所有动作对应的价值 Q。在实际应用中，通常选择具有最大价值的动作执行。

2. DQN的实际应用

训练完成后，DQN 模型可部署到线上环境，辅助具体应用实际决策。在推理时，如图 5.24 所示，根据输出的价值 Q 选择最优动作执行。DQN 是基于价值的强化学习算法，输出的值仅为价值 Q，需要进一步转换为实际执行的动作 A。常见的方法是从所有价值 Q 中选取最大值对应的动作，并作为最优动作执行。

以图 5.4 中的案例为例，当处于状态 S_1=张家界时，需要选择下一步的行进方向。具体推理决策的步骤如下。

（1）将状态“S_1=张家界”作为 DQN 模型的输入。

（2）DQN 模型计算并输出所有候选动作的价值 Q。

（3）根据价值 Q 的计算结果，假设 $Q_{a=\text{往上海}}=0.4$ 为所有动作的价值 Q 中的最大值。

（4）执行动作 a=往上海，以最大化未来获得的回报。

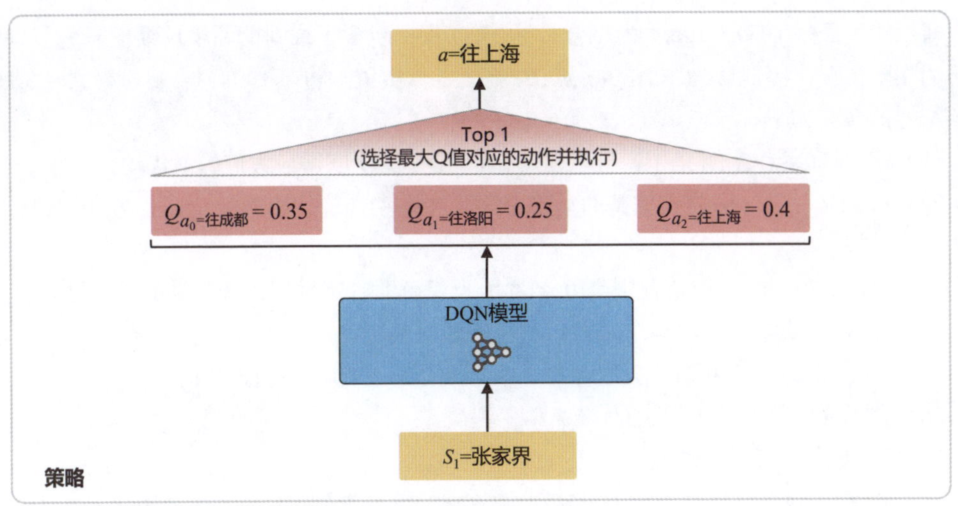

图 5.24　DQN 的实际应用示例

5.4.3　DQN 的 Loss 和训练过程

1. DQN的Loss

DQN 的训练与传统的 Q-learning 算法类似，目标都是学习最优动作价值函数 $Q_*(s,a)$。DQN 使用深度神经网络来近似最优动作价值函数 $Q_*(s, a;\theta)$，本节以 $Q(s, a;\theta)$代替，其中 θ 代表深度神经网络的所有参数。

为了打破数据之间的相关性，DQN 引入了经验回放（Experience Replay）机制。智能体在与环境交互的过程中，将经验样本（$s_t, a_t, r_{t+1}, s_{t+1}$）存储到回放缓冲区 D 中，并从中随机抽取小批量样本用于训练。这一方法不仅提高了数据的利用效率，还稳定了训练过程。

在训练 DQN 模型时，通常使用均方误差（MSE）作为损失（Loss），通过梯度下降来更新网络参数 θ。对于单个样本（$s_t, a_t, r_{t+1}, s_{t+1}$），以字母 L 表示损失，DQN 的损失函数可以表示为

$$\begin{aligned}L(\theta) &= \text{MSE}\left(Q_{\text{目标值(Label)}} - Q_{\text{预测值}}\right)\\ &= \left(Q_{\text{目标值(Label)}} - Q_{\text{预测值}}\right)^2\\ &= \left(y_t - Q(s_t, a_t;\theta)\right)^2\end{aligned} \tag{5.24}$$

式（5.12）展示了最优动作价值函数的贝尔曼方程，基于 TD 方法的思想，损失函数中的目标价值 y_t 可以表示为

$$y_t = r_{t+1} + \gamma \max_{a' \in A} Q(s_{t+1}, a';\theta) \tag{5.25}$$

将式（5.25）代入式（5.24），得到 **DQN 的损失函数**，即

$$L(\theta) = \left(\underbrace{r_{t+1} + \gamma \max_{a' \in \text{A}} Q(s_{t+1}, a';\theta)}_{\text{Label（TD目标）}} - \underbrace{Q(s_t, a_t;\theta)}_{\text{预测值}}\right)^2 = \delta_t^2 \tag{5.26}$$

即以 TD 目标（TD Target）为拟合目标。TD 目标包含了最新的环境反馈信息 r_{t+1}，基于最新的实际情况，因此认为 y_t 比 $Q(s_t,a_t;\theta)$ 更接近真实值，将 y_t 作为拟合目标。式（5.26）中各符号的含义如下。

（1）a' 是在动作空间 A 中，可以使动作价值函数 Q 取得最大值的最优动作。

（2）$\max\limits_{a'\in A}Q(s_{t+1},a';\theta)$ 是在完整的动作空间 A 中，动作价值函数 $Q(s_{t+1},a';\theta)$ 可以取到的最大值。

（3）γ 是折扣因子，取值范围是[0, 1]，用于权衡即时奖励和未来奖励的重要性。

（4）r_{t+1} 是在状态 s_t 采取动作 a_t 之后获得的即时奖励。

（5）$Q(s_t,a_t;\theta)$ 是在状态 s_t 采取动作 a_t 后，可以获得的回报的预测值。

（6）δ_t 是 TD 误差（详见 5.3.2 节）。

2. DQN的梯度与训练过程

基于式（5.26），将损失函数 $L(\theta)$ 对参数 θ 求梯度，得到 **DQN 的梯度**为

$$\nabla_\theta L(\theta) = 2\delta_t \cdot \nabla_\theta \delta_t \approx -2\delta_t \cdot \nabla_\theta Q(s_t,a_t;\theta) \tag{5.27}$$

为了进一步简化，通常将系数 2 吸收到学习率 α 中，利用梯度下降法，参数 θ 的更新规则为

$$\theta \leftarrow \theta - \alpha \cdot \nabla_\theta L(\theta) = \theta + \alpha \cdot \delta_t \cdot \nabla_\theta Q(s_t,a_t;\theta) \tag{5.28}$$

其中：

（1）α 是学习率，控制每次更新的步长。

（2）δ_t 是 TD 误差，定义为 $\delta_t = r_{t+1} + \gamma \max\limits_{a'\in A}Q(s_{t+1},a';\theta) - Q(s_t,a_t;\theta)$。

（3）$\nabla_\theta Q(s_t,a_t;\theta)$ 是 DQN 模型的梯度，具体表示在状态 s_t 下采取动作 a_t 时，$Q(s_t,a_t;\theta)$ 相对于神经网络参数 θ 的梯度，用于指导参数的优化和调整。

DQN 的训练过程如下。

（1）初始化 DQN 模型（深度神经网络）的网络结构和参数 θ。

（2）初始化经验回放缓冲区 D。

（3）收集经验：在每个时间步 t，智能体在状态 s_t 下选择动作 a_t（例如，可以使用 ε-贪婪策略）；执行动作 a_t，然后观察奖励 r_{t+1} 和下一个状态 s_{t+1}；将经验（$s_t, a_t, r_{t+1}, s_{t+1}$）存入回放缓冲区 D。

（4）采样并前向计算：从回放缓冲区 D 中随机采样经验数据，对于每个样本输入 DQN 模型并计算目标价值 $y_t = r_{t+1} + \gamma \max\limits_{a'\in A}Q(s_{t+1},a';\theta)$，计算当前状态 s_t 的价值预测值 $Q(s_t,a_t;\theta)$，按照式（5.26）计算 Loss，即 $L(\theta) = (r_{t+1} + \gamma \max\limits_{a'\in A}Q(s_{t+1},a';\theta) - Q(s_t,a_t;\theta))^2$。

（5）反向传播并更新模型参数：基于 PyTorch 等深度学习框架的反向传播机制自动计算梯度，并对 DQN 模型的参数 θ 进行更新，其原理同式（5.27）与式（5.28）。

（6）重复训练过程，直到满足训练终止条件（例如达到最大训练步数或获得满意的性能）。

5.4.4　DDQN、Dueling DQN 等衍生算法

1. 基础DQN算法的两大核心问题

尽管 DQN 在强化学习领域取得了显著突破，但其基础版本仍存在以下两大核心问题。

（1）**“高估”问题**：在 DQN 选择和评估动作时，动作价值 Q 常被过高估计，导致策略优化出现偏差，影响最终性能。这主要由于最大化操作［式（5.26）中的 $\max_{a'\in A} Q(s_{t+1},a';\theta)$］中包含了高估部分的值，如图 5.25 所示，最终目标价值 y_t 中包含了高估的部分，并且这种高估会逐步累积。此外，这种高估是“非均匀”的，即不同动作的价值 Q 被高估的程度不同。

（2）**“狗追尾巴”问题**：也称自举问题，如式（5.26）所示，DQN 的训练过程可以看作一个“回归问题”，但是回归（要拟合）的目标 y_t 总是在变，所以提升了训练的难度[124]。在 DQN 中，计算目标价值 $y_t = r_{t+1} + \gamma \max_{a'\in A} Q(s_{t+1},a';\theta)$ 和当前状态 s_t 的价值预测值 $Q(s_t,a_t;\theta)$ 使用相同的网络权重 θ。回归的目标 y_t 依赖当前网络的权重 θ，网络权重更新后变为 θ'；下一步训练时，计算出的价值预测值和回归的目标 y_t 值将同步变化。这种动态的相互依赖关系就像“狗追尾巴”一样，导致优化过程容易不稳定，甚至难以收敛。

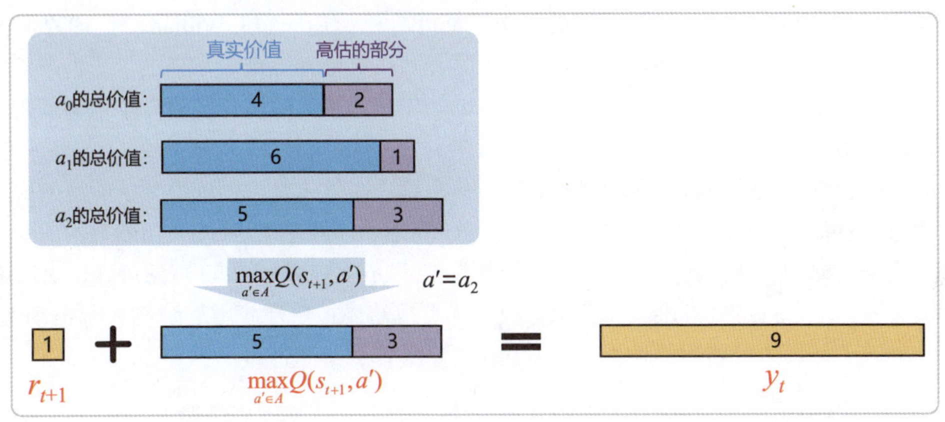

图 5.25　DQN 的高估问题

2. DQN的多种改进版本

针对基础 DQN 算法中存在的核心问题，研究人员提出了多种改进算法，主要包括以下几种。

（1）**DQN + Target Network**：引入目标网络（Target Network），通过周期性地固定目标价值 y_t，缓解目标值频繁变化带来的不稳定性（“狗追尾巴”问题）[124]。目标网络的参数定期从主网络更新，以保持目标价值的相对稳定。

（2）**DDQN**：由 DeepMind 的研究团队提出，核心思想是将动作的“选择”与“评估”分离，以缓解价值 Q 的高估问题[123]。具体方法是：由当前的 DQN 模型“选择”下一个状态的最优动作（动作选择），然后由 Target Network“评估”该动作的价值 Q（动作评估）。这种方法使动作选择和动作评估由两个不同的网络完成。该方法在结构上依然类似于“DQN

+ Target Network”，但通过分离选择与评估这两个过程，有效缓解了价值 Q 的高估偏差。

（3）**Dueling DQN**：由 DeepMind 的研究人员提出，其核心思想是将动作价值函数 $Q(s,a)$ 分解为独立的两部分：状态价值函数 $V(s)$和优势函数 $A(s,a)$[122]。具体来说，Dueling DQN 的网络架构包含两个并行的神经网络分支，一个用于估计每个状态的价值 $V(s)$，另一个用于评估在该状态下各动作相对于平均水平的优势 $A(s,a)$。这种分解方法的优势在于，它能够更准确地捕捉状态的整体价值，而不依赖具体的动作。

（4）**优先经验回放**（Prioritized Experience Replay）：在标准的经验回放机制中，经验样本是均匀随机抽取的。优先经验回放根据每个样本的 TD 误差（TD Error）来分配不同的采样概率[121]，使对学习贡献较大的样本被更频繁地使用，从而加速训练过程。

（5）**Rainbow DQN**：Rainbow DQN 将多种 DQN 的改进方法集成在一起[120]，包括 DDQN、Dueling DQN、优先经验回放、分布式 Q-learning（Distributional Q-learning）等，形成一个综合性更强、性能更优的算法。

5.5 策略梯度算法

策略梯度（Policy Gradient）算法的思想最早可追溯至 Ronald J. Williams 于 1992 年发表的 REINFORCE 算法[111]，而 Richard S. Sutton 等人则在此基础上进一步提出了更为严谨且系统化的策略梯度定理（Policy Gradient Theorem）[112]，为策略梯度算法建立了理论基础并提供了清晰的数学推导。

作为强化学习众多算法的理论基石，策略梯度算法在强化学习领域得到了广泛的应用和持续演进。例如，PPO 算法、GRPO 算法、DPG 算法，以及基于 Actor-Critic 架构的众多算法都建立于策略梯度之上，并且表现出优异的性能。OpenAI 基于 PPO 算法进行了 RLHF 训练，显著提升了 ChatGPT 的性能。此外，策略梯度算法还被广泛应用于游戏 AI、自动驾驶、具身智能等领域。本节将对上述内容进行讲解。

5.5.1 策略梯度

通过直接优化策略以最大化回报（累计奖励），由**策略梯度**算法衍生出多种强化学习算法，这些算法可统称为**基于策略**的方法。与基于价值的方法（例如 DQN、Q-learning 等）不同，策略梯度算法直接对策略函数进行参数化，并通过梯度上升或下降的方式优化策略参数。

图 5.26 对比了基于价值的算法与基于策略的算法：价值模型输出每个动作的价值，因此需要通过额外的动作选择策略（例如 Softmax、Top-K、ε-贪婪策略等）来决定具体执行哪个动作；而策略模型直接输出所有动作的概率分布，执行动作时根据这些概率进行采样即可。

策略可以是确定性的，也可以是随机的，本节主要研究随机策略（输出的动作根据概率采样得到），这两种策略的概念详见 6.5.1 节。假设基于深度神经网络实现策略函数 $\pi_\theta(a|s)$，其中 θ 表示策略模型的所有参数，则策略模型 $\pi_\theta(a|s)$ 本质上可以看作一个概率质量函数，形式为

$$\pi_\theta(a|s) = \Pr\{A_t = a \mid S_t = s; \theta_t = \theta\} \tag{5.29}$$

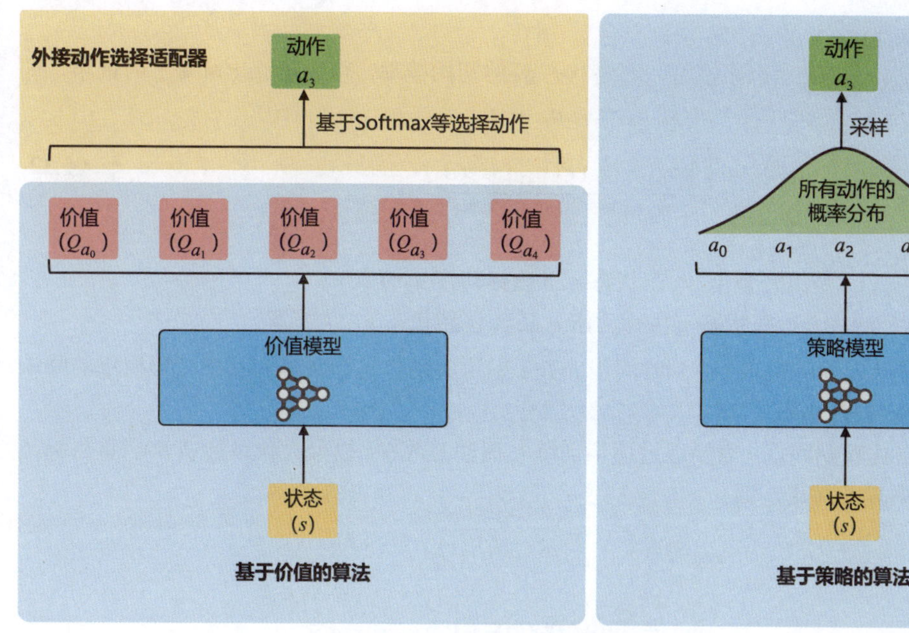

图 5.26　基于价值与基于策略的算法

以图 5.4 中的案例为例，当处于状态 $s=$ 张家界时，策略模型可以输出每个动作的概率。

$$\begin{aligned}&\pi_\theta(a=\text{往上海}\mid s=\text{张家界})=0.4\\&\pi_\theta(a=\text{往洛阳}\mid s=\text{张家界})=0.25\\&\pi_\theta(a=\text{往成都}\mid s=\text{张家界})=0.35\end{aligned} \tag{5.30}$$

基于这些动作概率进行采样，即可选取要执行的动作。在训练过程中，利用梯度上升（或下降）的方法调整策略模型的参数 θ，使式（5.30）中计算出的动作概率分布逐步趋于最优。

5.5.2 策略梯度定理

1. 策略梯度定理的由来

策略梯度定理（Policy Gradient Theorem）提供了计算策略参数梯度的公式，可以通过梯度上升（或下降）的方法来优化策略[112]。使用字母 J 表示优化目标（Objective），定义预期回报为**优化目标** $J(\theta)$。

$$J(\theta)=\sum_\tau \underbrace{p(\tau;\theta)}_{\text{轨迹概率}}\ \underbrace{R(\tau)}_{\text{轨迹回报}} = \underbrace{E_{\tau\sim p(\tau;\theta)}[R(\tau)]}_{\text{所有轨迹回报的均值}} \tag{5.31}$$

其中：

（1）τ 是一条轨迹（Trajectory），例如 $\{s_0,a_0,r_1,s_1,a_1,\cdots,r_{T-1},s_{T-1},a_{T-1},r_T,s_T\}$。

（2）$R(\tau)$ 是轨迹 τ 的回报（累计折扣奖励），$R(\tau)=r_1+\gamma r_2+\cdots+\gamma^{T-1}r_T=\sum_{t=0}^{T-1}\gamma^t r_{t+1}$。

（3）$p(\tau;\theta)$ 是轨迹 τ 的发生概率，与策略模型的参数 θ 有关，因为策略影响了动作的选择和轨迹的形成。

假设以 $\pi_\theta(a|s)$ 表示策略模型，忽略状态 s_0 的初始概率，可以计算出**轨迹 τ 的概率**，即

$$
\begin{aligned}
p(\tau;\theta) &= p(\{s_0,a_0,r_1,s_1,a_1,\cdots,r_{T-1},s_{T-1},a_{T-1},r_T,s_T\};\theta) \\
&= \prod_{t=0}^{T-1} \underbrace{\pi_\theta(a_t|s_t)}_{\text{动作选择概率}} \underbrace{P(s_{t+1}|s_t,a_t)}_{\text{状态转移概率}}
\end{aligned}
\tag{5.32}
$$

其中：

（1）$\pi_\theta(a_t|s_t)$ 是策略模型 π 在状态 s_t 下选择动作 a_t 的概率。

（2）$P(s_{t+1}|s_t,a_t)$ 是在状态 s_t 执行动作 a_t 后转移到状态 s_{t+1} 的概率。

（3）$\prod$ 是从起始时间步 t=0 到时间步 t=T−1 的所有动作选择概率和状态转移概率的乘积（注意：终止状态是 s_T）。

为了最大化预期回报，需要通过逐步训练并调整参数 θ，以最大化目标 $J(\theta)$。将目标函数 $J(\theta)$ 对参数 θ **求梯度**，即

$$
\begin{aligned}
\nabla_\theta J(\theta) &= \nabla_\theta\Big(\sum_\tau p(\tau;\theta)R(\tau)\Big) \\
&= \sum_\tau R(\tau)\nabla_\theta p(\tau;\theta) \\
&= \sum_\tau R(\tau)p(\tau;\theta)\frac{\nabla_\theta p(\tau;\theta)}{p(\tau;\theta)} \\
&= \sum_\tau R(\tau)p(\tau;\theta)\,\nabla_\theta \log p(\tau;\theta) \\
&= \mathbb{E}_{\tau\sim p(\tau;\theta)}\big[R(\tau)\cdot\nabla_\theta \log p(\tau;\theta)\big]
\end{aligned}
\tag{5.33}
$$

其中，$\dfrac{\nabla_\theta p(\tau;\theta)}{p(\tau;\theta)} = \nabla_\theta \log p(\tau;\theta)$，由导数链式法则 $\nabla(\log f(x)) = \dfrac{1}{f(x)}\cdot\nabla f(x)$ 可得。即得到**策略梯度公式的形式 1**，即

$$
\nabla_\theta J(\theta) = \mathbb{E}_{\tau\sim p(\tau;\theta)}\big[R(\tau)\cdot\nabla_\theta \log p(\tau;\theta)\big]
\tag{5.34}
$$

将式（5.32）代入式（5.34），可得

$$
\begin{aligned}
\nabla_\theta J(\theta) &= \mathbb{E}_{\tau\sim p(\tau;\theta)}\big[R(\tau)\cdot\nabla_\theta \log p(\tau;\theta)\big] \\
&= \mathbb{E}_{\tau\sim p(\tau;\theta)}\left[R(\tau)\cdot\nabla_\theta\left(\sum_{t=0}^{T-1}\log\pi_\theta(a_t|s_t) + \sum_{t=0}^{T-1}\log \underbrace{P(s_{t+1}|\,s_t,a_t)}_{\text{与}\theta\text{无关，求导为0}}\right)\right] \\
&= \mathbb{E}_{\tau\sim p(\tau;\theta)}\left[R(\tau)\cdot\nabla_\theta\left(\sum_{t=0}^{T-1}\log\pi_\theta(a_t|s_t)\right)\right] \\
&= \mathbb{E}_{\tau\sim p(\tau;\theta)}\left[\sum_{t=0}^{T-1}\nabla_\theta \log\pi_\theta(a_t|s_t)\cdot R(\tau)\right]
\end{aligned}
\tag{5.35}
$$

即得到**策略梯度公式的形式 2**，也称**策略梯度定理**，即

$$\nabla_\theta J(\theta) = \mathbb{E}_{\tau \sim p(\tau;\theta)}\left[\underbrace{\sum_{t=0}^{T-1} \nabla_\theta \log \pi_\theta(a_t \mid s_t)}_{\text{动作偏好梯度}} \cdot \underbrace{R(\tau)}_{\text{轨迹回报}}\right] \tag{5.36}$$

2. 策略梯度的计算

如图 5.27 所示，在实际计算时，假设通过实际运行收集到 N 条轨迹（记为$\tau^{(1)}, \tau^{(2)}, \tau^{(3)}, \cdots, \tau^{(N)}$），第 i 条轨迹 $\tau^{(i)} = \left(s_0^{(i)}, a_0^{(i)}, r_1^{(i)}, s_1^{(i)}, a_1^{(i)}, r_2^{(i)}, \cdots, a_{T-1}^{(i)}, r_T^{(i)}, s_T^{(i)}\right)$，则基于式（5.36），可以求得$\nabla_\theta J(\theta)$。

$$\nabla_\theta J(\theta) \approx \frac{1}{N}\sum_{i=1}^{N}\left(\sum_{t=0}^{T^{(i)}-1} \nabla_\theta \log \pi_\theta(a_t^{(i)} \mid s_t^{(i)}) \cdot R(\tau^{(i)})\right) \tag{5.37}$$

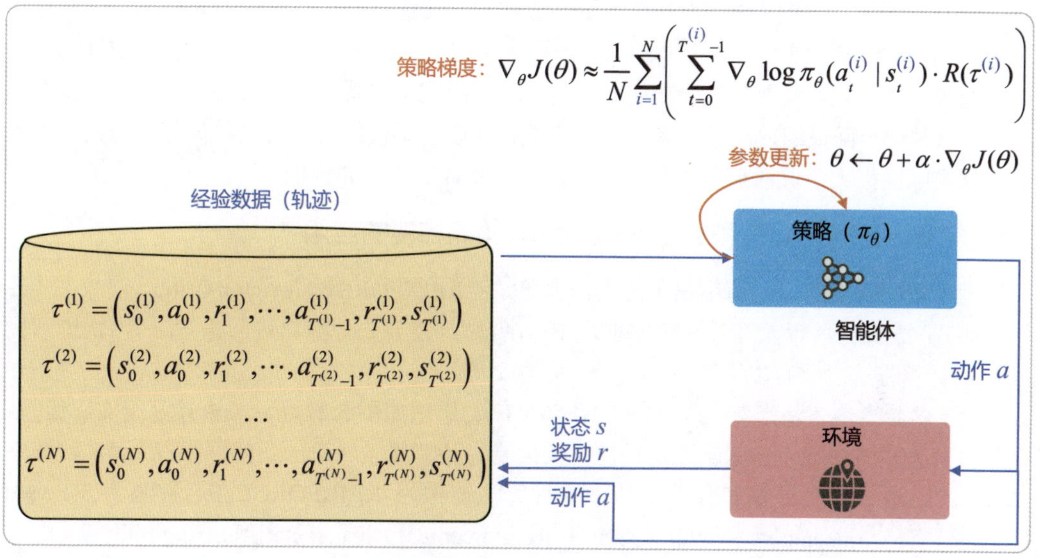

图 5.27　策略梯度原理

其中：

（1）$a_t^{(i)}$ 和 $s_t^{(i)}$ 分别表示轨迹 $\tau^{(i)}$ 中采集到的动作和状态。

（2）$R(\tau^{(i)})$ 是第 i 条轨迹 $\tau^{(i)}$ 对应的回报（累计折扣奖励）。

（3）$T^{(i)}$是第 i 条轨迹 $\tau^{(i)}$ 对应的终止时间步。

如果仅针对一条轨迹，则**一条轨迹的策略梯度**公式可以简化为

$$\nabla_\theta J(\theta) = \sum_{t=0}^{T-1} \nabla_\theta \log \pi_\theta(a_t \mid s_t) \cdot R(\tau) \tag{5.38}$$

优化的目标是最大化 $J(\theta)$，即最大化回报，因此需要采用梯度上升法（因为策略梯度$\nabla_\theta J(\theta)$ 的方向是 $J(\theta)$增加最快的方向）。通过梯度上升更新策略模型的参数 θ。

$$\theta \leftarrow \theta + \alpha \cdot \nabla_\theta J(\theta) \tag{5.39}$$

其中，α 是学习率。随着策略模型参数 θ 逐步更新，策略模型 $\pi_\theta(a|s)$ 越来越接近最优策略，从而使预期回报 $J(\theta)$不断提高。如果使用深度神经网络实现策略函数（策略模型），则在训练过程中，诸如 PyTorch 等深度学习框架将自动计算梯度并更新参数 θ。

3. 策略梯度与传统梯度的区别

与一般的梯度计算不同，在策略梯度下，动作偏好梯度 $\sum \nabla_\theta \log \pi_\theta(a_t|s_t)$ 还需要乘以回报 $R(\tau)$ 进行缩放，这意味着参数更新的幅度不仅取决于动作偏好梯度本身，还受到轨迹回报 $R(\tau)$ 的影响。假设轨迹 $\tau = \{s_0, a_0, r_1, s_1, a_1, r_2, s_2, a_2, r_3, s_3\}$，根据轨迹 τ 的回报 $R(\tau)$ 的正负不同，结合式（5.36），可知：

（1）当 $R(\tau) > 0$ 时：式（5.39）的更新方向与“动作偏好梯度”的方向**相同**，参数更新后，会增加在各状态下执行对应动作的概率，即**增加** $\pi_\theta(a_0|s_0)$、$\pi_\theta(a_1|s_1)$、$\pi_\theta(a_2|s_2)$。

（2）当 $R(\tau) < 0$ 时：式（5.39）的更新方向与“动作偏好梯度”的方向**相反**，参数更新后，会减少在各状态下执行对应动作的概率，即**减少** $\pi_\theta(a_0|s_0)$、$\pi_\theta(a_1|s_1)$、$\pi_\theta(a_2|s_2)$。

通过这种方式，模型参数能够朝着获得更高回报的方向优化，从而逐步提升策略模型的效果。这种结合回报缩放的策略梯度更新方式，使模型不仅能够学习动作偏好的方向，还能够依据实际回报大小灵活调整优化幅度，从而提高训练效率和性能。

5.5.3 REINFORCE 和 Actor-Critic：策略梯度的应用

基于策略梯度定理，衍生出了两类经典算法：REINFORCE 和 Actor-Critic。

如式（5.36）所示，在计算策略梯度 $\nabla_\theta J(\theta)$ 时，需要先计算轨迹回报 $R(\tau)$，轨迹回报 $R(\tau)$的计算方法主要有以下两种。

（1）**蒙特卡洛方法求解 $R(\tau)$**（REINFORCE）：原理如图 5.27 所示，直接基于实际运行，采集多条完整的轨迹，这些轨迹均是完整的回合，计算每条轨迹的实际回报 $R(\tau)$，并按照式（5.37）进行梯度计算和参数更新，这种算法被称为 REINFORCE（名称源于 REward Increment = Nonnegative Factor × Offset Reinforcement × Characteristic Eligibility）[111]。REINFORCE 算法属于同策略方法，这意味着在学习过程中，算法必须使用当前正在评估和优化的策略来收集经验。该方法具有无偏性，但由于依赖完整轨迹，方差较大。在实际使用时，可引入基线来减小方差，基线的原理和使用详见 6.2.1 节。

（2）**使用神经网络估计 $R(\tau)$（Actor-Critic 架构）**：通过引入一个价值模型（通常被称为 Critic），使用深度神经网络近似状态价值函数 $V_\pi(s)$ 或动作价值函数 $Q_\pi(s, a)$，以估计从当前状态（或状态—动作对）开始的期望回报，这种方法被称为 Actor-Critic 架构。其中，Actor 更新策略参数 θ，Critic 评估策略 π_θ 的价值。通过使用 Critic，可以减小回报估计的方差，提高训练效率。

5.6 多智能体强化学习

多智能体强化学习（Multi-Agent Reinforcement Learning，MARL）是强化学习的一个重

要分支，旨在研究多个智能体在共享环境中通过交互（包括竞争与合作）学习最优策略的问题。由于许多现实问题涉及多个智能体之间的复杂关系，因此，多智能体强化学习在多智能体系统、博弈论等领域具有广泛的应用前景。

多个研究团队在该领域取得了显著成果。例如，DeepMind 的研究团队开发的 AlphaGo、AlphaZero 和 AlphaStar 等，极大地推动了多智能体强化学习在游戏中的应用；OpenAI 开发的 OpenAI Five 在 Dota 2 游戏中与人类玩家对战并取得了优异成绩，展示了多智能体强化学习的强大潜力。

本节将详细介绍多智能体强化学习的基本架构、智能体之间的竞争与合作关系、常用的建模方法，以及该领域的典型算法。

5.6.1　MARL 的原理与架构

1. MARL简介

如图 5.28 所示，在多智能体强化学习环境中存在多个智能体，它们共享一个环境。每个智能体可以独立观测（Observation）环境状态，基于自身或联合策略选择动作，并与环境进行交互以获得奖励，从而实现各自或共同的目标。

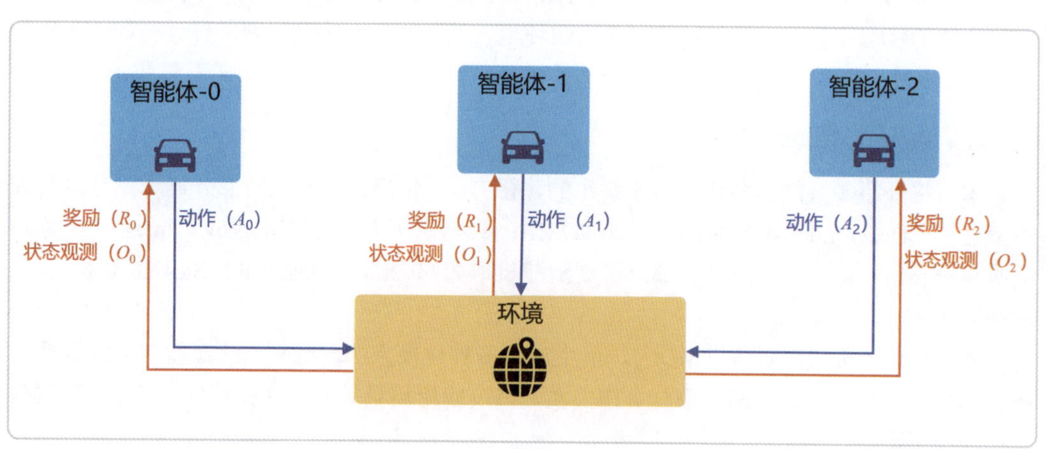

图 5.28　多智能体强化学习

这些动作不仅影响环境本身，还可能间接影响其他智能体。每个智能体对环境状态的观测可能相同也可能不同，且这些观测信息未必能全面反映环境的所有状态，图 5.28 中以 O 表示。

由于多个智能体之间的竞争与合作关系不同，每个智能体的目标和所获得的奖励也可能有所不同。与单智能体强化学习相比，多智能体强化学习需要同时考虑智能体之间的协作、竞争和通信等复杂关系，这增加了问题的复杂性和挑战性。

2. 竞争与合作关系

在多智能体强化学习中，智能体在共享环境中通过协作或竞争来实现各自或共同的目标。关系不同，智能体在奖励机制、策略设计等方面存在差异，这些关系主要分为以下四种类型。

（1）**完全合作**（Fully Cooperative）：所有智能体拥有一致的目标，必须相互协作以实现共同目标。例如，多个工厂机器人协同组装汽车，目标都是装配一台整车。每个智能体在决策时需要考虑其他智能体及环境的情况，整体步调保持一致，互相合作，否则可能导致流水线运作混乱。在奖励设计上，每完成一台车的装配，所有智能体均可获得相同的奖励。

（2）**完全竞争**（Fully Competitive）：智能体的目标相互对立，一个智能体的收益导致另一个智能体的损失，通常属于零和博弈。例如，两个智能体进行围棋或国际象棋比赛，胜者得分，败者失分。每个智能体在决策时需要结合环境（例如棋盘状态），预判对手可能的动作，并基于这些信息做出决策。

（3）**混合合作-竞争**（Mixed Cooperative-Competitive）：智能体在某些方面进行合作，在其他方面则存在竞争。例如，足球比赛中，团队内部需要协作，而两队之间存在竞争关系。每个团队内部的智能体处于完全合作关系，共同目标是赢得比赛；进球后，所有队友均可获得相同的奖励。两队之间则处于完全竞争关系。

（4）**自利**（Self-Interested）：各智能体独立行动，专注于最大化自身的收益，不关心其他智能体的状态和收益，但其行动可能影响环境，进而间接影响其他智能体。例如，在机器人挖矿任务中，每个机器人尽力挖掘更多的矿石，获得的奖励与挖掘的矿石量成正比。

5.6.2 MARL 的建模

本节将介绍多智能体强化学习中常用的建模方法，包括去中心化的部分可观测马尔可夫决策过程（Decentralized POMDP，Dec-POMDP）；马尔可夫博弈（Markov Games），又称随机博弈（Stochastic Games，SG）；部分可观测随机博弈（Partially Observable Stochastic Games，POSG）。

基于马尔可夫决策过程（MDP），衍生出了多种建模方法。这些方法在状态可观测性、智能体数量、智能体之间的竞争与合作关系，以及应用场景等方面存在差异。表 5.3 对这些方法进行了比较。

表 5.3　基于马尔可夫决策过程的多种建模方法比较

特性	MDP	POMDP	SG	POSG	Dec-POMDP
智能体数量	单智能体	单智能体	多智能体	多智能体	多智能体
可观测性	完全可观测	部分可观测	完全可观测	部分可观测	部分可观测
竞争合作关系	无 （单智能体）	无 （单智能体）	竞争或合作	竞争或合作	合作
策略类型	单一策略	单一策略	独立或 联合策略	独立或 联合策略	独立策略
复杂度	低	中等	高	非常高	非常高

1. 去中心化部分可观测马尔可夫决策过程

Dec-POMDP 是一种用于建模和分析多个智能体在信息不全面和有限通信条件下进行协同决策的框架[37]。该方法扩展了经典的 MDP 和 POMDP，以满足多智能体系统去中心化控制的需求。在 Dec-POMDP 中，多个分布式智能体独立接收本地观测结果，并根据这些观测结果做出决策，状态转移和期望奖励取决于所有智能体的动作。

如图 5.29 所示，MDP、POMDP 和 Dec-MDP 都可以视为 Dec-POMDP 的特例。

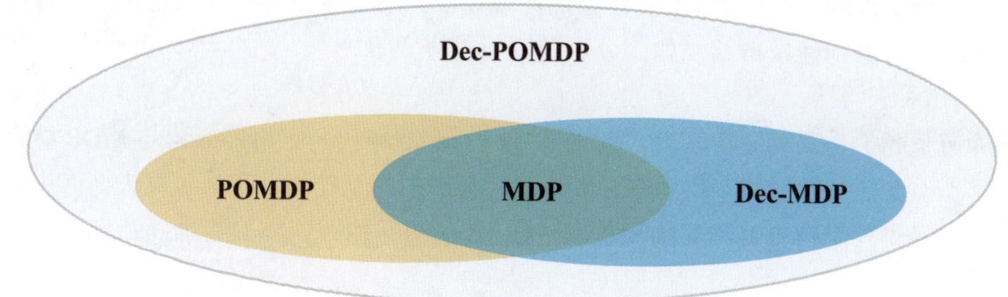

图 5.29 MDP、POMDP、Dec-MDP、Dec-POMDP 之间的关系

一个典型的 Dec-POMDP 是七元组$(S, \{A_i\}, T, R, \{\Omega_i\}, O, \gamma)$，其中：

（1）S 是**状态集**，表示系统可能处于的所有状态。

（2）$\{A_i\}$是**动作集**，每个智能体 i 都拥有自己的动作集 A_i。联合动作集 A 表示所有智能体同时选择动作的所有可能的组合。对于多个智能体的动作集 $A_1, A_2, \cdots, A_n$，它们的笛卡儿积（枚举所有可能的组合）构成联合动作集 A。具体地，联合动作集 A 中的一个联合动作 a 由一个 n 元组构成，即 $a = (a_1, a_2, \cdots, a_n)$，其中，每个 a_i 属于相应的动作集 A_i。

（3）T 是**转移概率**，表示在给定当前状态 s 和联合动作 a 时，系统转移到下一个状态 s' 的概率，即 $T(s, a, s') = P(s' \mid s, a)$。

（4）R 是**奖励函数**，表示在状态 s 下采取联合动作 a 所获得的即时奖励。

（5）$\{\Omega_i\}$是**观测集**（Observation Set），每个智能体 i 都有自己的观测集Ω_i。联合观测集Ω表示所有智能体同时获得观测的所有可能的组合。对于多个智能体的观测集$\Omega_1, \Omega_2, \cdots, \Omega_n$，它们的笛卡儿积构成联合观测集$\Omega$，具体地，一个联合观测 o 是一个 n 元组，即 $o = (o_1, o_2, \cdots, o_n)$，其中每个 o_i 属于相应的观测集Ω_i。

（6）O 是**观测概率**，在系统转移到状态 s' 并采取联合动作 a 后，智能体获得观测 o 的概率，即 $O(s', a, o) = P(o \mid s', a)$。

（7）γ 是**折扣因子**，取值范围是[0, 1]，用于权衡即时奖励和未来奖励的重要性。

在每个时间步，去中心化部分可观测马尔可夫决策过程的**运行过程**如下。

（1）动作选择：每个智能体根据其自身的观测历史选择一个动作 $a_i \in A_i$。

（2）状态转移：系统根据当前状态 s 和所有智能体选择的联合动作 a，按照转移概率 $T(s, a, s')$转移到下一个状态 s' 。

（3）观测获取：每个智能体根据新的状态 s' 和联合动作 a，按照观测概率 $O(s', a, o)$获

取新的观测 o_i。

（4）奖励获取：系统根据当前状态 s 和联合动作 a 输出即时奖励 $R(s, a)$。

（5）目标：所有智能体的目标都是通过策略选择，最大化在有限或无限步数内的期望累计奖励。

Dec-POMDP 被广泛应用于需要多个智能体协同工作的领域，是 MARL 中的一个重要理论模型。

然而，Dec-POMDP 主要针对合作型的环境设计。当智能体之间存在竞争或具有冲突目标时，需要选择其他建模框架，如部分可观测随机博弈等。

2. 马尔可夫博弈

马尔可夫博弈，又称随机博弈，起源于 19 世纪 50 年代。它将博弈论与 MDP 结合，用于研究多个决策者（智能体）在动态且随机的环境中的相互作用。在马尔可夫博弈中，每个智能体的决策不仅影响自身的奖励和状态转移，还会对其他智能体的奖励以及未来的状态产生影响。

作为一个强大的理论框架，马尔可夫博弈融合了博弈论与强化学习的优势，为理解和设计多智能体系统提供了坚实的基础。在 MARL 中，马尔可夫博弈被广泛用于建模智能体之间的协作与竞争关系，促进了相关算法和应用的发展。

3. 部分可观测随机博弈

部分可观测随机博弈是马尔可夫博弈的扩展，适用于部分可观测环境下的多智能体博弈场景[125]。在部分可观测随机博弈中，每个智能体只能获取环境的部分信息，并基于这些信息做出决策。

部分可观测随机博弈结合了马尔可夫博弈和去中心化部分可观测马尔可夫决策过程的特点，支持更复杂的合作与竞争情境，并允许智能体拥有各自独立的观测和奖励函数。

部分可观测随机博弈的系统化研究始于 19 世纪 90 年代，随着多智能体系统和强化学习技术的发展，其作为一个重要的理论框架，得到了广泛的关注和应用。

5.6.3 MARL 的典型算法

为了应对多智能体强化学习中的各种挑战，研究人员提出了多种算法和方法。以下是几种典型算法及简要介绍。

（1）多智能体 PPO（Multi-Agent PPO，**MAPPO**）：由清华大学等研究团队于 2021 年提出[38]。MAPPO 是在单智能体 PPO 算法的基础上扩展而来的，专为多智能体环境设计。它遵循集中训练、分散执行的框架，通过分别训练策略网络和价值网络来优化智能体行为。价值网络能够接收额外的全局信息，从而在训练过程中减小方差，提高学习的稳定性。MAPPO 在实现上采用参数共享策略，特别适用于同质智能体环境，即智能体拥有相同的观测和动作空间。这不仅提升了学习效率，还简化了模型训练过程。

（2）Multi-Agent DDPG（**MADDPG**）：由 OpenAI 等研究团队于 2017 年发表[41]。如图 5.30 所示，描述了一个具有 N 个智能体的环境，包含 N 个策略网络（$\pi_1, \pi_2, \cdots, \pi_N$）和 N

个价值网络（$Q_1, Q_2,\cdots, Q_N$），这些网络各自独立地进行学习。价值网络 Q_i 接收所有智能体的动作（$A_1, A_2,\cdots, A_N$）和观测信息（$O_1, O_2,\cdots, O_N$）作为输入，并输出对应于第 i 个智能体的 Q 值。该算法采用集中式训练与分布式执行的框架，基于 Actor-Critic 架构。在执行阶段，每个智能体仅依靠自身的局部信息进行决策，从而保证算法的灵活性和可扩展性。在训练阶段，集中式 Critic 利用所有智能体的动作信息，以稳定学习过程并促进复杂协调策略的形成。此外，MADDPG 引入了策略集成技术，通过训练多个子策略来增强智能体的稳健性，避免在竞争环境中因对手策略变化而导致的不稳定性。

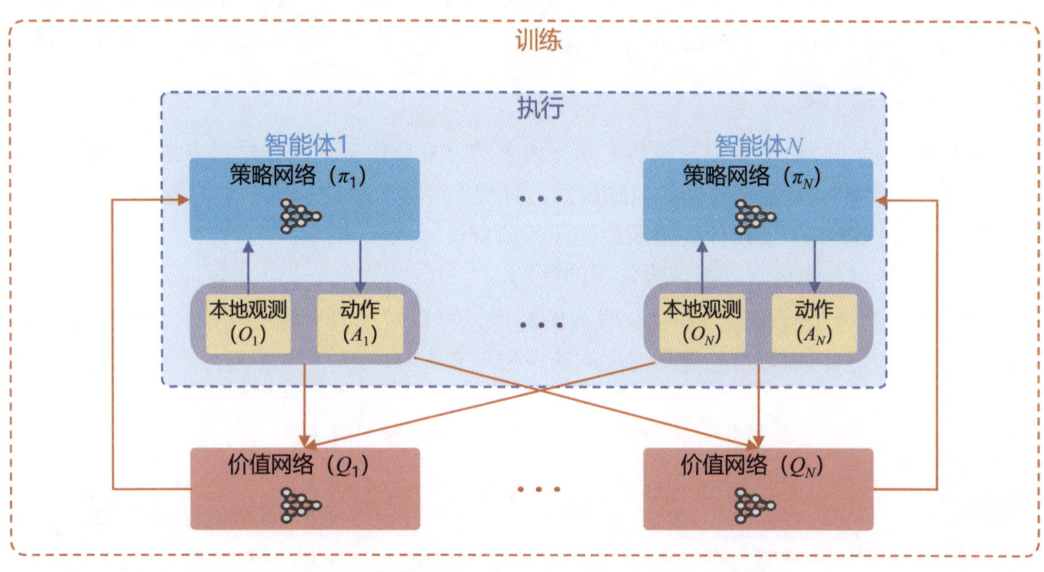

图 5.30　MADDPG：集中式训练与分布式执行框架

（3）**QMIX**：于 2018 年被提出，属于深度多智能体强化学习方法[39]。其核心原理是通过单调值函数分解，将全局动作值函数 Q_{tot} 分解为各智能体的局部 Q 值 Q_{a}，并使用非线性混合网络确保 Q_{tot} 对每个 Q_{a} 单调递增。这种结构既利用了中心化训练中的全局状态信息，又能在分散执行时保持策略一致性。QMIX 在星际争霸的微观管理任务中表现优异，显著超越了 Independent Q-Learning（IQL）和 Value Decomposition Networks（VDN），证明了其在复杂多智能体协作中的有效性。

（4）Counterfactual Multi-Agent（**COMA**）：由牛津大学的研究团队于 2017 年提出[40]，是一种多智能体 Actor-Critic 算法，专为协作多智能体系统设计，如自主车辆协调和网络路由等。COMA 采用集中式 Critic 来估计 Q 函数，同时使用分散的 Actor 优化各个智能体的策略。在星际争霸的微观管理任务中验证了 COMA 的有效性，结果显示其在分散观察和部分可见性条件下显著优于其他多智能体方法，可以与使用全局状态的最先进集中式控制器媲美。COMA 通过集中训练和分散执行，显著提升了多智能体系统的学习效率和协作性能。

（5）Independent Q-Learning（**IQL**）：IQL 方法简单直接，将多智能体环境中的学习问题简化为每个智能体独立进行 Q 学习，每个智能体独立维护和更新自己的 Q 值函数，假设其他智能体的行为是固定不变的[126]。这种方法简单易实现，适用于分布式系统，无须考虑其他智能体的策略或进行复杂的协调。然而，IQL 在动态多智能体环境中可能面临收敛性问题，因为其他智能体的策略可能不断变化，导致环境不稳定。尽管如此，IQL 作为一种基础方法，仍为后续多智能体强化学习算法的发展奠定了重要基础。

5.7 模仿学习

模仿学习（Imitation Learning，IL）是机器学习的一个分支。本节将简要介绍模仿学习的定义与分类，并讲解其核心方法——行为克隆、逆向强化学习，以及生成对抗模仿学习。

5.7.1 定义与分类

模仿学习是一种通过观察并模仿专家行为来学习复杂任务的机器学习方法。与传统的强化学习不同，模仿学习无须明确的奖励函数，而是直接从专家的示范中学习策略。这种方法特别适用于那些难以手工设计奖励函数的任务场景。

1. 模仿学习、强化学习与监督学习的区别

模仿学习结合了监督学习和强化学习的特点，可以被视为一种更为综合的机器学习范式。模仿学习、强化学习与监督学习之间的区别见表 5.4。

表 5.4 模仿学习、强化学习与监督学习的区别

	模仿学习	强化学习	监督学习
学习目标	专家的行为策略	最大化累计奖励	输入与输出之间的映射关系
数据需求	专家的示范数据（状态—动作）	与环境的交互数据	标注好的输入/输出对
奖励函数	不需要奖励函数	需要设计奖励函数	不需要奖励函数，只需要数据标签
探索机制	依赖专家数据，通常缺乏探索	在学习过程中会兼顾探索和利用	无探索
优点	学习效率高，避免了奖励设计的复杂性	能够在复杂环境中通过试错找到最优策略	方法成熟通用
缺点	依赖高质量的专家数据，可能缺乏对环境的适应性	需要大量的交互数据，学习过程可能不稳定	仅限于有明确标签的数据

2. 模仿学习算法分类

常见的模仿学习算法主要分为以下三类。

（1）**行为克隆**（Behavioral Cloning，BC）：基于监督学习方法，直接从专家的状态—动作对中学习映射关系。

（2）**逆向强化学习**（Inverse Reinforcement Learning，IRL）：基于强化学习方法，通过推断奖励函数间接学习策略。

（3）**生成对抗模仿学习**（Generative Adversarial Imitation Learning，GAIL）：借鉴生成对抗学习的思想，通过对抗过程优化策略。

这些算法在设计和实现上分别借鉴了监督学习、强化学习和生成对抗网络的理念与方法。它们之间的关系如图 5.31 所示。

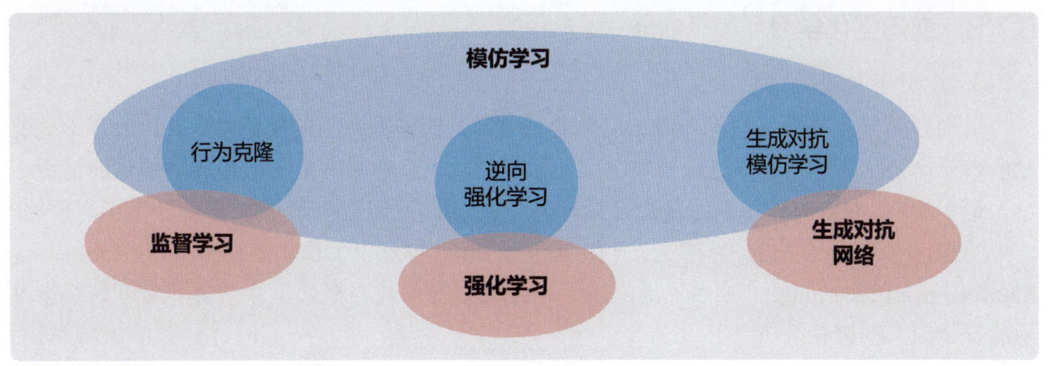

图 5.31　模仿学习与其他机器学习范式的关系

5.7.2　行为克隆

行为克隆是一种结合了监督学习的机器学习方法，通过学习专家在不同状态下采取的动作的映射关系来模仿专家的行为[127]。

如图 5.32 所示，行为克隆将问题视为一个回归或分类问题，输入为环境的状态，输出为相应的动作。通过最小化预测动作与专家动作之间的误差，模型能够在类似状态下采取与专家相似的动作。

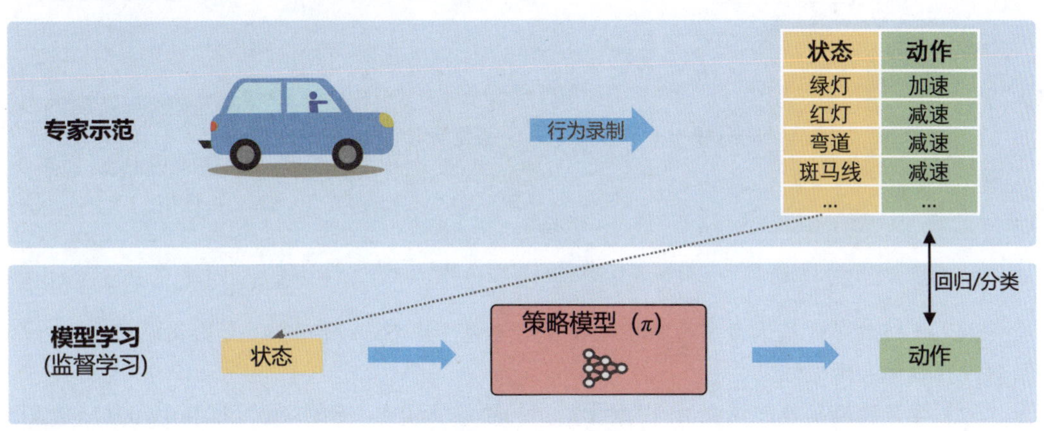

图 5.32　行为克隆

作为模仿学习的基础方法，行为克隆具有广泛的应用。例如，DeepMind 的研究团队开发的 AlphaGo 在训练的初期采用了行为克隆的方法，模仿人类棋手的策略，以达到与人类相近的水平。

LLM、VLM 和 MLLM 的监督微调过程可以视为行为克隆：从核心理念上看，监督微调与行为克隆相似——两者均通过学习示范数据来训练模型，以模仿（人类）专家的特定行为或生成输出。

5.7.3 逆向强化学习

1. 定义与原理

逆向强化学习指的是根据专家或智能体的行为，推断其背后的奖励函数，然后基于此奖励函数学习最优策略。这一过程与传统强化学习相反，后者通常是在已知奖励函数的情况下学习最优策略，而逆向强化学习是在已知行为的基础上反推出奖励函数，再进一步学习策略。

吴恩达（Andrew Y. Ng）和 Stuart Russell 于 2000 年发表了论文“Algorithms for Inverse Reinforcement Learning”，系统性地阐述了逆强化学习的核心概念，并结合马尔可夫决策过程展开了深入的理论分析[61]。

逆向强化学习的原理及其与强化学习的对比如图 5.33 所示。

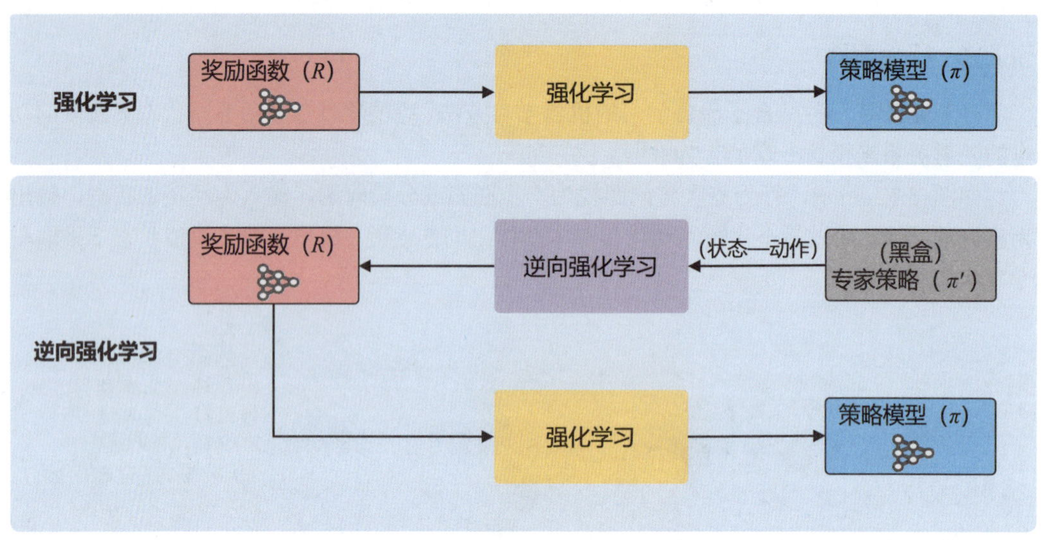

图 5.33 逆向强化学习的原理及其与强化学习的对比

（1）**轨迹收集**：基于专家策略收集专家的轨迹（状态—动作对），专家策略被视为一个黑盒，其具体实现未知。

（2）**学习奖励函数（模型）**：根据收集到的轨迹（状态—动作对），推断出奖励函数。

（3）**学习策略模型**：基于学习到的奖励函数，进行传统的强化学习训练，从而学习出策略模型。

2. RLHF与IRL的异曲同工之妙

在核心理念和训练流程上，LLM 的 RLHF 与 IRL 存在许多相似之处。两者均以构建奖励模型（或奖励函数）为起点，随后通过强化学习过程对策略模型进行训练与优化。

5.7.4 生成对抗模仿学习

生成对抗模仿学习由斯坦福大学的研究团队于2016年提出，是一种结合了生成对抗网络（GAN）与模仿学习（IL）理念的机器学习方法[128]。其主要目标是让智能体通过观察和模仿专家的行为来学习执行任务，而无须预先定义具体的奖励函数。

生成对抗模仿学习的工作原理类似于GAN，主要由以下两部分组成。

（1）**生成器**（Generator）：智能体的策略，尝试在环境中采取行动以模仿专家的行为模式。

（2）**判别器**（Discriminator）：区分生成器生成的行为轨迹与专家的真实行为轨迹。

在训练过程中，生成器优化策略，使判别器难以区分其生成的行为与专家行为；同时，判别器通过持续学习提升判别能力。这种对抗性训练机制促使生成器逐渐学习并掌握更接近专家的行为模式。

5.8 强化学习高级拓展

在上述章节介绍的基础强化学习算法之外，强化学习领域还发展出了诸多拓展方向。例如，基于环境模型的方法利用环境模型来实现规划与决策，从而提升学习效率；分层强化学习（Hierarchical Reinforcement Learning，HRL）基于分治思想，通过构建多层次的策略结构提升学习效率；分布强化学习（Distributional Reinforcement Learning，Distributional RL）直接对回报的概率分布进行建模，而不仅仅是对其期望值进行估计，从而可以捕捉更丰富的回报信息。本节将进一步探讨这些技术方向。

5.8.1 基于环境模型的方法

强化学习算法可以分为有模型和无模型两类，关键区别在于智能体是否利用**环境模型**（Environment Model）进行规划和决策。

1. 有模型和无模型的强化学习算法的区别

有模型和无模型的强化学习算法的区别如图5.34所示。

有模型的强化学习算法依赖环境模型进行规划和决策，这意味着智能体已知环境的状态转移概率和奖励函数。通过环境模型，智能体可以模拟未来的状态转移，评估不同动作的长期影响。环境模型可以是先验已知的，也可以是在学习过程中逐步构建的。

无模型的强化学习算法直接从交互经验中学习最优策略或价值函数，而不显式地构建环境模型。在实际应用中，**无模型的强化学习算法更为普遍**，因为现实世界的环境通常复杂、高维且充满噪声，准确地学习或获取其状态转移模型和奖励函数非常困难。

2. 有模型的强化学习算法

常见的有模型的强化学习算法包括以下几种。

（1）**动态规划**：动态规划方法利用已知的环境模型，通过递归方式逐步计算每个状态的价值函数，从而推导出最优策略。动态规划也是许多其他方法的理论基础。

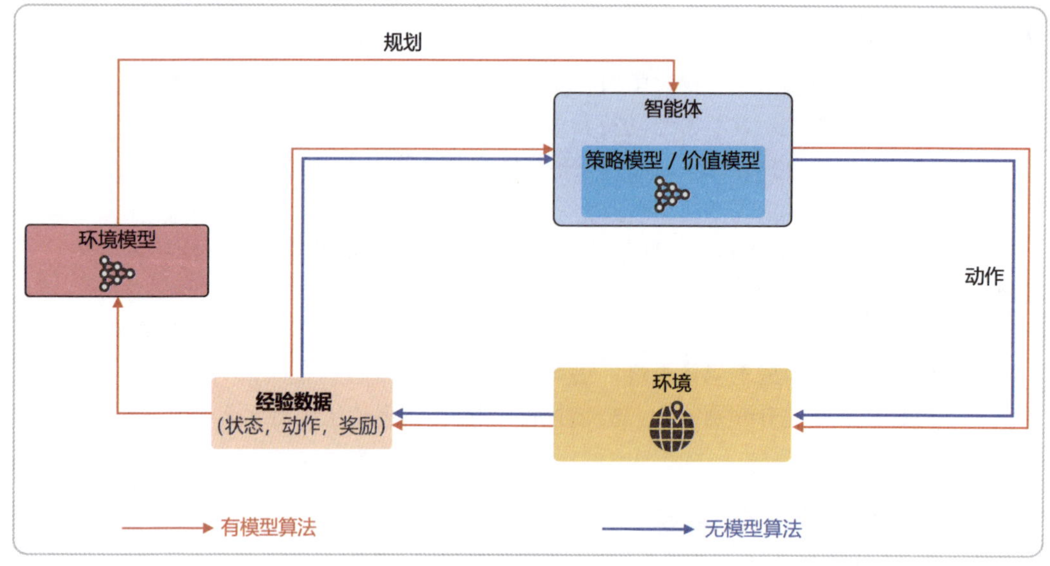

图 5.34 有模型和无模型的强化学习算法

（2）**Dyna-Q**：作为早期的有模型强化学习算法之一，Dyna-Q 结合了 Q-learning 的直接学习与通过模拟环境模型进行经验回放[44]。每次交互后，Dyna-Q 更新环境模型，并利用该模型生成虚拟经验以加速学习过程。Dyna-Q 结合了有模型和无模型的强化学习算法的思想。

（3）**蒙特卡洛树搜索**（MCTS）：MCTS 是一种用于决策过程的搜索算法，被广泛应用于棋类游戏等场景[129]。它通过构建搜索树，模拟未来可能的动作序列，并基于统计方法评估每个节点的价值，从而选择最优策略。蒙特卡洛树搜索还可以与无模型的方法结合使用。

（4）**MuZero**：由 DeepMind 等研究团队于 2019 年发表，MuZero 结合了模型学习与深度强化学习。它不仅学习环境的动态模型，还学习价值函数和策略网络[33]。

有模型的强化学习算法利用环境模型进行预测和规划，在样本效率和策略优化上表现出色。然而，构建精确的环境模型往往具有挑战性，特别是在高维和复杂环境中。

5.8.2 分层强化学习

分层强化学习是一种分而治之的强化学习框架，通过将复杂的任务分解为多个层次的较小的子任务或子策略，使智能体能够在不同的抽象层次上学习和决策[130]。分层强化学习学习由多个层次组成的策略，每个层次负责在不同的时间抽象层级上的控制。分层强化学习的目标是通过分解来降低任务难度并提升学习效果，特别是在高维状态空间和长时间跨度的任务中。

该领域发展至今，已经涌现出多种经典算法，例如，封建等级强化学习（Feudal Reinforcement Learning，Feudal RL）和 MAXQ 等算法。

1. 封建等级强化学习

封建等级强化学习最早由 Geoffrey E. Hinton 等人提出[43]，Hinton 因其在人工智能领域的突出贡献于 2024 年获得诺贝尔物理学奖。封建等级强化学习通过模拟封建制度中的层级管理结构，将复杂任务分解为多个不同层次的子任务，从而实现更高效的学习过程。

如图 5.35 所示，封建等级强化学习的核心思想包括以下内容。

（1）**层级结构**：系统由多个层级的管理者（Managers）和下属管理者（Sub-managers）组成。高层管理者负责设定较高层次的目标或任务，而低层管理者负责执行这些子任务。例如，图 5.35 中 $\pi_{2\text{-}3}$ 负责管理下层的 $\pi_{3\text{-}9}$、$\pi_{3\text{-}10}$、$\pi_{3\text{-}13}$ 和 $\pi_{3\text{-}14}$。

（2）**任务分解**：高层管理者将整体任务分解为更小、更易于管理的子任务，并将这些子任务分配给下级管理者。每个下级管理者专注于完成其负责的子任务，而无须理解更高层级的总体目标。

（3）**同时多分辨率学习**：不同层级的管理者可以在不同的时间和空间分辨率上进行学习。这种多层次的学习方式使系统能够更有效地探索环境，并加快学习速度。

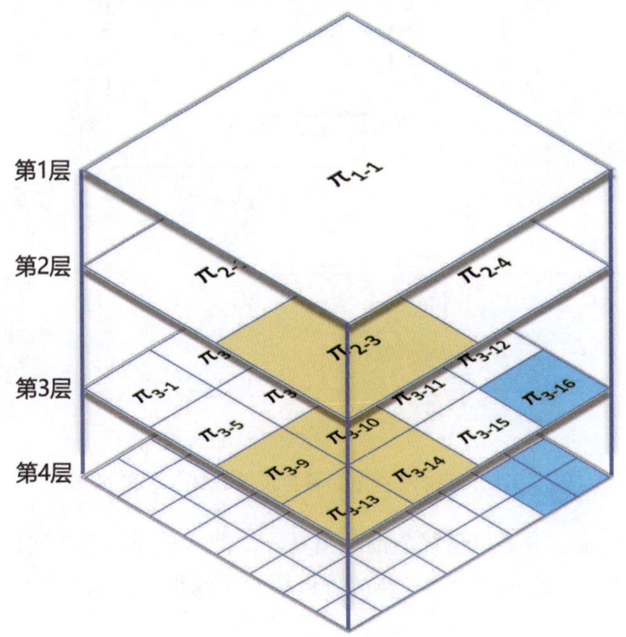

图 5.35　封建等级强化学习

研究人员通过一个迷宫任务验证了封建等级强化学习的有效性。迷宫被分割成多个不同层级的网格，每个层级的管理者负责不同区域的导航任务。随着系统不断学习，封建等级强化学习能够高效地探索迷宫，并构建更全面的环境地图。

2. MAXQ

MAXQ 是一种分层强化学习方法，它通过任务分解和价值函数的层次分解来学习复杂任务[42]。MAXQ 的核心思想是将一个完整的马尔可夫决策过程分解为多个更小的马尔可夫决策过程，每个子过程对应一个子任务，并将目标马尔可夫决策过程的价值函数分解为这些较小马尔可夫决策过程的价值函数的加法组合，使每个子任务只需考虑其自身的目标和所需的子任务。通过这种方式，MAXQ 能够有效地管理和学习复杂任务的策略。

5.8.3 分布价值强化学习

1. 分布价值强化学习的定义

分布价值强化学习指的是直接对回报（累计奖励）的分布进行建模，而不仅仅是对其期望值进行估计[131]。这种方法能够捕捉回报的更丰富信息，从而提升学习算法的效果。

图 5.36 对比了分布价值强化学习与传统强化学习，图中假设动作空间仅包含两个动作，在当前状态下，价值模型可以分别输出这两个动作的价值。价值模型的输出如下。

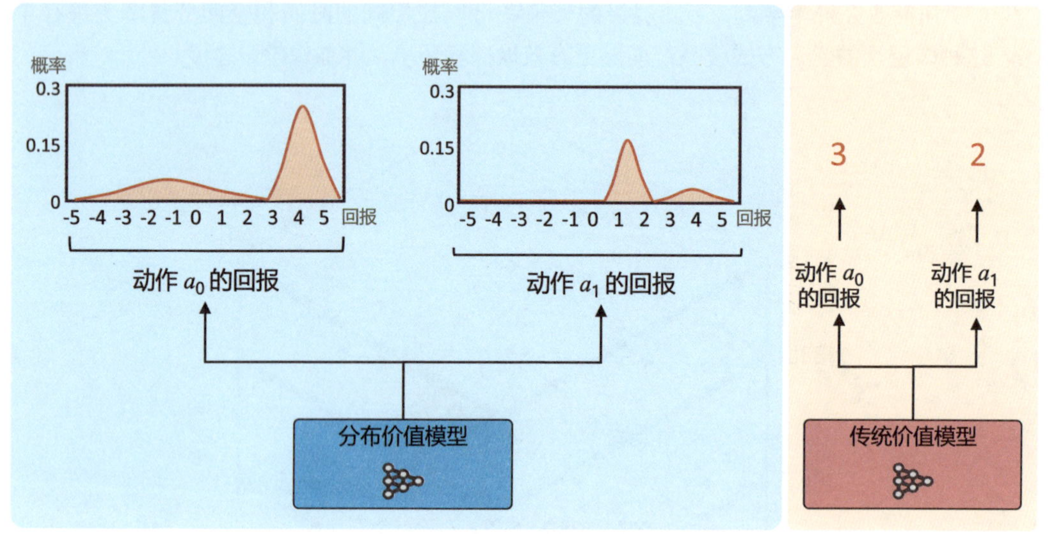

图 5.36　分布价值强化学习与传统强化学习的区别

（1）动作 a_0 的价值：分布价值模型的输出是一个概率分布，其在回报为 4 时取得最大值，概率分布的期望（均值）约为 3；传统价值模型仅输出一个确定的值（回报的期望），即回报为 3。

（2）动作 a_1 的价值：分布价值模型的输出是一个概率分布，其在回报为 1.5 时取得最大值，概率分布的期望（均值）约为 2；传统价值模型仅输出一个确定的值（回报的期望），即回报为 2。

假设图 5.36 描述的是一个用于自动驾驶场景的模型，其中回报值为负表示发生碰撞事故。按照传统价值模型，在该状态下需要执行 a_0，这可以获得最大的回报。然而，按照分布价值模型，执行动作 a_0 存在小概率获得负回报，即发生碰撞，而执行 a_1 所有回报均为正（不会发生碰撞），因此执行 a_1 是更为合理的选择。

可见，分布价值模型包含了更丰富的价值信息，能够更全面地捕捉环境的不确定性，从而在策略优化和潜在风险管理等方面具有优势。

2. 分布价值强化学习与传统强化学习的特性对比

分布价值强化学习与传统强化学习在输出形式、处理不确定性和风险的能力等方面存在差异，具体对比如表5.5所示。

表5.5 分布价值强化学习与传统强化学习的特性对比

特性	传统强化学习	分布价值强化学习
学习目标	最大化期望累积回报	学习整个累积回报的概率分布
输出形式	每个动作一个标量Q值	每个动作一个回报分布
信息丰富度	仅期望值，忽略了回报的波动性	完整分布信息，包含方差等统计特性
处理不确定性和风险的能力	较弱，依赖期望值决策	强，能感知和管理回报的不确定性
计算复杂度	较低，更新目标为标量	较高，需处理分布信息和特殊损失函数
代表性算法	DQN、Double DQN、Dueling DQN等	C51、QR-DQN、IQN等
复杂环境的适应能力	适应能力有限，主要依赖期望回报的估计	更强，能够捕捉环境中的多样性和动态变化
泛化能力	相对较弱，主要依赖期望值信息	较强，通过回报分布提供更丰富的环境特征

第 6 章　策略优化算法

在大模型领域，基于策略的强化学习算法得到了广泛应用。它们主要基于策略梯度算法进行训练，涵盖了 A2C、SAC、TD3、PPO、GRPO 等一系列经典算法，并在多个领域中展现出卓越的性能。

6.1　Actor-Critic架构

Actor-Critic（AC）架构是一种应用极为广泛的强化学习架构。其起源可以追溯到 20 世纪 70 年代至 80 年代，由 Richard S. Sutton 和 Andrew G. Barto 等人在相关研究中提出并进一步发展[47]。知名的 PPO、DPG、DDPG、TD3 等算法均基于 Actor-Critic 架构。

如图 6.1 所示，该架构有效融合了基于策略和基于价值的架构，结合了两种架构的优势，通过同时学习策略和价值函数来提升学习效率与稳定性。

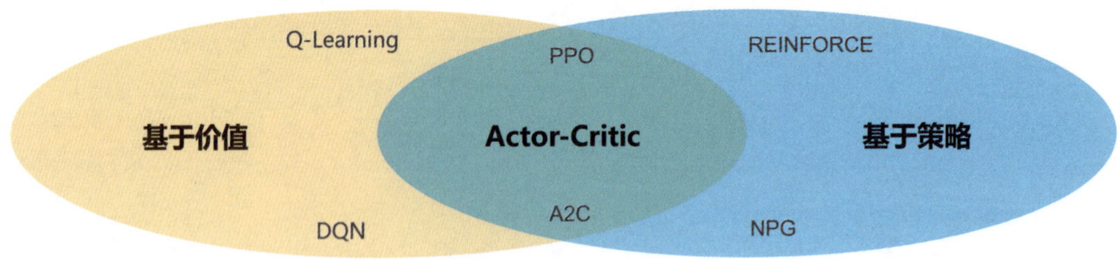

图 6.1　三种强化学习架构

6.1.1　从策略梯度到 Actor-Critic

在 5.5.2 节中，介绍了策略梯度定理的公式如下。

$$\nabla_\theta J(\theta)=\mathbb{E}_{\tau\sim p(\tau;\theta)}\left[\sum_{t=0}^{T-1}\nabla_\theta \log\pi_\theta(a_t\mid s_t)\cdot R(\tau)\right] \tag{6.1}$$

策略梯度 $\nabla_\theta J(\theta)$ 的求解依赖轨迹回报 $R(\tau)$，可以通过 REINFORCE 方法计算 $R(\tau)$。如图 5.21 所示，REINFORCE 方法基于蒙特卡洛方法，具有较大的方差。

与 REINFORCE 方法不同，另一种方法是直接使用一个深度神经网络来估计回报 $R(\tau)$。可以借鉴基于价值的算法，例如 DQN，使用一个价值模型来近似动作价值函数，以估计从当前状态（或状态—动作对）开始的回报。则式（6.1）变为

$$\nabla_\theta J(\theta)=\mathbb{E}_{\tau\sim p(\tau;\theta)}\left[\underbrace{\sum_{t=0}^{T-1}\nabla_\theta \log\pi_\theta(a_t\mid s_t)}_{\text{动作偏好梯度}}\underbrace{Q_w(s_t,a_t)}_{\text{价值}}\right] \tag{6.2}$$

这就是**基础版本的 Actor-Critic** 算法。其中，$\nabla_\theta J(\theta)$ 表示策略梯度，π_θ 表示策略模型，θ 为模型参数；Q_w 表示价值模型，w 为模型参数。

两种近似方法：如第 5.2.3 节所述，价值函数主要有两大类：动作价值函数 $Q_\pi(s,a)$ 和状态价值函数 $V_\pi(s)$。在式（6.2）中，使用动作价值函数 $Q_\pi(s,a)$ 来估计回报 $R(\tau)$；也可以使用状态价值函数 $V_\pi(s)$ 来估计回报 $R(\tau)$。

当关注具体的某个状态 s_t 和对应的动作 a_t 时，式（6.2）简化为**单个状态—动作对下的策略梯度**，即

$$\nabla_\theta J(\theta) = \nabla_\theta \log \pi_\theta(a_t \mid s_t) \cdot Q_w(s_t, a_t) \tag{6.3}$$

6.1.2 图解 Actor-Critic 架构

如图 6.2 所示，该架构基于以下两个角色的模型。

（1）演员（**Actor**）：对应策略模型π，负责选择动作，直接输出策略 $\pi(a|s)$，即在给定状态 s 下执行动作 a 的概率分布。

（2）评委（**Critic**）：对应价值模型 Q，评估 Actor 执行的动作的好坏，这可以协助 Actor 逐步优化策略模型的参数。

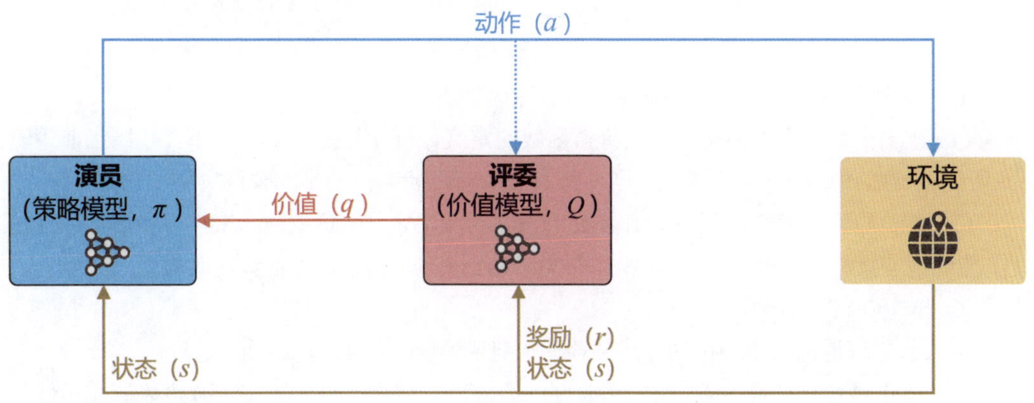

图 6.2　Actor-Critic 架构原理

Actor 和 Critic 协同工作，通过引入 Critic 的价值估计，显著降低了策略梯度（Policy Gradient）方法的方差，提高了学习的稳定性和效率。

6.2 优势函数与A2C

优势函数（Advantage Function）的引入显著提升了 AC 算法的效果。基于这一概念，衍生出了 A2C、A3C、PPO 等多种强化学习算法。广义优势估计（GAE）算法能够更高效地估计优势（Advantage），通过调节超参数γ 和 λ，在方差与偏差之间实现了有效平衡，从而提升了强化学习的效果和稳定性。本节将对这些内容进行详细讲解。

6.2.1 优势函数

1. 基线与优势函数

基础版本的 Actor-Critic 架构（见式（6.2））存在方差大等问题。为了解决这些问题，A2C 算法在 Actor-Critic 的基础上引入基线（Baseline），并进一步构造了优势函数。具体步骤如下。

（1）**引入基线**：基线通常采用状态价值函数 $V(s)$，即在状态 s 下的预期回报。将基线设为 $V(s)$，相当于在每个状态 s 下设定了一个“平均水平”。

（2）**构造优势函数**：优势函数衡量在给定状态下，执行某一动作相对于“平均水平”的优劣，即某个动作 a 相对于特定状态下其他动作的优势。优势函数关注的是执行某个动作的相对优势，而非动作的绝对价值。优势函数的定义为

$$A(s_t, a_t) = Q(s_t, a_t) - V(s_t) \tag{6.4}$$

（3）**构建 A2C 算法的策略梯度**：使用优势函数 $A(s_t, a_t)$ 替换式（6.2）中的 $Q(s_t, a_t)$，可得 **A2C 算法中的策略梯度公式**，即

$$\nabla_\theta J(\theta) = \mathbb{E}_{\tau \sim p(\tau;\theta)} \left[\underbrace{\sum_{t=0}^{T-1} \nabla_\theta \log \pi_\theta(a_t \mid s_t)}_{\text{动作偏好梯度}} \cdot \underbrace{A(s_t, a_t)}_{\text{优势}} \right] \tag{6.5}$$

为何选择状态价值函数 $V(s)$ 作为基线？ 原因如下。

（1）$V(s)$ 代表了平均回报：根据价值函数的定义，$V(s)$ 代表在状态 s 下，按照当前策略 π 所能获得的预期回报，它代表了当前状态下所有可能动作的平均表现。

（2）$V(s)$ 的可学习性：状态价值函数 $V(s)$ 可以通过独立的价值网络来学习和估计。这使 $V(s)$ 能够适应策略的变化，提供动态的基线，从而进一步优化梯度估计的效果。

2. Advantage的总体作用

引入状态价值函数 $V(s)$ 作为基线并构造优势函数 $A(s,a)$ 具有多方面的意义。

（1）**减小梯度估计的方差**：相比基础的 AC 算法，使用优势函数 $A(s,a)$ 可以有减小低梯度估计的方差，从而提升训练的稳定性。

（2）**增强梯度更新的区分性**：未使用基线时，各动作的 Q 值可能都为正或都为负，策略只能统一地增加或减少执行所有动作的概率，无法有效区分动作的相对优劣。而使用优势函数 $A(s,a)$ 后，这些 Q 值“有正有负”，使在梯度更新时能够“奖罚分明”——有选择地增加执行相对较优动作的概率，抑制执行相对较差动作的概率。

以数值示例来说明以上两点。假设在状态 s_t 有三种动作 $[a_1, a_2, a_3]$，它们对应的价值 $Q(s_t, a_t)$ 分别为 [100,101,102]，基线 $V(s_t) = 101$，三个动作对应的动作偏好梯度 $\nabla_\theta \log \pi_\theta(a_t \mid s_t)$ 分别为[0.5,0.2,0.3]。

3. Advantage的作用之一：减小度估计的方差

（1）**未使用基线时**（基础的 AC 算法）：按式（6.3）计算动作 a_1 对应的策略梯度 $\nabla_\theta J_1 =$

$\nabla_\theta \log\pi_\theta(a_t \mid s_t)\cdot Q_w(s_t,a_t)=0.5\times100=50$，同理可得 $\nabla_\theta J_2=20.2$，$\nabla_\theta J_3=30.6$，这些策略梯度的均值为33.6，方差为

$$\text{Var}=\frac{(50-33.6)^2+(20.2-33.6)^2+(30.6-33.6)^2}{3}=152.5 \tag{6.6}$$

（2）**引入基线 $V(s)$ 后：** 按式（6.4）计算动作 a_1 的优势 $A_1=100-101=-1$，同理可得 $A_2=0$，$A_3=1$。按式（6.5）计算动作 a_1 对应的策略梯度 $\nabla_\theta J_1'=0.5\times(-1)=-0.5$，同理可得 $\nabla_\theta J_2'=0$，$\nabla_\theta J_3'=0.3$，这些策略梯度的均值为−0.0667，方差为

$$\text{Var}'=\frac{(-0.5+0.0667)^2+(0+0.0667)^2+(0.3+0.0667)^2}{3}=0.109 \tag{6.7}$$

结论： 引入基线 $V(s)$ 后，策略梯度的方差从152.5减小到0.109，显著减小。

4. Advantage的作用之二：使梯度更新更具区分性

如图6.3所示，引入基线 $V(s)$ 后，各个动作的相对优劣更为明显，导致梯度更新时可以更有针对性地调整执行动作的概率。

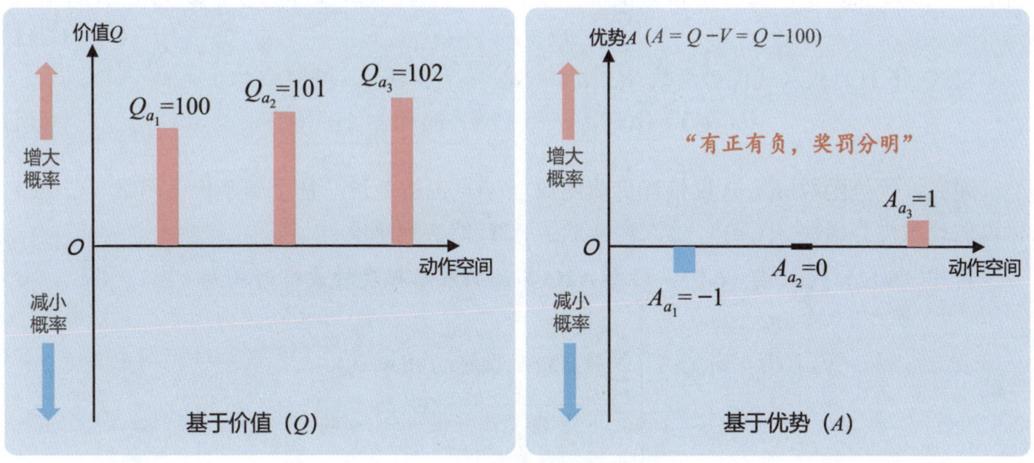

图6.3 引入基线与优势函数的作用

（1）**未使用基线时**（基础的AC算法）：三种动作 $[a_1, a_2, a_3]$ 对应的策略梯度均为正值。

$$\nabla_\theta J_1=50>0,\quad \nabla_\theta J_2=20.2>0,\quad \nabla_\theta J_3=30.6>0 \tag{6.8}$$

策略参数只能朝一个方向更新，增加执行所有动作的概率，不能清晰地区分动作的好坏。

（2）**引入基线 $V(s)$ 后：** 三种动作 $[a_1, a_2, a_3]$ 对应的策略梯度有正有负。

$$\nabla_\theta J_1'=-0.5<0,\quad \nabla_\theta J_2'=0,\quad \nabla_\theta J_3'=0.3>0 \tag{6.9}$$

这使策略能够有选择地增加执行相对较优动作的概率，抑制执行相对较差动作的概率，针对这三种动作 $[a_1, a_2, a_3]$ 进行不同方向的更新。

$$\begin{aligned} A_{a_1} &= -1 \quad \Rightarrow \quad \nabla_\theta J_1' = -0.5 < 0 \quad \Rightarrow \quad \text{减少执行动作}a_1\text{的概率} \\ A_{a_2} &= 0 \quad \Rightarrow \quad \nabla_\theta J_2' = 0 \quad \Rightarrow \quad \text{维持执行动作}a_2\text{的概率不变} \\ A_{a_3} &= 1 \quad \Rightarrow \quad \nabla_\theta J_3' = 0.3 > 0 \quad \Rightarrow \quad \text{增加执行动作}a_3\text{的概率} \end{aligned} \tag{6.10}$$

6.2.2 A2C、A3C、SAC 算法

1. A2C算法原理

Advantage Actor-Critic（**A2C**）是一种改进的 Actor-Critic 算法。与基础的 AC 算法相比，A2C 引入了优势函数，用于衡量当前动作相对于平均水平的优劣，从而提高了学习效率和稳定性。

前文中，式（6.5）已经给出了 A2C 算法的策略梯度更新公式，其中，优势函数为 $A(s_t,a_t)=Q(s_t,a_t)-V(s_t)$。因此，在计算策略梯度 $\nabla_\theta J(\theta)$ 时，A2C 算法同时依赖两个不同的价值函数——$Q(s,a)$ 和 $V(s)$，这无疑增加了训练的复杂性。

然而，令人欣喜的是，$Q(s,a)$ 和 $V(s)$之间可以根据贝尔曼方程进行转换，如式（5.15）所示。在实际实现中，A2C 通常基于采样数据更新价值函数，近似公式为

$$Q(s_t,a_t) \approx r + \gamma V(s_{t+1}) \tag{6.11}$$

将式（6.11）代入式优势函数 $A(s_t,a_t)=Q(s_t,a_t)-V(s_t)$，可得

$$A(s_t,a_t)=Q(s_t,a_t)-V(s_t) \approx \underbrace{r+\gamma V(s_{t+1})-V(s_t)}_{\text{TD误差（TD Error）}} \tag{6.12}$$

现在，优势函数 $A(s,a)$ 仅依赖价值函数 $V(s)$，也就是说，基于一个价值网络（Critic）可以估计出优势函数 $A(s,a)$，这大幅降低了 A2C 的实现难度。

将式（6.12）代入式（6.5），可得 **A2C 算法的策略梯度的最终形式为**

$$\begin{aligned} \nabla_\theta J(\theta) &= \mathbb{E}_{\tau\sim p(\tau;\theta)}\left[\underbrace{\sum_{t=0}^{T-1}\nabla_\theta \log \pi_\theta(a_t \mid s_t)}_{\text{动作偏好梯度}} A(s_t,a_t)\right] \\ &\approx \mathbb{E}_{\tau\sim p(\tau;\theta)}\left[\underbrace{\sum_{t=0}^{T-1}\nabla_\theta \log \pi_\theta(a_t \mid s_t)}_{\text{动作偏好梯度}} \underbrace{\left(r+\gamma V(s_{t+1})-V(s_t)\right)}_{\text{TD误差（TD Error）}}\right] \\ &= \mathbb{E}_{\tau\sim p(\tau;\theta)}\left[\sum_{t=0}^{T-1}\nabla_\theta \log \pi_\theta(a_t \mid s_t)\,\delta_t\right] \end{aligned} \tag{6.13}$$

其中，δ_t 为 TD 误差（TD Error），其定义详见 5.3.2 节。

2. A3C

Asynchronous Advantage Actor-Critic（**A3C**）方法由 DeepMind 等研究团队于 2016 年提出[49]。该算法是 AC 算法的扩展，并行地运行多个智能体（Agents），每个智能体在不同的环境实例中独立地与环境交互，并且异步地更新全局模型参数。这种异步机制显著提升了训练效率，打破了数据之间的时间相关性，且提高了训练的稳定性。

3. SAC

Soft Actor-Critic（**SAC**）算法由 Tuomas Haarnoja 等人于 2018 年提出[48]。该算法通过结合最大熵（Maximum Entropy）框架与异策略学习，提供了一种高效且稳定的强化学习方法。

SAC 在标准的最大化期望奖励目标上，增加了熵最大化项。具体而言，Actor 不仅需要最大化预期奖励，还要尽可能增加策略的熵，即鼓励策略的随机性，这有助于模型进行更有效的探索。

此外，作为一种异策略算法，SAC 能够重用过去的经验数据，从而显著提高样本效率。SAC 在提升样本效率、增强策略稳健性以及适应复杂任务方面的优势，使其成为强化学习领域中具有影响力的算法之一。

6.2.3 GAE 算法

广义优势估计（Generalized Advantage Estimation，**GAE**）算法由 John Schulman 及来自加利福尼亚大学伯克利分校（UC Berkeley）的研究人员于 2015 年提出[50]，是一种用于估计优势函数的方法。该算法是 PPO 等算法的关键组成部分。

1. GAE算法的原理

GAE 算法借鉴了 TD(λ)算法的思路，如 5.3.3 节所述。TD(λ)算法通过调节 λ 因子在偏差和方差之间取得平衡，GAE 算法也使用 λ 因子以达到类似的目的。如式（6.12）所示，优势函数 A 可以表示为 TD 误差的形式，GAE 算法通过多个时间步的 TD 误差 δ 的加权和来估计优势函数 A，并通过 λ 因子对这些时间步的 δ 进行衰减调节。假设时间步有限，终止时间步为 T，则 **GAE 算法的公式**为

$$A_t^{\mathrm{GAE}(\gamma,\lambda)}=\sum_{k=0}^{T-t-1}(\gamma\lambda)^k\delta_{t+k}=\delta_t+(\gamma\lambda)\delta_{t+1}+(\gamma\lambda)^2\delta_{t+2}+\cdots+(\gamma\lambda)^{T-t-1}\delta_{T-1} \tag{6.14}$$

其中：

（1）$A_t^{\mathrm{GAE}(\gamma,\lambda)}$ 为优势估计，衡量在状态 s_t 下执行动作 a_t 相对于“平均水平”的好坏。

（2）γ 是折扣因子，取值范围是[0, 1]，用于权衡即时奖励和未来奖励的重要性。

（3）λ 是一个用于权衡偏差与方差的因子，用于调节多个时间步的 TD 误差 δ 的衰减，取值范围是[0, 1]。

（4）δ_{t+k} 是时间步 $t+k$ 的 TD 误差（TD Error），$\delta_{t+k}=r_{t+k}+\gamma V(s_{t+k+1})-V(s_{t+k})$，其中，$k$ 从 0 到 $T-t-1$，T 是终止时间步，意味着从当前时间步 t 开始，加权求和未来 $T-t$ 个时间步的 TD 误差。

在实际使用 GAE 算法计算时，通常采用递归求解的方式进行。基于式（6.14）推导，可以得到 **GAE 算法的递归公式**为

$$A_t^{\mathrm{GAE}(\gamma,\lambda)}=\delta_t+(\gamma\lambda)\cdot A_{t+1}^{\mathrm{GAE}(\gamma,\lambda)} \tag{6.15}$$

2. GAE的迭代计算过程

GAE 的计算依赖 TD 误差 δ，可以通过迭代的方式求出 TD 误差 δ，进而迭代计算出优

势 A。举例说明这一计算过程，假设条件如下。

（1）轨迹长度：假设轨迹长度为 5，即时间步 t=0,1,2,3,4。

（2）终止条件：时间步 t=4 是最后一步，之后没有进一步的状态，因此 $V(s_5)=0$。

如式（6.15）所示，$A_t^{\mathrm{GAE}(\gamma,\lambda)}$ 依赖下一个时间步的优势 $A_{t+1}^{\mathrm{GAE}(\gamma,\lambda)}$，因此，从最后一个时间步 t=4 开始**倒推计算**。如图 6.4 所示，列举了从时间步 t=4 到 t=0 的 GAE 优势估计公式。

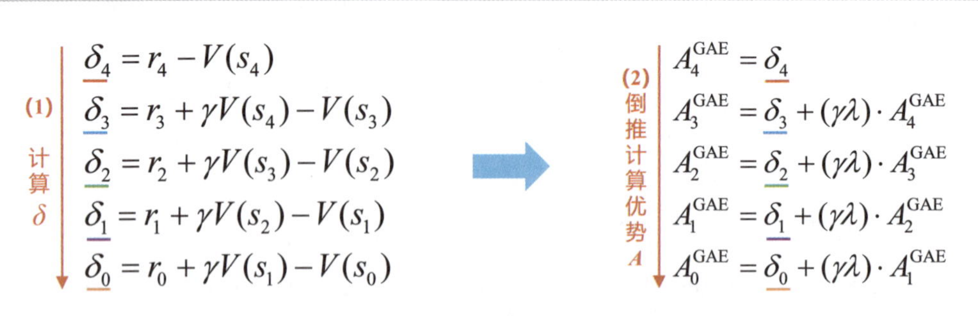

(1) 计算 δ
$\delta_4 = r_4 - V(s_4)$
$\delta_3 = r_3 + \gamma V(s_4) - V(s_3)$
$\delta_2 = r_2 + \gamma V(s_3) - V(s_2)$
$\delta_1 = r_1 + \gamma V(s_2) - V(s_1)$
$\delta_0 = r_0 + \gamma V(s_1) - V(s_0)$
(2) 倒推计算优势 A
$A_4^{\mathrm{GAE}} = \delta_4$
$A_3^{\mathrm{GAE}} = \delta_3 + (\gamma\lambda)\cdot A_4^{\mathrm{GAE}}$
$A_2^{\mathrm{GAE}} = \delta_2 + (\gamma\lambda)\cdot A_3^{\mathrm{GAE}}$
$A_1^{\mathrm{GAE}} = \delta_1 + (\gamma\lambda)\cdot A_2^{\mathrm{GAE}}$
$A_0^{\mathrm{GAE}} = \delta_0 + (\gamma\lambda)\cdot A_1^{\mathrm{GAE}}$

图 6.4　GAE 算法进行优势估计的迭代过程

3. GAE算法的实现

GAE 算法的核心代码实现如算法 6.1 所示，从最后一个时间步倒推计算。

算法 6.1　GAE 核心代码实现

```
def compute_gae(rewards, values, gamma=0.99, lambda_=0.95):
    """
    参数:
        rewards (list 或 np.ndarray): 每个时间步收集到的奖励 R，形状为(T,)
        values (list 或 np.ndarray): 每个状态的价值估计 V，形状为(T+1,)
        gamma (float): 折扣因子 γ
        lambda_ (float): GAE 的衰减参数λ
    返回:
        np.ndarray: 优势估计 A，形状为(T,)
    """
    T = len(rewards)              # 时间步数 T，终止时间步为 t=T-1
    advantages = np.zeros(T)      # 优势估计数组
    gae = 0                       # 初始化优势值为 0

  # 反向从时间步 t=T-1 到 t=0 进行迭代计算，总共迭代 T 次
    for t in reversed(range(T)):
        δt = rewards[t] + gamma * values[t + 1] - values[t]

        gae = δt + gamma * lambda_ * gae
```

```
    advantages[t] = gae        # 追加存储计算得到的优势估计值
return advantages
```

上述代码从轨迹的最后一个时间步 $t=T-1$ 开始，逐步向前计算每个时间步的优势值 A_t，得到所有时间步的优势值，累计 T 个，最终形成一个列表。

6.2.4 γ 和 λ 的调节作用

GAE 算法涉及两个重要的超参数：γ 和 λ，两者的作用略有不同。在实践中，这两个参数的取值通常在 0.9 到 1 之间。

1. γ 的作用

γ 是奖励的折扣因子，取值范围是[0, 1]，如 5.2.1 节所述，控制了未来奖励的折扣程度。在 GAE 算法中，γ 主要有以下两种作用。

（1）**调节近期和远期奖励**：较小的 γ（接近 0）表示更关注近期奖励；较大的 γ（接近 1）则表示更关注远期奖励。

（2）**间接影响偏差和方差**：较大的 γ 使远期奖励对当前估计有更大的影响，这有助于更准确地反映长期回报，从而减少偏差，然而，由于更多的时间步影响估计值，计算方差可能增加；较小的 γ 主要关注近期奖励，这可能导致长期回报的估计偏差较大，但聚焦近期奖励使计算方差较小。

2. λ 的作用

λ 可以调整多步 TD 误差 δ 在优势估计中的权重分布和衰减程度，取值范围是[0, 1]。λ 能够更直接地在偏差和方差之间取得平衡。

（1）当 $\lambda=0$ 时：优势估计仅依赖当前时间步的 TD 误差 δ_t，具有最小的方差和最大的偏差，GAE 的优势估计公式简化为

$$A_t = \delta_t = r_t + \gamma V(s_{t+1}) - V(s_t) \tag{6.16}$$

（2）当 $\lambda=1$ 时：GAE 的优势估计与基于蒙特卡洛方法的优势估计一致，使用了完整的累积回报来估计优势，具有最大的方差和最小的偏差，GAE 的优势估计公式变为

$$\begin{aligned} A_t &= \delta_t + \gamma\delta_{t+1} + \gamma^2\delta_{t+2} + \cdots + \gamma^{T-t}\delta_T \\ &= \underbrace{r_t + \gamma r_{t+1} + \gamma^2 r_{t+2} + \cdots + \gamma^{T-t-1} r_{T-1}}_{\text{折扣回报}} + \gamma^{T-t}V(s_T) - V(s_t) \end{aligned} \tag{6.17}$$

通常情况下，由于 s_T 是终止状态，因此 $V(s_T)=0$。

6.3 PPO及其相关算法

近端策略优化（Proximal Policy Optimization，**PPO**）是一种在强化学习领域被广泛应用的算法，凭借卓越的表现而备受关注。例如，ChatGPT 以及众多大模型在进行 RLHF 训练时，

其核心算法便采用了 PPO。

PPO 算法有多种变体，例如 PPO-Penalty 和 PPO-Clip，这些算法继承了部分 TRPO 算法的思想。PPO 通过引入重要性采样和剪裁（Clip）技术等关键机制实现了对算法效果的优化。本节将全面解析 PPO 算法的演进过程、相关算法、核心原理、代码实现及训练流程，以帮助读者深入理解这一强化学习中的重要算法。

6.3.1 PPO 算法的演进

图 6.5 展示了 PPO 算法的发展历程。2015 年，John Schulman 等研究人员在策略梯度（Policy Gradient）方法的基础上，引入置信域和重要性采样技术，提出了置信域策略优化（Trust Region Policy Optimization，TRPO）算法。

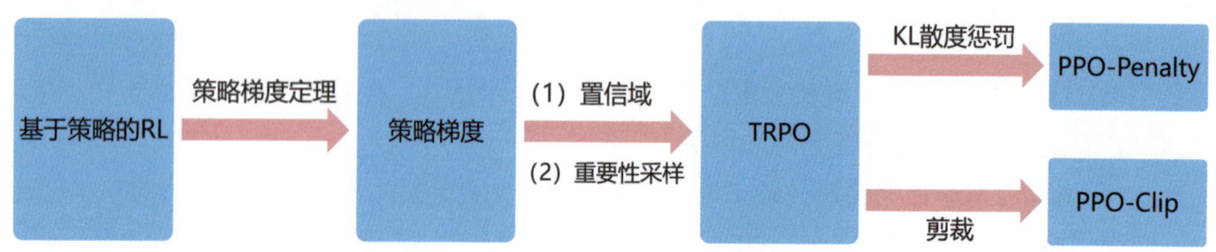

图 6.5 PPO 算法的发展历程

2017 年，John Schulman 与 OpenAI 的其他研究人员进一步优化了 TRPO 算法，通过引入 KL 散度惩罚项和剪裁机制，分别提出了**两种形式的 PPO 算法**——PPO-Penalty 和 PPO-Clip[52]。其中，PPO-Clip 因其更优的效果而获得了更多关注和应用，因此通常所说的 PPO 即指 PPO-Clip。

6.3.2 TRPO

置信域策略优化算法由 John Schulman 及来自加利福尼亚大学伯克利分校的研究人员于 2015 年提出[51]。该算法是对策略梯度算法的改进，基于两个核心概念：置信域（Trust Region）和重要性采样（Importance Sampling）。虽然这两个概念并非在 TRPO 中首次被提出，但 TRPO 将它们与策略梯度算法结合，显著提升了算法的效果。

具体而言，置信域通过限制新旧策略之间的 KL 散度，确保每次策略更新的幅度适中，避免策略效果出现剧烈波动。此外，使用旧策略下的样本来估计新策略的优势可能会引入偏差，该问题可以通过重要性采样技术加以修正。基于这些机制，TRPO 采用了一个替代的目标函数来优化策略。

尽管在 PPO 等算法出现后，TRPO 算法已较少被使用，但其核心思想和技术仍被后续的主流算法所借鉴。例如，PPO 等算法就继承了 TRPO 的一些思想，如重要性采样等。

1. 置信域

置信域这一概念起源于最优化理论，用于在优化过程中限定步长，确保每一步优化都在一个安全的范围内进行。在 TRPO 算法中，置信域是确保策略更新稳定性和有效性的核心概念，通过限制新旧策略之间的差异，确保每次参数更新不会偏离当前策略过远。

如图 6.6 所示，TRPO 基于一个替代目标函数 $J(\theta)$进行策略优化（训练），并通过替代目标函数的梯度更新参数θ，以达到优化真实目标 $J'(\theta)$ 的目的。然而，这一近似的更新过程需要满足一些约束条件，TRPO 通过限制新策略与旧策略之间的 KL 散度，将策略更新限制在一个预定的“置信域” δ 内，原因如下。

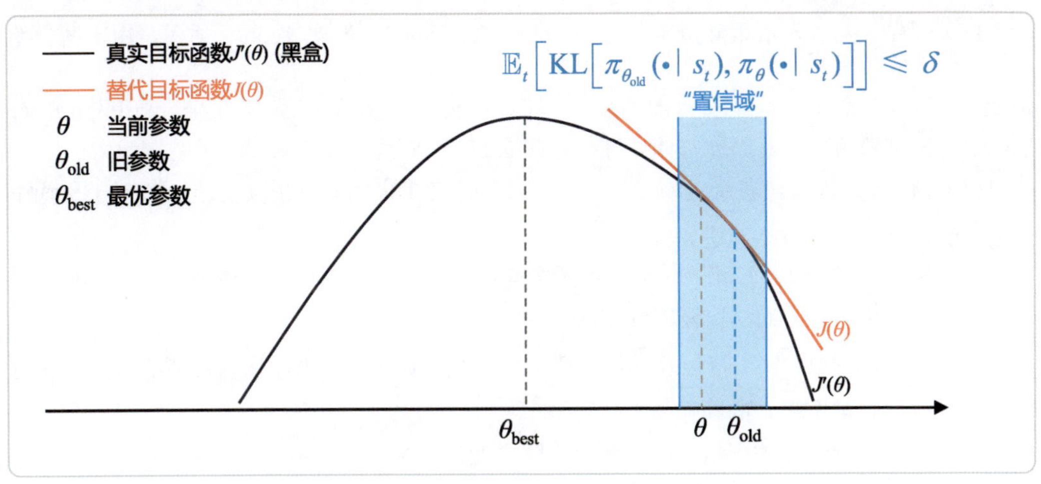

图 6.6　置信域在 TRPO 中的示意图

（1）在置信域δ内：真实目标 $J'(\theta)$ 与替代目标 $J(\theta)$的梯度环境接近，如果将参数θ按照替代目标 $J(\theta)$的梯度进行更新，则真实目标与替代目标能够同时得到优化。

（2）超出置信域δ：随着参数θ更新，当前策略参数θ与旧的策略参数$\pi_{\theta_{\text{old}}}$ 的差异越来越大，进而导致新策略的动作概率分布 $\pi_\theta(\cdot \mid s_t)$ 与旧策略的动作概率分布 $\pi_{\theta_{\text{old}}}(\cdot \mid s_t)$ 差异增大，这会使替代目标无法有效模拟真实目标的梯度环境，两者的梯度方向不再一致，进而使参数更新偏离最优方向，导致效果下降。

需要注意的是：**此处的 KL 散度衡量的是新旧策略在动作概率分布 $\pi(a \mid s)$ 上的差异，而非参数θ之间的差异。**

2. TRPO的原理

TRPO 的核心思想是在最大化目标函数 $J(\theta)$的同时，限制新旧策略之间的差异。其优化目标可以表示为一个带约束的优化问题，**TRPO 的目标函数**为

$$J(\theta) = \mathbb{E}_t\left[\frac{\pi_\theta(a_t \mid s_t)}{\pi_{\theta_{\text{old}}}(a_t \mid s_t)} A_t^{\pi_{\theta_{\text{old}}}}\right] \tag{6.18}$$

同时，需满足以下约束条件

$$\mathbb{E}_t\left[\text{KL}\left[\pi_{\theta_{\text{old}}}(\cdot \mid s_t), \pi_\theta(\cdot \mid s_t)\right]\right] \leqslant \delta \tag{6.19}$$

在满足约束的前提下，最大化目标函数 $J(\theta)$。其中：

（1）$\mathbb{E}_t$ 表示计算期望，即在一个批次样本中，对所有时间步的估计值进行平均。

（2）θ_{old} 表示用于生成当前批次数据的旧策略π的参数，将对应的策略 $\pi_{\theta_{\text{old}}}$ 称为旧策略，将当前版本参数θ对应的策略π_θ称为新策略。

（3）$\pi_\theta(a_t|s_t)$ 表示新策略下，在给定状态 s_t 下采取动作 a_t 的概率。

（4）$\pi_{\theta_{\text{old}}}(a_t|s_t)$ 表示旧策略下，在给定状态 s_t 下采取动作 a_t 的概率。

（5）$\dfrac{\pi_\theta(a_t|s_t)}{\pi_{\theta_{\text{old}}}(a_t|s_t)}$ 表示策略概率之比（Probability Ratio），如式（6.29）所示，用于衡量新旧策略在特定状态 s_t 下采取相同动作 a_t 的概率差异。此处与重要性采样（Importance Sampling）技术相关，其原理与计算过程将在 6.3.3 节详述。

（6）$A_t^{\pi_{\theta_{\text{old}}}}$ 为优势，表示策略π的参数为θ_{old}时，在状态 s_t 下采取动作 a_t 相对于平均水平的优势，帮助指导策略改进。

（7）$\text{KL}[\cdot,\cdot]$ 为 KL（Kullback-Leibler）距离，也称 KL 散度，用于衡量新策略 π_θ 与旧策略 $\pi_{\theta_{\text{old}}}$ 在每个状态 s_t 下的动作概率分布的差异。

（8）$\pi(\cdot|s_t)$ 中的“·”符号表示基于整个动作空间计算，即考虑所有可能的动作概率分布，而不仅仅是某个特定的动作 a_t。

（9）δ 是一个预设的阈值，限制新旧策略之间的最大允许差异。

TRPO 通过在策略更新时引入置信域来限制策略的更新幅度，确保每次策略更新都在一个安全的范围内进行，从而提高了策略更新的稳定性。

3. TRPO中两种限制策略更新的方法

在 TRPO 的原始论文中，研究人员介绍了两种限制策略更新的方法：基于惩罚（Penalty-based）的方法和基于约束（Constraint-based）的方法。

（1）**基于惩罚的方法**：这种方法通过在优化目标中加入一个惩罚项来限制新策略 π_θ 与旧策略 $\pi_{\theta_{\text{old}}}$ 之间的差异，调整后，TRPO 的目标函数 $J(\theta)$变为

$$J(\theta)=\mathbb{E}_t\left[\frac{\pi_\theta(a_t|s_t)}{\pi_{\theta_{\text{old}}}(a_t|s_t)}A_t^{\pi_{\theta_{\text{old}}}}-\beta\cdot\text{KL}\left[\pi_{\theta_{\text{old}}}(\cdot|s_t),\pi_\theta(\cdot|s_t)\right]\right] \tag{6.20}$$

其中，β 是惩罚系数，用于调整惩罚强度。

（2）**基于约束的方法**：这种方法通过直接对新旧策略之间的 KL 散度施加一个硬约束，确保策略更新不会超出预定的“置信域”δ，如式（6.19）所示。

研究人员在使用基于惩罚的方法进行训练时，发现惩罚系数β难以调节且对算法效果影响较大，未能获得较好的效果，因此，TRPO 论文中最终选择使用基于约束的方法。

6.3.3 重要性采样

重要性采样在诸如 TRPO 和 PPO 等强化学习算法中具有关键作用，其主要功能是修正新旧策略之间的分布差异，以便利用旧策略采集的数据来优化新策略。本节将对该技术展开讲解。

1. 重要性采样的定义

重要性采样是一种基于蒙特卡洛采样思想的方法，经常被用于估计期望值和积分。该方法基于辅助分布进行采样，并通过重要性权重对估计值进行修正，从而提高采样和估计的效率。

假设希望计算某个函数 $f(x)$ 的期望值，例如 $f(x)=x^2-3x-3$，其中，自变量 x 是满足概率分布 $p(x)$ 的随机变量，则 $f(x)$ 的期望值可以理解为 $f(x)$ 在整个概率分布 $p(x)$ 上的加权平均值，**$f(x)$ 的期望值计算公式**为

$$E_{x\sim p}[f(x)]=\int f(x)p(x)\mathrm{d}x \tag{6.21}$$

其中，$E_{x\sim p}[f(x)]$ 表示按照真实概率分布 p 采样得到 x，之后将 x 代入 $f(x)$ 并计算期望值。然而，直接从 $p(x)$ 进行采样可能非常困难或采样成本极高。如图 6.7 所示，重要性采样通过引入一个易于采样的辅助概率分布 $p'(x)$，从而更高效地采样并估计 $f(x)$ 的期望值。此时，$f(x)$ 的期望值的计算公式变为

$$E_{x\sim p}[f(x)]=\int f(x)\frac{p(x)}{p'(x)}p'(x)\mathrm{d}x=E_{x\sim p'}\left[f(x)\frac{p(x)}{p'(x)}\right]=E_{x\sim p'}[f(x)\cdot w(x)] \tag{6.22}$$

其中：

（1）$x\sim p$ 和 $x\sim p'$ 分别表示按照真实概率分布 p 和辅助概率分布 p' 采样得到 x。

（2）$w(x)$ 为**重要性权重**（Importance Weights），$w(x)=p(x)/p'(x)$。由于两种概率分布存在差异，因此每个样本都需要乘以相应的修正系数 $w(x)$。

式（6.22）中，通过对分子分母同时乘以 $p'(x)$，将 $E_{x\sim p}$ 转换为 $E_{x\sim p'}$ 的表示，从而可以按照辅助概率分布 $p'(x)$ 采样得到 x，进一步代入函数 $f(x)$ 求解期望值。

2. 重要性采样需满足的条件

重要性采样需满足以下条件：如果在某个 x 上 $p(x)$ 的概率值大于 0，那么 $p'(x)$ 在同一个位置的概率也必须大于 0。

3. 重要性采样的应用场景

当从概率分布 $p(x)$ 采样非常困难或采样成本极高时，可以采用重要性采样，以提升采样效率。例如，对于图 6.7 中的双峰分布 $p(x)$，特别是高维空间的分布，采样效率非常低甚至不可行。需要注意的是，计算某个 x 对应的概率值 $p(x)$ 容易，并不意味着很容易采集到一批符合概率分布 $p(x)$ 的随机变量 x。

在离散情况下，或者按照蒙特卡洛方法进行估算时，$f(x)$ 的期望值求解公式为

$$E_{x\sim p}[f(x)]=E_{x\sim p'}\left[f(x)\frac{p(x)}{p'(x)}\right]\approx\frac{1}{N}\sum_{i=1}^{N}f(x_i)\frac{p(x_i)}{p'(x_i)} \tag{6.23}$$

根据大数定理，当 N 足够大时，这个估计值会接近真实的期望值。

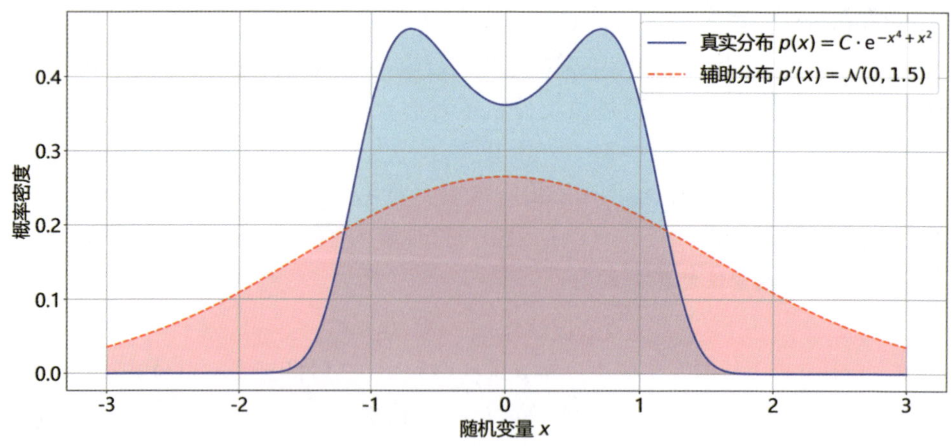

图 6.7 重要性采样中的两个分布

4. 重要性采样计算示例

为便于理解，此处以离散场景为例。假设有一个离散的随机变量 X，取值范围为$\{1, 2, 3, 4, 5\}$，X 服从真实概率分布 $p(x)$，用于采样的辅助概率分布为 $p'(x)$。X 的概率分布如表 6.1 所示。

表 6.1 随机变量 x 的概率分布

x	1	2	3	4	5
$p(x)$	0.4	0.3	0.15	0.1	0.05
$p'(x)$	0.05	0.1	0.15	0.3	0.4

计算函数 $f(x) = x^2 - 3x - 3$ 的期望值。因为自变量 x 为离散值，代入 x 的值，可得 $f(x)$ 对应的取值为$\{-5, -5, -3, 1, 7\}$。计算 $f(x)$ 期望的**步骤**如下。

（1）按照辅助概率分布 $p'(x)$ 采样一些 x 值，例如 6 个 x 值，即 6 个样本，得到样本 $x = [4, 5, 4, 5, 4, 2]$。

（2）计算每个样本的重要性权重 $w(x)$，将各个 x 值代入 $f(x)$ 并计算修正后的函数值，如表 6.2 所示。

表 6.2 重要性采样计算过程

样本编号	采样结果 x	$f(x)$	$p(x)$	$p'(x)$	$w(x) = p(x) / p'(x)$	修正后的函数值 $f(x) \cdot w(x)$
1	4	1	0.1	0.3	0.3333	0.3333
2	5	7	0.05	0.4	0.125	0.875
3	4	1	0.1	0.3	0.3333	0.3333
4	5	7	0.05	0.4	0.125	0.875
5	4	1	0.1	0.3	0.3333	0.3333
6	2	-5	0.3	0.1	3	−15

按照式（6.23）求 $f(x)$ 的期望，只需将表 6.2 中最后一列值取平均，即

$$E^{6}_{x\sim p}[f(x)] = E_{x\sim p'}\left[f(x)\frac{p(x)}{p'(x)}\right] = E_{x\sim p'}[f(x)\cdot w(x)] \approx -2.04 \tag{6.24}$$

按照辅助概率分布 $p'(x)$ 采样 6 个 x 值后，估计出的 $f(x)$ 的期望 $E^{6}_{x\sim p}[f(x)] \approx -2.04$。假如没有进行第 6 次采样（只有前 5 个样本），则求得 $f(x)$ 的期望 $E^{5}_{x\sim p}[f(x)] \approx 0.55$。

$f(x)$ 在真实概率分布 $p(x)$ 下的**真实期望值**为

$$\begin{aligned} E^{*}_{x\sim p}[f(x)] &= \sum_{x=1}^{5} p(x)f(x) \\ &= 0.4\times(-5) + 0.3\times(-5) + 0.15\times(-3) + 0.1\times 1 + 0.05\times 7 = -3.5 \end{aligned} \tag{6.25}$$

估计值 $E^{5}_{x\sim p}[f(x)] \approx 0.55$ 与真实期望值 $E^{*}_{x\sim p}[f(x)] = -3.5$ 存在显著偏差。这是因为从辅助概率分布 $p'(x)$ 中采样的前 5 个样本全部集中在 $x=4$ 和 $x=5$（对应 $f(x)\ =1$ 和 $f(x)\ =7$，均为正值），而 $x = 1, 2, 3$ 对应的 $f(x)$ 为负值的样本未被采样到，导致估计值偏高。然而，在第 6 次采样时，抽到了 $x=2$，此时，计算 6 个样本下 $f(x)$ 的期望得到 $E^{6}_{x\sim p}[f(x)] \approx -2.04$，与真实值 $E^{*}_{x\sim p}[f(x)] = -3.5$ 的偏差显著缩小。

5. “重要性”的含义

如图 6.8 所示，虽然在 x 为 1 到 3 范围内辅助概率分布 $p'(x)$ 的概率小于真实概率分布 $p(x)$，两者存在较大偏差，但此范围内样本的**重要性权重** $w(x)$（修正系数）很大。例如，在 $p'(x)$ 中抽到 $x=2$ 的概率只有 0.1，但由于该样本的重要性权重非常大，$w(x)=3$，因此对估计值起到了显著的纠偏作用，使估计的 $f(x)$ 的期望值保持相对准确，避免了较大偏差，这充分体现了重要性采样中“重要性”一词的含义。

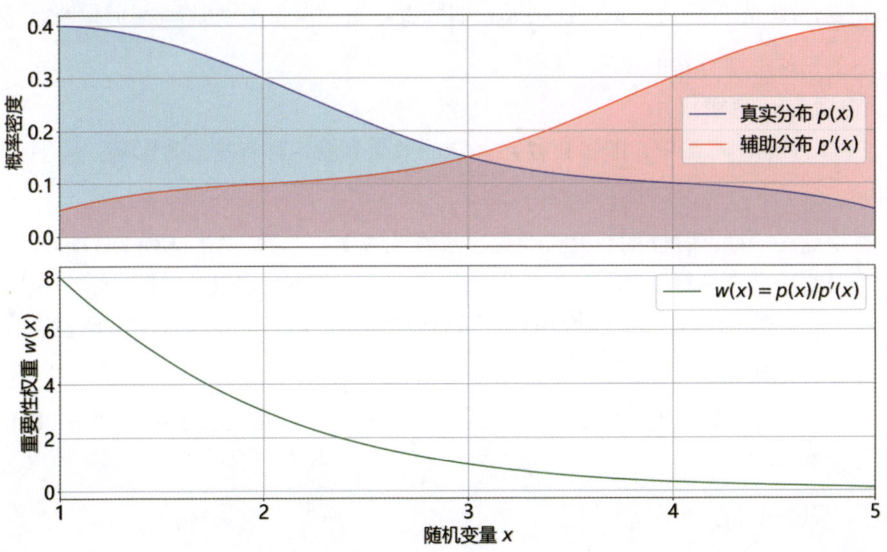

图 6.8　重要性采样计算示例

6. 重要性采样的实践指南

综合以上例子，可以得到以下结论，在实际应用重要性采样时，需注意以下事项。

（1）**两个分布的差异不可过大**：如果两者差异太大，则会导致计算方差过大，例如，表 6.2 中使用第 6 条样本计算得到的期望值差异是否很大。

（2）**采样次数不可过少**：增加采样次数有助于更全面地覆盖真实分布，从而提高估计的准确性。

6.3.4 PPO-Penalty

1. PPO-Penalty

近端策略优化-惩罚（**PPO-Penalty**）是 PPO 算法的一个分类。如式（6.20）所示，这一形式最早在 TRPO 的论文中被提出。PPO-Penalty 的核心思想是在目标函数中加入 KL 散度的惩罚项，以限制新策略与旧策略之间的差异[52]。

PPO-Penalty 的目标函数为

$$J^{\text{PPO-Penalty}}(\theta)=\mathbb{E}_t\left[\frac{\pi_\theta(a_t\mid s_t)}{\pi_{\theta_{\text{old}}}(a_t\mid s_t)}A_t^{\pi_{\theta_{\text{old}}}}-\beta\cdot\text{KL}\left[\pi_{\theta_{\text{old}}}(\cdot\mid s_t),\pi_\theta(\cdot\mid s_t)\right]\right] \tag{6.26}$$

在训练过程中，只需最大化目标函数 $J(\theta)$，无须显式处理约束条件。其中：

（1）$\dfrac{\pi_\theta(a_t\mid s_t)}{\pi_{\theta_{\text{old}}}(a_t\mid s_t)}$ 为策略概率比，表示新策略 π_θ 与旧策略 $\pi_{\theta_{\text{old}}}$ 在特定状态 s_t 下选择相同动作 a_t 的概率之比，用于衡量两者的相对差异。此处与重要性采样技术相关，其原理与计算过程详见 6.3.3 节。

（2）β：KL 散度惩罚系数，控制惩罚的强度，用于调整新策略 π_θ 与旧策略 $\pi_{\theta_{\text{old}}}$ 在每个状态 s_t 下的动作概率分布的差异。

2. 自适应KL惩罚

在 PPO-Penalty 算法中，超参数 β 对算法的效果和稳定性有着显著影响，但手动调节 β 较为困难。

为解决这一问题，PPO 的研究人员提出了**自适应 KL 惩罚**（Adaptive KL Penalty）。该方法在训练过程中动态调整 β 的值：当新旧策略之间的平均 KL 散度较小时，减小 β 以降低惩罚力度；反之，当 KL 散度较大时，增大 β 以增加惩罚力度。通过这种动态调整机制，策略更新过程能够更加稳定[52]。

总体而言，PPO-Penalty 算法的表现通常不如 PPO-Clip，因此在实际应用中 PPO-Penalty 的使用较为有限。

6.3.5 PPO-Clip

近端策略优化-剪裁（**PPO-Clip**）是 PPO 算法的一个分类。通常所说的PPO 即指 PPO-Clip。

该算法的目标函数没有额外的约束项，也没有 KL 散度惩罚系数需要调节，大幅降低了实践难度并提升了算法效果。

1. PPO-Clip的目标函数

PPO-Clip 的目标是最大化未来回报的期望，具体来说，通过最大化目标函数 $J(\theta)$来优化策略，**PPO-Clip 的目标函数**为

$$J^{\text{PPO-Clip}}(\theta)=\mathbb{E}_t\left[\min\left\{\frac{\pi_\theta(a_t\mid s_t)}{\pi_{\theta_{\text{old}}}(a_t\mid s_t)}\cdot A_t^{\pi_{\theta_{\text{old}}}},\ \text{clip}\left(\frac{\pi_\theta(a_t\mid s_t)}{\pi_{\theta_{\text{old}}}(a_t\mid s_t)},1-\varepsilon,1+\varepsilon\right)\cdot A_t^{\pi_{\theta_{\text{old}}}}\right\}\right] \tag{6.27}$$

其中：

（1）$\mathbb{E}_t$ 表示计算期望，即在一个批次样本中，对所有时间步的估计值进行平均。

（2）θ_{old}表示用于生成当前大批次数据（N 条）的旧策略的参数，一个大批次数据会被打散并切分为 M 个小批次，进行 M 次小批量训练与参数更新。在这些小批量更新过程中，θ_{old} 保持不变。将对应的策略 $\pi_{\theta_{\text{old}}}$ 称为**旧策略**，将当前版本参数 θ 对应的策略 π_θ 称为**新策略**。

（3）$\pi_\theta(a_t\mid s_t)$ 表示新策略下，在给定状态 s_t 下采取动作 a_t 的概率。

（4）$\pi_{\theta_{\text{old}}}(a_t\mid s_t)$ 表示旧策略下，在给定状态 s_t 下采取动作 a_t 的概率。

（5）$A_t^{\pi_{\theta_{\text{old}}}}$ 为优势估计值，表示旧策略下，在状态 s_t 采取动作 a_t 相对于平均水平的优势，用于评估动作 a_t 的好坏，指导策略朝着有优势的动作方向更新。

（6）ε 为剪裁阈值参数，通常可设为 0.1 到 0.3 之间，用于控制剪裁强度。

（7）clip(x, 1−ε, 1+ε)为截断函数，将 x 截断到区间[1−ε, 1+ε]内，数学表达式为

$$\text{clip}(x,1-\varepsilon,1+\varepsilon)=\begin{cases}1-\varepsilon, & x<1-\varepsilon\\ x, & 1-\varepsilon\leqslant x\leqslant 1+\varepsilon\\ 1+\varepsilon, & x>1+\varepsilon\end{cases} \tag{6.28}$$

在式（6.27）中，通常进一步定义**策略概率比**如下：

$$r_t(\theta)=\frac{\pi_\theta(a_t\mid s_t)}{\pi_{\theta_{\text{old}}}(a_t\mid s_t)} \tag{6.29}$$

$r_t(\theta)$ 用于衡量新旧策略在特定状态 s_t 下选择相同动作 a_t 的概率差异，反映参数更新后策略的变化程度。

由式（6.27）可得 **PPO-Clip 的损失函数**为

$$\mathcal{L}^{\text{PPO-Clip}}(\theta)=-J^{\text{PPO-Clip}}(\theta) \tag{6.30}$$

2. 策略概率比的计算

如 2.2.5 节所述，在实际应用中，概率通常以对数概率（Log Probabilities，LogProbs）的形式出现，即对概率 $P(w)$取对数 $\log(P(w))$后的值。因此，在计算策略概率比时，与式（6.29）略有不同。对式（6.29）进行变换后得到

$$
\begin{aligned}
r_t(\theta) &= \frac{\pi_\theta(a_t|\ s_t)}{\pi_{\theta_{\text{old}}}(a_t|\ s_t)} \\
&= \exp\left(\log\left(\frac{\pi_\theta(a_t|\ s_t)}{\pi_{\theta_{\text{old}}}(a_t|\ s_t)}\right)\right) \\
&= \exp\left(\log\pi_\theta(a_t|\ s_t) - \log\pi_{\theta_{\text{old}}}(a_t|\ s_t)\right) \\
&= \exp\left(\text{logProbs}_t - \text{old\_logProbs}_t\right)
\end{aligned}
\tag{6.31}
$$

即策略概率比 $r_t(\theta)$ 的计算基于 logProbs 和 old_logProbs 之差。

3. clip与min操作的意义详解

式（6.27）形式上比较复杂，其本质目的是要得到一个合适的缩放系数 η_t，以对优势估计值 $A_t^{\pi_{\theta\text{old}}}$ 进行缩放。为清晰起见，对式（6.27）中的部分项用缩放系数 η^r 与 η^{clip} 进行替换，可以分别称为**“线性”缩放系数**和**“剪裁”缩放系数**，并进行简化。

$$
\begin{aligned}
J^{\text{PPO-Clip}}(\theta) &= \mathbb{E}_t\left[\min\left\{\frac{\pi_\theta(a_t\,|\,s_t)}{\pi_{\theta_{\text{old}}}(a_t\,|\,s_t)}\cdot A_t^{\pi_{\theta\text{old}}},\ \ \text{clip}\left(\frac{\pi_\theta(a_t\,|\,s_t)}{\pi_{\theta_{\text{old}}}(a_t\,|\,s_t)}, 1-\varepsilon, 1+\varepsilon\right)\cdot A_t^{\pi_{\theta\text{old}}}\right\}\right] \\
&= \mathbb{E}_t\left[\min\left\{\eta_t^r\cdot A_t^{\pi_{\theta\text{old}}},\ \ \eta_t^{\text{clip}}\cdot A_t^{\pi_{\theta\text{old}}}\right\}\right] \\
&= \mathbb{E}_t\left[\eta_t\cdot A_t^{\pi_{\theta\text{old}}}\right]
\end{aligned}
\tag{6.32}
$$

其中，η^r 与 η^{clip} 的大小与策略概率比 $r_t(\theta)$ 相关，其关系如图 6.9 所示，横轴为策略概率比 $r_t(\theta)$，图 6.9（a）为“剪裁”缩放系数 η^{clip} 的曲线；图 6.9（b）为“线性”缩放系数 η^r 的曲线，呈线性增长。

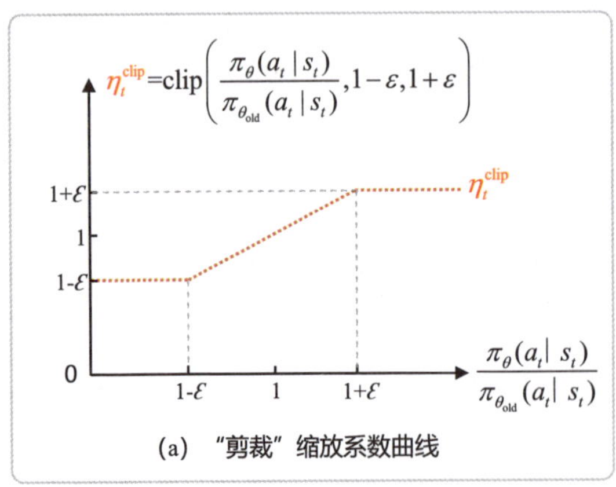

(a) “剪裁”缩放系数曲线

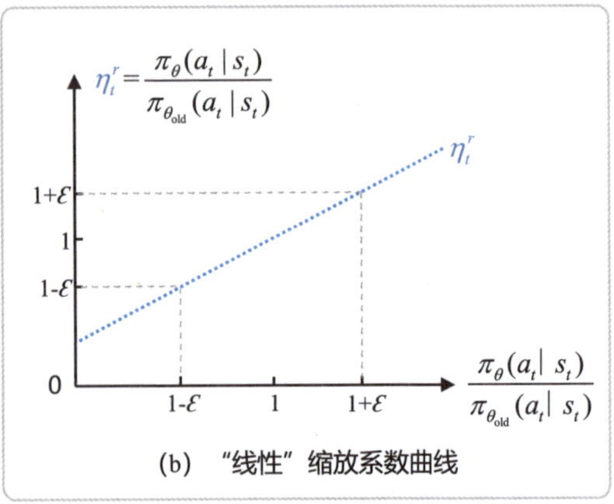

(b) “线性”缩放系数曲线

图 6.9　$A_t^{\pi_{\theta\text{old}}}$ 的两种缩放系数随策略概率比 $r_t(\theta)$ 变化的曲线

如式（6.32）所示，$A_t^{\pi_{\theta\text{old}}}$ 的缩放系数 η_t 的取值与 η^r、η^{clip}、策略概率比 $r_t(\theta)$，以及优势估计值 $A_t^{\pi_{\theta\text{old}}}$ 的正负有关。根据优势估计值 $A_t^{\pi_{\theta\text{old}}}$ 正负的不同，分两种情况讨论 η_t 的取值，结合图 6.10 与表 6.3，对 PPO-Clip 的目标函数解析如下。

（1）**当 $A_t^{\pi_{\theta_{\text{old}}}}>0$ 时**：如图 6.10（a）所示，$\eta_t=\min\left(\eta_t^r,\ \eta_t^{\text{clip}}\right)$。$A_t^{\pi_{\theta_{\text{old}}}}>0$ 说明在状态 s_t 下执行 a_t 的预期回报好于平均水平，应该通过梯度更新增加这个状态—动作对出现的概率，但是增加的幅度不可太大，可通过截断 η_t 进行限制。

（1.1）当 $r_t(\theta)\in(0,\ 1+\varepsilon]$ 时，按照“线性”缩放系数进行梯度更新并增大执行 a_t 的概率。

（1.2）当 $r_t(\theta)\in(1+\varepsilon,+\infty)$ 时，当前策略执行 a_t 的概率已经较高（相对于旧策略 $\pi_{\theta_{\text{old}}}$），不应过度增大执行 a_t 的概率，以避免策略更新不稳定，因此截断，$\eta_t=1+\varepsilon$。

（2）**当 $A_t^{\pi_{\theta_{\text{old}}}}<0$ 时**：如图 6.10（b）所示，$\eta_t=\max\left(\eta_t^r,\ \eta_t^{\text{clip}}\right)$。$A_t^{\pi_{\theta_{\text{old}}}}<0$ 说明在状态 s_t 下执行 a_t 的预期回报低于平均水平，应该通过梯度更新减小这个状态—动作对出现的概率，但是减小的幅度需要进行限制。

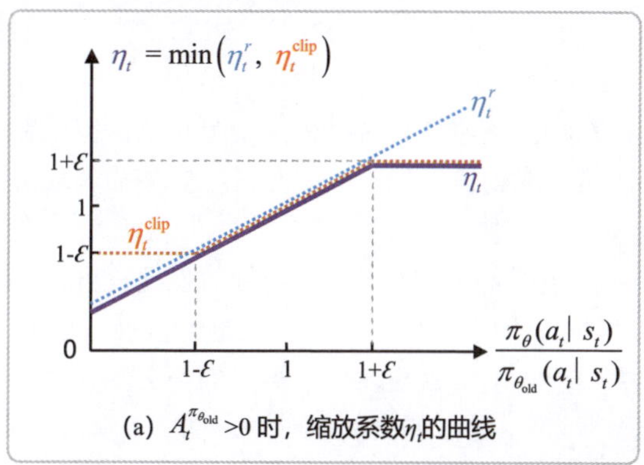

(a) $A_t^{\pi_{\theta_{\text{old}}}}>0$ 时，缩放系数 η_t 的曲线

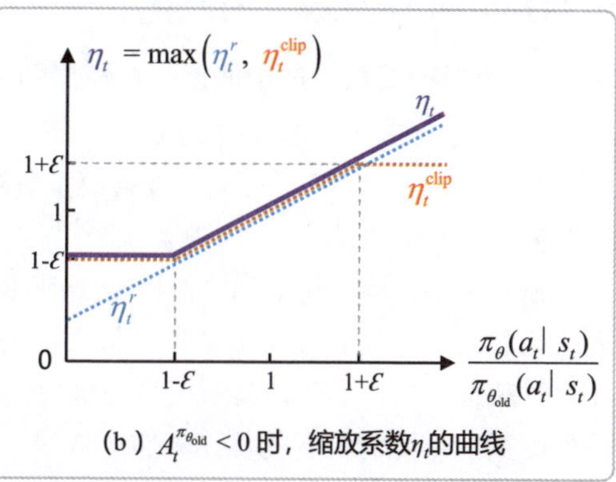

(b) $A_t^{\pi_{\theta_{\text{old}}}}<0$ 时，缩放系数 η_t 的曲线

图 6.10　$A_t^{\pi_{\theta_{\text{old}}}}$ 的最终缩放系数 η_t 的求解原理

（2.1）当 $r_t(\theta)\in(0,\ 1-\varepsilon)$ 时，当前策略执行 a_t 的概率已经较小（相对于旧策略 $\pi_{\theta_{\text{old}}}$），不应过度减小执行 a_t 的概率，以避免策略更新不稳定，因此截断，$\eta_t=1-\varepsilon$。

（2.2）当 $r_t(\theta)\in[1-\varepsilon,\ +\infty)$ 时，按照“线性”缩放系数进行梯度更新并减小执行 a_t 的概率。

将以上信息分类为 6 种情况，进行总结，如表 6.3 所示。

表 6.3　PPO-Clip 的目标函数分段取值与意义解释

优势 $A_t^{\pi_{\theta_{\text{old}}}}$	$r_t(\theta)=\frac{\pi_\theta(a_t\|s_t)}{\pi_{\theta_{\text{old}}}(a_t\|s_t)}$	$\eta_t\cdot A_t^{\pi_{\theta_{\text{old}}}}$	是否被截断	意义解释
$A_t^{\pi_{\theta_{\text{old}}}}>0$（动作 a_t 较好，应增加执行 a_t 的概率）	$(0,1-\varepsilon)$	$\frac{\pi_\theta(a_t\|s_t)}{\pi_{\theta_{\text{old}}}(a_t\|s_t)}\cdot A_t^{\pi_{\theta_{\text{old}}}}$	—	梯度更新后增加执行 a_t 的概率
	$[1-\varepsilon,1+\varepsilon]$	$\frac{\pi_\theta(a_t\|s_t)}{\pi_{\theta_{\text{old}}}(a_t\|s_t)}\cdot A_t^{\pi_{\theta_{\text{old}}}}$	—	梯度更新后增加执行 a_t 的概率
	$(1+\varepsilon,+\infty)$	$(1+\varepsilon)\cdot A_t^{\pi_{\theta_{\text{old}}}}$	截断	当前策略执行 a_t 的概率已经比较大了（$r_t(\theta)$很大），不可太贪婪，截断

续表

优势 $A_t^{\pi_{\theta_{\text{old}}}}$	$r_t(\theta)=\frac{\pi_\theta(a_t\mid s_t)}{\pi_{\theta_{\text{old}}}(a_t\mid s_t)}$	$\eta_t \cdot A_t^{\pi_{\theta_{\text{old}}}}$	是否被截断	意义解释
$A_t^{\pi_{\theta_{\text{old}}}}<0$（动作 a_t 较差，应减小执行 a_t 的概率）	$(0, 1-\varepsilon)$	$(1-\varepsilon)\cdot A_t^{\pi_{\theta_{\text{old}}}}$	截断	当前策略执行 a_t 的概率已经比较小了（$r_t(\theta)$很小），不可太贪婪，截断
	$[1-\varepsilon, 1+\varepsilon]$	$\frac{\pi_\theta(a_t\mid s_t)}{\pi_{\theta_{\text{old}}}(a_t\mid s_t)}\cdot A_t^{\pi_{\theta_{\text{old}}}}$	—	梯度更新后减小执行 a_t 的概率
	$(1+\varepsilon, +\infty)$	$\frac{\pi_\theta(a_t\mid s_t)}{\pi_{\theta_{\text{old}}}(a_t\mid s_t)}\cdot A_t^{\pi_{\theta_{\text{old}}}}$	—	梯度更新后减小执行 a_t 的概率

6.3.6 PPO 的 Loss 的扩展

1. 为目标函数增加价值损失与熵奖励

PPO 是一种基于 Actor-Critic 架构的算法。在训练策略模型时，需要一个状态价值函数（模型）进行联合训练。其中，策略模型负责决策生成动作，价值模型对策略模型的表现进行评估。

在实现中，策略模型和价值模型一般使用独立的神经网络架构，以便针对性地提升模型效果。然而，考虑到策略模型和价值模型的相似性，有时会使用参数共享的神经网络架构。在这种架构下，为了兼顾策略模型与价值模型的优化目标，需要将价值模型的损失纳入整体目标函数，以协调两者的优化方向。

此外，为了增强模型的探索能力，可以在目标函数中添加**熵奖励**（Entropy Bonus），熵奖励基于策略模型的熵值，衡量策略的随机性。较高的熵表示策略具有更强的随机性和探索性，有助于鼓励策略保持一定的随机性，从而增强探索能力，避免陷入局部最优解。**对于熵大的模型，概率分布较为均匀，各候选词的概率接近，分布曲线较平坦**；而对于熵小的模型，概率分布高度集中，仅少数候选词的概率较高，其余接近 0，分布曲线呈尖峰状。通过适当提升策略模型的熵，可以鼓励模型保留一定的随机性，从而增强模型的探索能力。

综合上述两个因素，**扩展后的 PPO 目标函数为**

$$J_t^{\text{Clip+VF+S}}(\theta)=\mathbb{E}_t[\underbrace{J_t^{\text{PPO-Clip}}(\theta)}_{\text{PPO-Clip目标}\uparrow}-c_1\cdot\underbrace{\mathcal{L}_t^{\text{VF}}(\theta)}_{\text{价值模型Loss}\downarrow}+c_2\cdot\underbrace{S[\pi_\theta](s_t)}_{\text{策略模型的熵}\uparrow}] \tag{6.33}$$

其中：

（1）$J_t^{\text{PPO-Clip}}(\theta)$ 为原始的 PPO-Clip 目标函数，如式（6.27）所示。

（2）$\mathcal{L}_t^{\text{VF}}(\theta)$ 是价值函数（Value Function，VF）的损失函数，或表示为 $\mathcal{L}_t^{\text{Critic}}(\theta)$。通常基于均方误差（MSE）来构造，$\mathcal{L}_t^{\text{VF}}(\theta)=\left(V_\theta(s_t)-R_t\right)^2$，其中，$V\theta(s_t)$是当前策略参数下的价值估计，$R_t$ 是实际的回报。

（3）$S[\pi_\theta](s_t)$ 是熵奖励，计算公式为 $S[\pi_\theta](s_t)=-\sum_a \pi_\theta(a\mid s_t)\log\pi_\theta(a\mid s_t)$。

（4）c_1 与 c_2 是权重系数，其中，c_1 控制价值模型损失的权重，c_2 控制熵奖励的权重。

如式（6.33）所示，在新的目标函数下进行训练时，**整体目标是**最大化原始的 PPO-Clip 目标函数 $J_t^{\text{PPO-Clip}}(\theta)$、最小化价值模型的损失函数 $\mathcal{L}_t^{\text{VF}}(\theta)$，以及最大化熵奖励 $S[\pi_\theta](s_t)$，从而最大化全局目标 $J_t^{\text{Clip+VF+S}}(\theta)$。

在目标函数中引入价值模型损失 $\mathcal{L}_t^{\text{VF}}(\theta)$ 和熵奖励 $S[\pi_\theta](s_t)$，同时新增了两个超参数 c_1 与 c_2，这增加了训练的难度。在实际应用中，可以根据具体情况和效果，选择性地添加 $\mathcal{L}_t^{\text{VF}}(\theta)$ 和 $S[\pi_\theta](s_t)$。

根据式（6.33），可得**扩展后的 PPO 损失（Loss）**为

$$\begin{aligned}\mathcal{L}_t^{\text{Clip+VF+S}}(\theta) &= -J_t^{\text{Clip+VF+S}}(\theta) \\ &= \mathbb{E}_t[-J_t^{\text{PPO-Clip}}(\theta) + c_1\mathcal{L}_t^{\text{VF}}(\theta) - c_2 S[\pi_\theta](s_t)]\end{aligned} \tag{6.34}$$

2. PPO-ptx（引入预训练梯度）

PPO-ptx 是 OpenAI 在对 InstructGPT 进行 RLHF 训练过程中提出的一种方法，旨在缓解模型在公共 NLP 数据集上的效果退化问题。其核心思想是在常规 PPO 训练过程中引入预训练目标（语言建模目标），以平衡 PPO 训练目标与语言建模目标[56]。其总目标函数表示为

$$J = J_{\text{PPO}} + \lambda_{\text{ptx}} \cdot J_{\text{pretrain}} \tag{6.35}$$

其中，J_{PPO} 是 PPO 训练目标。J_{pretrain} 是预训练目标（语言建模目标），通过在 RLHF 阶段继续利用部分预训练数据（例如通用文本数据）得到。λ_{ptx} 是权重因子，用于控制预训练目标的作用强度。

6.3.7 TRPO 与 PPO 的区别

TRPO 和 PPO 的初始研究均由 John Schulman 主导，二者可谓一脉相承。PPO 在 TRPO 的基础上进一步改进，显著提升了算法的效果和计算效率。它们的主要区别如下。

（1）**策略更新的约束机制**：TRPO 通过构建一个带置信域的优化问题，限制新旧策略之间的 KL 散度，确保策略更新在安全范围 δ 内；PPO 则采用剪裁机制，直接在目标函数中限制策略更新幅度，实现更为简捷。

（2）**优化复杂度**：TRPO 需要二阶优化方法，借助目标函数的二阶导数信息来精确控制更新步长，以保证在置信域 δ 内更新，这增加了计算复杂度；PPO 则只需一阶优化方法（例如随机梯度下降），不需要二阶信息，因此计算复杂度较低。

（3）**样本效率**：TRPO 有严格的置信域约束，样本效率相对较低；PPO 则可以在一批样本上多次训练和更新参数，大大提高了样本的收集和利用效率。

6.3.8 图解策略模型的训练

图 6.11 简要展示了通用场景下 PPO 的训练流程及策略模型参数 θ 的更新过程，其中价值模型未在图中展示。PPO 的训练流程主要包括以下两个阶段。

（1）**样本收集**：基于旧策略收集样本，生成多条轨迹（经验），并存入回放缓冲区，供后续训练使用。

（2）**多轮 PPO 训练**：将回放缓冲区中的所有样本随机打散，并划分为多个小批次

（mini-batches），以便进行小批次训练。针对每个小批次（图中的“批次 1”“批次 2”），分别进行一次训练与参数更新，总计完成 mini_batch 次训练。如果设置的 ppo_epochs > 1，则重复利用回放缓冲区中的所有样本，再次随机打散并切分为小批次，重复上述训练过程 ppo_epochs 轮（图中的“第 1 轮”“第 2 轮”）。通过对这一大批次样本的多轮训练，显著提升了样本的重复利用率。在第二阶段，总计完成 ppo_epochs×mini_batch 次训练与参数更新。

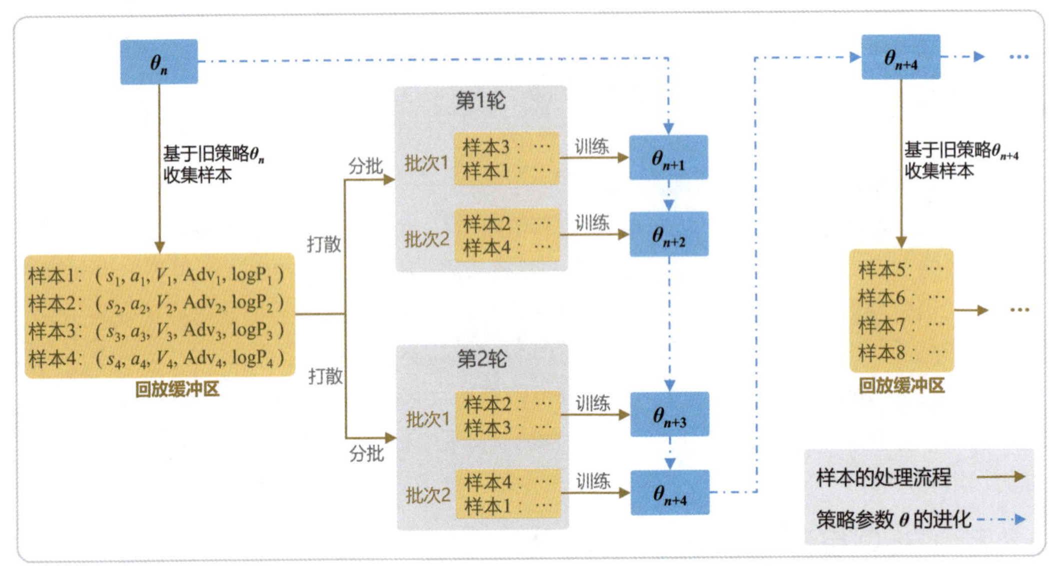

图 6.11　PPO 训练中策略模型的更新过程

以上两个阶段不断循环进行，每一次循环称为一轮迭代（iteration）。进行多轮迭代，直至完成所有 PPO 训练任务。

更详细的 PPO 训练流程及其原理图，可参考 7.3.5 节中的代码实现（算法 7.1），以及 7.3.6 节的图 7.15。

“旧策略”：所谓“旧策略”或“旧模型”，是指每轮迭代开始时的策略或模型。之所以称为“旧”，是相对于第二阶段更新参数后的模型而言的。需要注意的是，旧模型或旧策略会随着每一轮迭代更新，但其更新频率较低，仅在迭代间隔中进行。

6.3.9　深入解析 PPO 的本质

1. PPO是一种近似的同策略算法

从 PPO 的实现流程可以看出（如图 6.11 与算法 7.1 所示），PPO 首先使用旧版本的策略模型（行为策略）构造样本，然后对新版本的策略模型（目标策略）进行 ppo_epochs×mini_batch 次的训练与参数更新。由于行为策略和目标策略不同，根据 5.1.5 节的内容，这种情况通常被归类为异策略。这意味着，PPO 在策略梯度的基础上进行了改进，提升了样本收集和利用的效率，表现出一定的异策略特性。

然而，在 PPO 的训练过程中，引入了剪裁机制，用于限制策略更新的幅度，确保新旧策略之间的差异不会过大，从而使行为策略与目标策略保持相似。从这个角度来看，PPO 具备同策略的特性。

综上所述，PPO 在设计上兼具异策略和同策略的特性，但由于 Clip 机制使其行为策略与目标策略保持相似，因此通常被视为一种近似的同策略算法。

2. 为何基于动作概率限制，而非参数距离

TRPO 和 PPO 都属于同策略算法，它们通过限制新旧策略之间的动作概率差异来确保策略更新的稳定性。然而，为什么选择基于动作概率 $\pi(a \mid s)$ 的限制，而不是基于参数 θ 之间的距离（例如 L2 范数等）进行限制？原因如下。

（1）**参数空间与策略行为的非线性关系**：策略通常由神经网络参数化，参数空间（例如权重和偏置）与策略输出的动作概率之间存在高度非线性和复杂的关系。参数空间中的微小变化可能导致策略行为（动作概率）的巨大变化，反之亦然。

（2）**动作概率的限制更具普适性**：策略参数通常是高维的，直接在参数空间中进行限制可能会面临优化困难，例如，如何在不显著增加计算量的前提下定义合适的距离度量。仅通过参数差异难以利用泛化适应各种任务需求，而动作概率的限制更具普适性，能够在不同任务中保持策略行为的稳定性。

（3）**实践效果与理论支持**：TRPO 和 PPO 等实验表明，通过限制动作概率的变化，可以实现稳定且高效的学习过程。

3. PPO与A2C算法的区别

PPO 与 A2C 有一些共同点，它们都是基于策略梯度的算法，都采用了 Actor-Critic 架构。但它们在算法设计、稳定性和样本效率等方面存在以下区别。

（1）**策略更新限制**：PPO 采用剪裁机制限制策略更新的幅度，从而提高训练的稳定性；而 A2C 没有此限制，可能导致策略更新过大，进而影响训练的稳定性。

（2）**样本收集与训练效率**：PPO 可以使用旧策略收集大量样本，并对同一个大批次的样本进行多次训练和参数更新，这大大提高了样本的利用率和训练效率。相比之下，A2C 每个样本只使用一次，样本效率较低。

6.4 GRPO算法

群体相对策略优化（Group Relative Policy Optimization，GRPO）是一种基于策略的强化学习算法，由 DeepSeek 团队提出[72]，并已在 DeepSeek、Qwen 等模型的训练中得到应用。传统的 PPO 方法除了训练策略模型，还需额外构建一个规模相近的价值网络，这会显著增加计算和显存的开销。如图 6.12 所示，GRPO 摒弃了单独的价值网络，并通过多项改进，在保留 PPO 核心思想的基础上，显著减少了训练所需资源，同时确保了策略更新的高效性和稳定性。

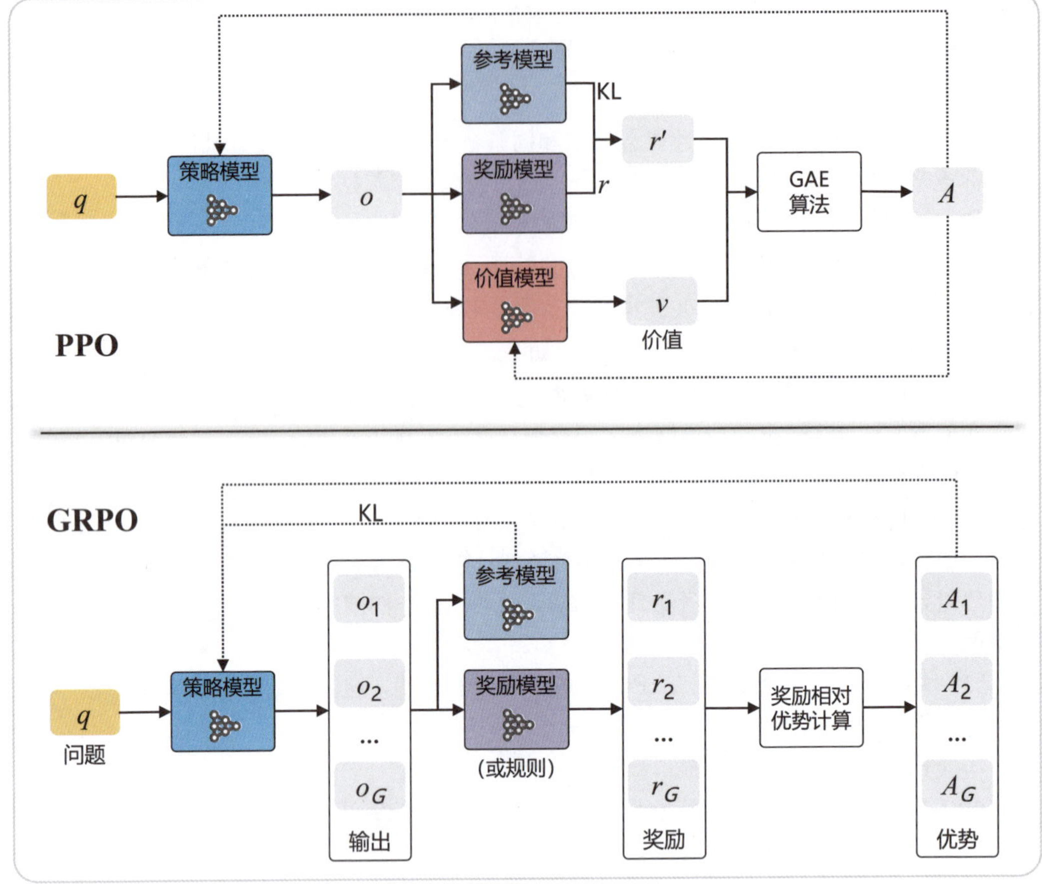

图 6.12　GRPO 与 PPO 的区别

6.4.1　GRPO 的原理

1. GRPO的核心思想与优化目标

GRPO 的核心思想在于利用群体相对优势估计来取代传统的价值模型。具体来说，GRPO 通过采样一组候选输出，并将这些输出的平均奖励作为基线，来计算各个输出的优势值。这种方法不仅避免了对额外价值模型的依赖，也充分发挥了奖励模型的比较特性，从而提高了训练的效率和稳定性。

以 LLM 生成任务为例，在 GRPO 训练过程中，对于每个问题 q，旧策略模型 $\pi_{\theta_{\text{old}}}$ 会生成 G 个输出 $\{o_1,o_2,\cdots,o_G\}$。随后，通过基于规则的奖励机制或奖励模型对这些输出进行评分，得到对应的 G 个奖励值 $\{r_1,r_2,\cdots,r_G\}$，并据此计算出每个输出的优势值 $\{A_1,A_2,\cdots,A_G\}$。最终，模型通过最大化式（6.36）来更新策略。类似于式（6.27），GRPO 的目标函数与 PPO-Clip 相似，其优化目标为最大化目标函数 $J^{\text{GRPO}}(\theta)$。**GRPO 的目标函数为**

$$J^{\mathrm{GRPO}}(\theta)=\mathbb{E}\left[\frac{1}{G}\sum_{i=1}^{G}\left(\min\left(\frac{\pi_\theta(o_i|q)}{\pi_{\theta_{\mathrm{old}}}(o_i|q)}\cdot A_i,\ \mathrm{clip}\left(\frac{\pi_\theta(o_i|q)}{\pi_{\theta_{\mathrm{old}}}(o_i|q)},1-\varepsilon,1+\varepsilon\right)\cdot A_i\right)-\beta\cdot\mathrm{KL}\left(\pi_\theta\,\|\,\pi_{\mathrm{ref}}\right)\right)\right] \tag{6.36}$$

其中：

（1）G 是 GRPO 的一个超参数，表示对于每个问题 q，所要生成的输出 o 的数量。

（2）$\pi_\theta(o_i|q)$ 表示在新策略（模型）下，给定输入 q 时，输出为 o_i 的概率。

（3）$\pi_{\theta_{\mathrm{old}}}(o_i|q)$ 表示在旧策略（模型）下，给定输入 q 时，输出为 o_i 的概率。

（4）A_i 为优势估计值，表示在输入为 q 时，输出 o_i 相对于群体平均水平的优势。

（5）ε 为剪裁阈值参数，通常可设为 0.1 到 0.3 之间，用于控制剪裁强度。

（6）$\mathrm{clip}(x, 1-\varepsilon, 1+\varepsilon)$ 为截断函数，将 x 限制在区间 $[1-\varepsilon, 1+\varepsilon]$ 内。

（7）β 是 GRPO 的一个超参数，代表 KL 散度的惩罚系数，用于调控新策略（模型）π_θ 与参考策略（模型）$\pi_{\theta_{\mathrm{ref}}}$ 的输出概率分布的差异。

2. GRPO的优势估计

GRPO 利用组内各输出之间的相对奖励来计算**优势** A_i，具体来说，优势计算基于归一化的奖励，其公式为

$$A_i=\frac{r_i-\mathrm{mean}(\{r_1,r_2,\cdots,r_G\})}{\mathrm{std}(\{r_1,r_2,\cdots,r_G\})} \tag{6.37}$$

其中，r_i 表示输出 o_i 对应的奖励分数；mean 表示对 G 个奖励 $\{r_1,r_2,\cdots,r_G\}$ 取平均值；std 表示对 G 个奖励 $\{r_1,r_2,\cdots,r_G\}$ 计算标准差。

3. GRPO中的KL散度

在式（6.35）中，$\mathrm{KL}\left(\pi_\theta\,\|\,\pi_{\mathrm{ref}}\right)$ 表示新策略 π_θ 与参考策略 $\pi_{\theta_{\mathrm{ref}}}$ 之间的 KL 散度。与 PPO 中采用的 KL 散度计算方法（详见式（7.5））不同，GRPO 使用了另一种计算形式：

$$\mathrm{KL}(\pi_\theta\,\|\,\pi_{\mathrm{ref}})=\frac{\pi_{\mathrm{ref}}(o_i|q)}{\pi_\theta(o_i|q)}-\log\frac{\pi_{\mathrm{ref}}(o_i|q)}{\pi_\theta(o_i|q)}-1 \tag{6.38}$$

这种 KL 散度的估计方式具有无偏和方差小的优点，且所有取值均为非负。John Schulman 在其文章中详细讨论了三种 KL 散度的近似方法[186]，读者可以进一步阅读以获得更多细节。

此外，在 PPO 中，如式（7.4）所示，KL 散度主要通过对奖励值进行惩罚来影响优势的计算；而在 GRPO 中，KL 散度被直接整合到目标函数（式（6.36））中，从而简化了优势 A_i 的计算过程。

4. 多种奖励的组合

如式（6.37）所示，GRPO 的训练依赖奖励的计算。DeepSeek 团队在 DeepSeek-R1 的训练过程中采用了两类奖励[185]。

（1）**基于规则的奖励**：利用预定义的函数或工具对模型输出进行校验，并据此赋予奖励分数。例如，对于数学题，如果模型计算出的结果与计算器得出的结果一致，则奖励 $r=1$；

否则，奖励 $r=0$ 。

（2）**基于奖励模型的奖励**：对于许多没有标准答案的问题（例如开放性问题或某些非结构化任务），难以通过规则直接评价模型输出，此时可采用专门训练的奖励模型为输出评分。

通过引入基于规则的奖励体系，可以有效缓解奖励欺骗问题（详见 7.4.1 节）。具体来说，DeepSeek 团队主要采用了以下两种基于规则的奖励。

（1）准确性奖励机制：用于评估回答是否正确。以具有确定性结果的数学题为例，要求模型按照指定格式提供最终答案，从而便于使用规则化方法验证答案的正确性；类似地，对于 LeetCode 类问题，可通过编译器基于预设的测试用例生成反馈。

（2）格式奖励机制：通过正则表达式等方法检测模型是否按照预定格式输出。例如，可要求模型将其思考过程严格放在<think>与</think>标签之间。

此外，在 GRPO 的训练过程中，随着策略模型不断更新，原有的奖励模型可能无法准确评估最新的输出。因此，奖励模型的参数也需要持续更新，以保持评估的准确性。

6.4.2 GRPO 与 PPO 的区别

GRPO 在 PPO 的基础上进行了多处改进，两者的区别如图 6.12 所示[72]。有关 PPO 的详细原理如图 7.15 所示。

相比 PPO，GRPO 主要进行了以下改进。

（1）**移除价值函数**：GRPO 不再单独训练价值函数（模型），从而大幅降低了计算资源和显存的消耗，并显著提升了训练效率。

（2）**群体相对优势估计**：PPO 采用 GAE 算法来估计优势，GRPO 则基于组内相对奖励直接计算优势，更为直观简捷。同时，GRPO 与奖励模型的比较特性高度契合，因为奖励模型通常是在偏好数据集（同一 Prompt 下的输出偏好比较）上训练的。

（3）**新的 KL 散度估计**：GRPO 采用了一种新的 KL 散度估计方法，该方法具有无偏、方差小且结果非负的优点，比 PPO 的方法更加稳定可靠。

（4）**正则化方式的调整**：GRPO 直接将 KL 散度作为正则项融入损失函数，从而简化了优势 A_i 的计算过程。

6.5 DPG

在确定性策略梯度（Deterministic Policy Gradient，DPG）、深度确定性策略梯度（Deep Deterministic Policy Gradient，DDPG）、双延迟深度确定性策略梯度（Twin Delayed Deep Deterministic Policy Gradient，TD3）等算法问世之前，使用强化学习算法处理连续动作空间的问题一直面临诸多挑战。传统的 DQN 等算法主要适用于离散动作空间，无法直接应用于连续动作空间。虽然可以通过将连续动作空间离散化的方法来尝试解决这一问题，但这种离散化往往会降低算法效果，限制了其在复杂控制任务中的应用。离散动作空间和连续动作空间的概念与场景举例如下。

（1）**离散动作空间**：动作集合是有限且可数的，每个动作可以被明确地枚举和选择。例如，象棋等棋类游戏、游戏中的上下左右选择按键、网格式迷宫导航。

（2）**连续动作空间**：动作集合是无限且不可数的，动作通常由数值向量表示，需要精确控制。例如，机器人关节角度调整、汽车转向角度、金融资产配置比例等。

针对这些问题，DPG 应运而生，并在此基础上发展出了更强大的衍生算法，例如 DDPG 和 TD3。本节将围绕这些算法展开讨论。

6.5.1 确定性策略与随机性策略

强化学习的策略类型可以分为确定性策略（Deterministic Policy）和随机性策略（Stochastic Policy）。如图 6.13 所示，两者的概念和区别如下。

（1）**确定性策略**：在每个状态下，策略都会输出一个确定的动作。也就是说，对于给定的状态 s，策略函数始终映射到同一个特定动作 a。数学表示为 $a = \pi(s)$，其中，π是策略函数。通常，基于 DQN、DPG、DDPG 等算法实现的策略都属于确定性策略。

（2）**随机性策略**：在每个状态下，策略输出的是执行动作的概率分布。也就是说，在给定的状态 s 下，策略输出的动作是不同的，策略为所有动作分配一个概率，按照概率采样选择动作。数学表示为$\pi(a|s) = P(A=a \mid S=s)$，其中，$\pi(a|s)$表示在状态 s 下选择动作 a 的概率。通常，基于 PPO、TRPO、REINFORCE、A2C、A3C、SAC 等算法实现的策略都属于随机性策略，因为所有动作都有机会被采样到。因此，随机性策略有助于探索和避免陷入局部最优。

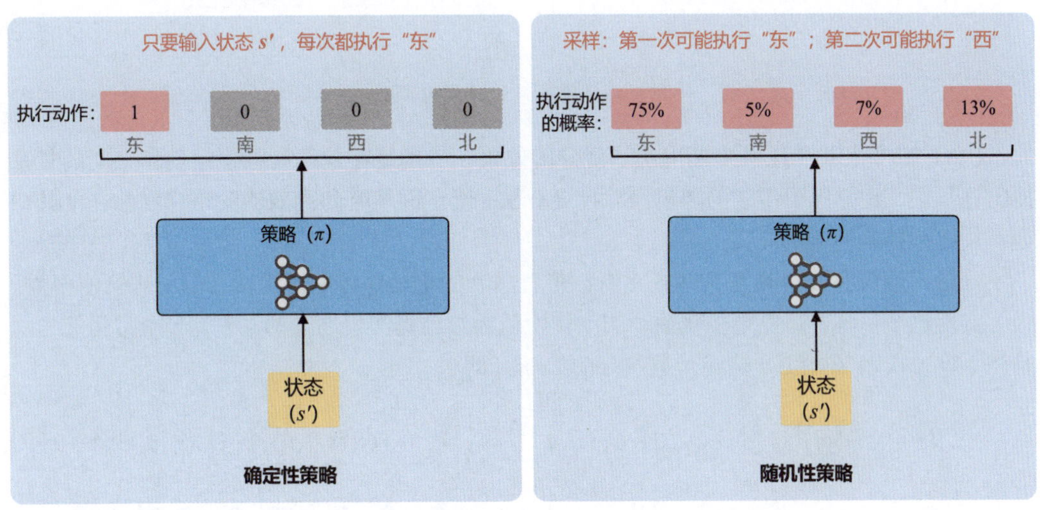

图 6.13 确定性策略与随机性策略

6.5.2 DPG、DDPG、TD3 算法

1. 确定性策略梯度

确定性策略梯度算法由 David Silver 在与其他研究人员于 2014 年发表的论文中系统性阐述，该算法旨在解决连续动作空间中的强化学习问题[34]。该算法具有以下特性。

（1）确定性策略：DPG 采用确定性策略，将状态直接映射到具体的动作。相比于传统的随机策略梯度算法，DPG 在高维动作空间中表现出显著优势。

（2）策略梯度优化：DPG 利用策略梯度算法直接优化确定性策略。传统的随机策略梯度算法依赖执行动作的概率分布，而 DPG 能够在连续动作空间中更精确地更新策略，减小了由于动作采样带来的估计方差。

（3）Actor-Critic 架构：DPG 采用了 Actor-Critic 架构，如图 6.14 所示。策略网络负责生成具体的动作，价值网络则评估当前策略的价值。价值网络基于 Q-learning 方法进行训练，策略网络则基于策略梯度定理进行梯度上升来更新策略。

（4）异策略学习：DPG 是一个异策略算法，这意味着它可以利用来自不同策略的数据进行学习，从而在探索和利用之间取得更好的平衡。

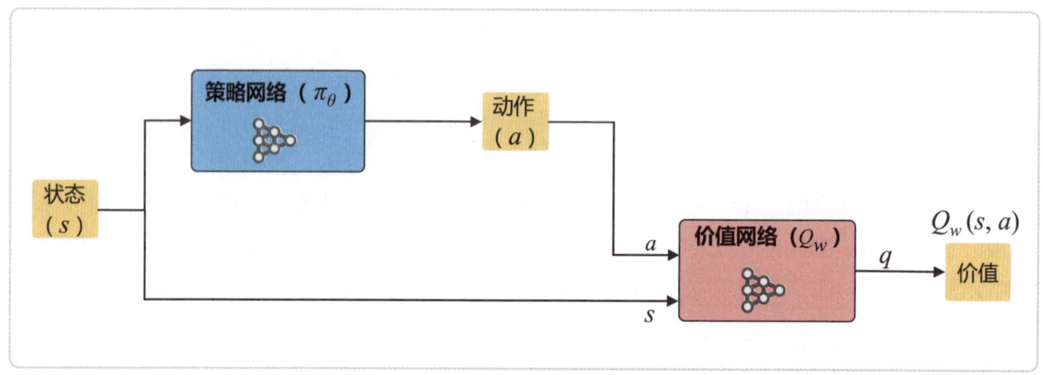

图 6.14　确定性策略梯度原理

DPG 在多个基准任务中展现出了优异的效果，特别是在处理高维连续动作空间的复杂控制任务中，显著优于传统的随机策略梯度算法。确定性策略和高效的策略梯度估计使其成为解决连续控制问题的有效工具。

价值网络的损失、梯度及参数更新：价值网络的主要任务是逼近真实的动作价值函数。为了实现这一目标，需要最小化估计的动作价值函数与真实值之间的误差。一个常用的方法是基于均方误差（MSE）构建价值网络的 Loss，即

$$L(w)=\frac{1}{2}[\delta_t]^2=\frac{1}{2}\left[Q_{\text{TD-Target}}-Q_w(s_t,a_t)\right]^2=\frac{1}{2}\left[\underbrace{r_{t+1}+\gamma Q_w(s_{t+1},a_{t+1})}_{\text{TD目标(TD-Target)}}-Q_w(s_t,a_t)\right]^2 \tag{6.39}$$

其中，$a_{t+1}=\pi_\theta(s_{t+1})$，即策略 π_θ 在状态 s_{t+1} 执行的动作；δ_t 是时序差分误差（TD-Error）。计算价值网络的损失函数 $L(w)$ 对参数 w 的梯度，即

$$\nabla_w L(w)=\nabla_w\left(\frac{1}{2}[\delta_t]^2\right)=\delta_t\cdot\nabla_w\delta_t=-\delta_t\cdot\nabla_w Q_w(s_t,a_t) \tag{6.40}$$

其中，δ_t 中的 $Q_w(s_{t+1},a_{t+1})$ 依赖未来的参数 w_{t+1}，对当前的 w_t 影响较小，梯度计算时忽略。因为要最小化损失函数 $L(w)$，故使用梯度下降算法，价值网络的参数 w 的更新公式为

$$w_{t+1}=w_t-\alpha_w\cdot\nabla_w L(w)=w_t+\alpha_w\cdot\delta_t\cdot\nabla_w Q_w(s_t,a_t) \tag{6.41}$$

其中，w_t 是价值网络在时间步 t 的参数，α_w 是价值网络的学习率，$\nabla_w Q_w(s_t,a_t)$ 是价值网络 Q_w 对参数 w 的梯度，δ_t 是时序差分误差，如式（6.39）所示。

策略网络的损失、梯度及参数更新：策略网络的任务是根据当前策略选择动作 a_t，由参数 θ 表示的确定性策略 π_θ 表示。策略网络利用价值网络提供的价值信息来调整其策略，以最大化预期回报。结合 5.5.2 节，策略网络的策略梯度为

$$\nabla_\theta J(\theta) = \nabla_\theta \pi_\theta(s_t) \cdot \nabla_a Q_w(s_t,a_t) \tag{6.42}$$

其中，$a_t = \pi_\theta(s_t)$。$\nabla_\theta J(\theta)$ 可通过导数的链式法则推导得出（详见 DPG 算法论文[34]）。因为要最大化目标函数 $J(\theta)$，所以使用梯度上升算法，策略网络的参数 θ 的更新公式为

$$\theta_{t+1} = \theta_t + \alpha_\theta \cdot \nabla_\theta J(\theta) = \theta_t + \alpha_\theta \cdot \nabla_\theta \pi_\theta(s_t) \cdot \nabla_a Q_w(s_t,a_t) \tag{6.43}$$

其中，$a_t = \pi_\theta(s_t)$，θ_t 是 Actor 在时间步 t 的参数，α_θ 是 Actor 的学习率，$\nabla_\theta \pi_\theta(s_t)$ 是策略 π_θ 对参数 θ 的梯度，$\nabla_a Q_w(s_t,a_t)$ 是价值网络 Q_w 对动作 a_t 的梯度。

2. 深度确定性策略梯度

深度确定性策略梯度是确定性策略梯度算法的改进版本，结合了深度 Q 网络的思想，由 DeepMind 的研究团队于 2015 年发表[35]。

DDPG 在训练过程中需要**加载 4 个模型**——2 个策略网络和 2 个价值网络。如图 6.15 所示，这些网络分工协作，通过软更新等机制，有效提升了训练的稳定性和效率。

相比于 DPG，DDPG 主要有以下改进。

（1）**目标网络**（Target Network）：新增 2 个网络——目标策略网络、目标价值网络，用于计算目标 Q 值——式（6.39）中的 TD 目标，以避免训练过程中的震荡和不稳定。2 个目标网络的参数通过各自对应的主网络的参数进行软更新（每隔 N 步同步一次最新参数到目标策略网络和目标价值网络），以增加训练的稳定性。

（2）**回放缓冲区**：新增回放缓冲区，存储智能体与环境交互的经验样本（$s_t, a_t, r_{t+1}, s_{t+1}$）。随机采样小批量样本进行训练，打破样本间的相关性，提升了训练的稳定性和效率。

（3）**噪声机制**（Exploration Noise）：为了在连续动作空间中有效探索，DDPG 通常在策略网络输出的动作上添加噪声（例如 Ornstein-Uhlenbeck 噪声），以帮助智能体在训练过程中探索更多的动作空间，避免陷入局部最优。

如图 6.15 所示，**DDPG 的算法原理如下**。

（1）**梯度计算与参数更新**：红色线条和红色文字表示与价值网络 Q_w 相关的梯度计算及参数更新流程；蓝色线条和蓝色文字则表示与策略网络 π_θ 相关的梯度计算及参数更新流程。需要注意的是，价值网络在两次计算 Q 值时输入的动作不同，分别为 a_t 与 a''。其中，a_t 是来自回放缓冲区的数据；$a'' = \pi_\theta(s_t)$，即 a'' 是策略网络 π_θ 在状态 s_t 执行的动作。

（2）**目标计算网络**：图中下半部分主要用于计算“目标”，即式（6.39）中的 TD 目标，随后根据式（6.40）计算出价值网络的梯度 $\nabla_w L(w)$，并更新价值网络 Q_w 的参数。

（3）**网络参数的定期同步**：图中下半部分的 2 个目标计算网络参数较为陈旧（以浅色表示）。在训练过程中，每隔 N 步，将图中上半部分的 2 个主要网络的最新参数同步到对应的目标计算网络中。

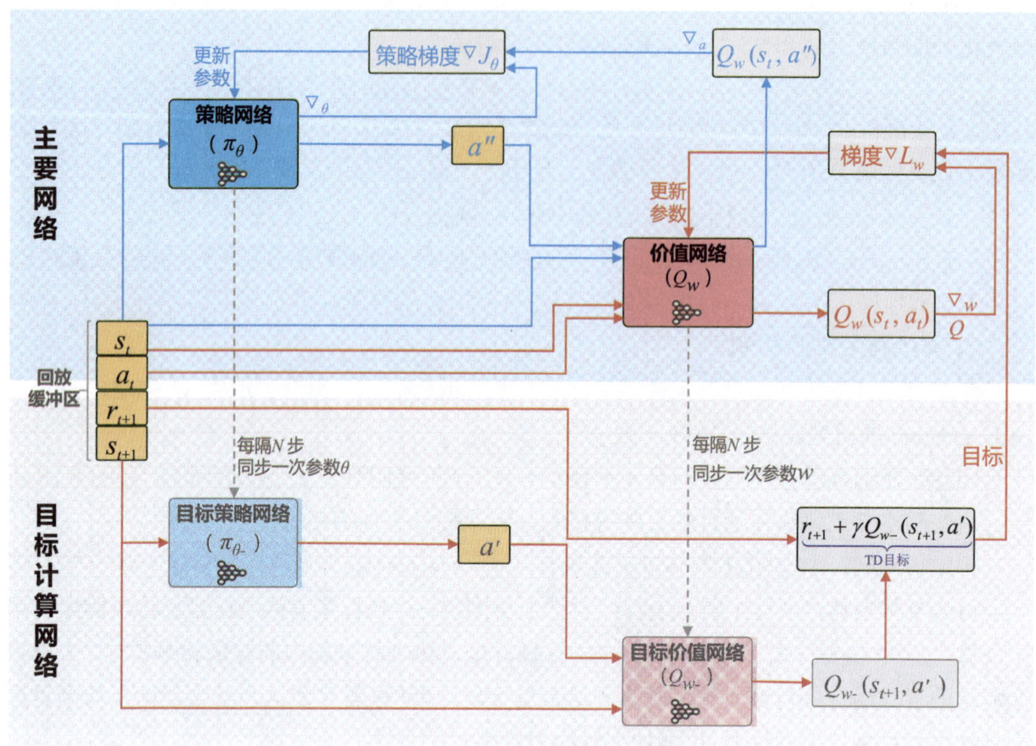

图 6.15　DDPG 的算法原理

3. TD3

双延迟深度确定性策略梯度算法是对 DDPG 的显著改进，由 Scott Fujimoto 等人于 2018 年提出[36]。

TD3 的训练相比 DDPG 更为复杂，在 TD3 的训练过程中，需要**加载 6 个模型**，包括 2 个策略网络和 4 个价值网络。这些网络分工明确、相互配合，通过延迟更新目标网络等技巧，有效提升了训练的稳定性和性能。

与 DDPG 相比，TD3 的主要改进点如下。

（1）**双评委**（Twin Critics）：通过引入双评委来减少动作价值函数的过估计偏差。具体而言，TD3 使用两个独立的价值网络，并在更新策略网络时取这两个价值网络估计值的最小值，以限制高估现象。

（2）**延迟更新策略网络**（Delayed Policy Updates）：在 TD3 算法中，策略网络的更新频率被降低，即策略网络只有在价值网络经过多次更新后才进行一次更新。这种延迟更新机制使价值网络能够更充分地学习和估计 Q 值，从而为策略网络提供更加稳定和准确的梯度信息，避免策略更新过快导致的不稳定。

（3）**目标策略平滑**（Target Policy Smoothing）：在计算目标 Q 值时，向目标动作添加少量随机噪声（通常是剪枝的高斯噪声），以防止 Q 值估计的过拟合和减小估计的方差。这一机制通过在目标动作周围的小区域内拟合 Q 值，使目标 Q 值更加平滑，提升了算法的稳健性。

第 7 章　RLHF 与 RLAIF

强化学习方法种类繁多，其中，基于人类反馈的强化学习（Reinforcement Learning from Human Feedback，RLHF）和基于 AI 反馈的强化学习（Reinforcement Learning from AI Feedback，RLAIF）作为两种极具代表性的应用范式，展现了卓越的效果和潜力。这两种方法基于强化学习框架，通过引入反馈信号（人类反馈或 AI 反馈），有效地优化目标模型的行为，并提升模型的效果与对齐能力。在 RLHF 和 RLAIF 思想的基础上，衍生出了多种强化学习训练方法。

7.1　RLHF概要

基于人类反馈的强化学习是一种用于对齐智能体行为与人类偏好的技术。该方法首先通过人类提供的标注数据或示范样本，训练一个奖励模型以拟合人类偏好。随后基于奖励模型对智能体进行强化学习训练，优化其行为，使其更加符合人类的价值观和期望。

RLHF 的应用领域非常广泛，不仅用于 LLM 的训练，还被应用于多模态大语言模型和视觉语言模型的训练、游戏策略优化、机器人控制等场景。

7.1.1　背景与发展

1. 强化学习的核心挑战：奖励函数的设计

强化学习的效果高度依赖奖励函数的设计。然而，由于实际任务的复杂性，奖励或目标往往难以被明确描述或量化，这使奖励函数的设计成为一项巨大的挑战。例如，通过强化学习训练机器人完成叠衣服任务，或训练一个 LLM 与人类进行对话，人工设计的奖励函数难以完全覆盖期望的行为。

如果奖励函数设计得不合理，那么智能体可能通过“投机取巧”的方式利用奖励函数的漏洞进行优化。最终，尽管智能体能够获得较高的奖励分数，却无法实现预期目标。这实际上反映了强化学习的目标与人类期望之间的对齐偏差（Misalignment）。因此，如何将人类的目标精准传递给智能体，成为提升强化学习效果的关键突破点之一。

RLHF 技术为这一难题提供了有效的解决方案。通过融入人类的偏好信息，RLHF 能够显著缓解目标对齐问题，使智能体的行为更符合人类的需求和期望。

2. RLHF的发展历程

早期强化学习在优化 NLP 任务时，通常采用可量化的指标（例如 BLEU、ROUGE 等）作为奖励信号。然而，这些指标难以全面捕捉语言生成的复杂性和人类偏好，因此，模型的效果往往难以令人满意。

为了解决奖励信号不足的问题，研究人员引入了人类反馈（Human Feedback），通过让人类对系统行为进行评价来优化模型表现。这一方法在理论上符合强化学习的范式，但直接使用人类反馈作为奖励函数会显著降低训练效率。为此，研究人员提出使用一个神经网络——奖励模型来拟合人类偏好，并将其作为奖励信号融入强化学习过程。这种方法显著提高了训练效率，这正是广为人知的 RLHF。

多个研究团队先后在 RLHF 领域进行了深入探索，其中，OpenAI 的研究尤为具有代表性，主要包括以下内容。

2017 年，来自 OpenAI、DeepMind 等研究团队的研究人员在 Atari 游戏中成功应用 RLHF，取得显著成果。这一进展验证了 RLHF 的可行性，为后续应用奠定了基础[54]。

2019 年，OpenAI 将 RLHF 应用于 NLP 任务，针对四种自然语言任务开展实验，展现了 RLHF 在 NLP 场景下的潜力[55]。

2022 年年初，基于 GPT-3 模型，OpenAI 通过 RLHF 训练推出了 InstructGPT 模型。该模型的毒性显著降低，指令遵循能力显著提升[56]。

2022 年年底，ChatGPT 发布，这标志着大模型时代的开启。RLHF 在 ChatGPT 的训练中发挥了关键作用，此后 RLHF 成为大模型对齐任务的主流方法，被业界广泛推崇。

RLHF 的发展历程不仅展示了强化学习在语言生成领域的巨大潜力，也为构建更符合人类需求的智能模型提供了重要技术路径。

7.1.2 语言模型的强化学习建模

RLHF 可应用于多种模型的训练，包括 LLM、MLLM 与 VLM 等。本节以对 LLM 进行强化学习训练为例，将该任务建模为一个强化学习问题。参考 5.1.2 节，以下是生成式语言模型中的一些关键概念及具体对应关系，如图 7.1 所示。

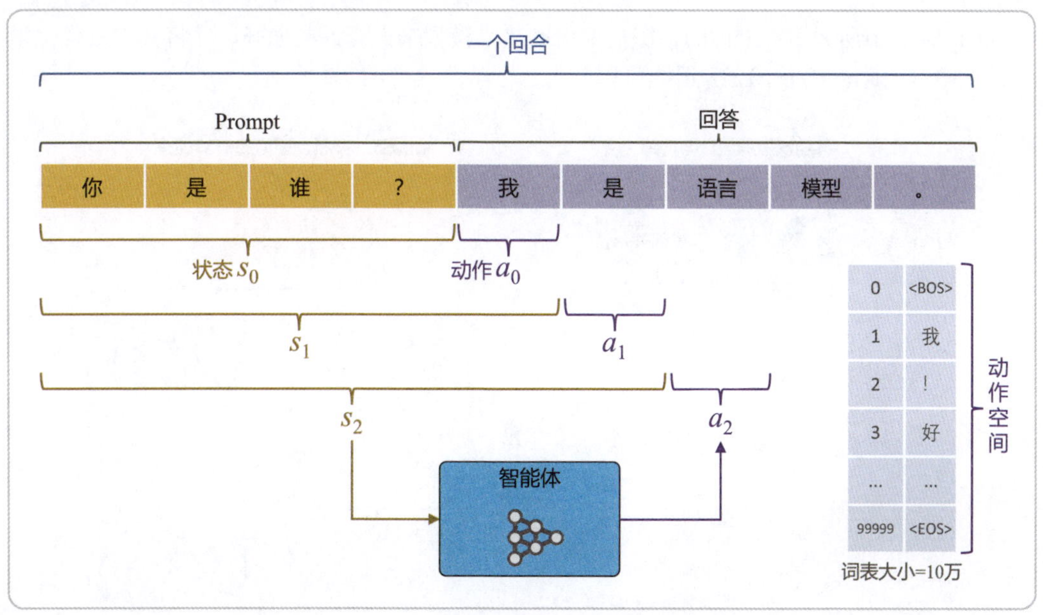

图 7.1 语言模型的强化学习建模

（1）**动作**：动作指模型在每个时间步生成的一个 Token。例如，当模型从词表中选择下一个输出词时，这一选择就是一个动作。

（2）**动作空间**（Action Space）：动作空间是语言模型的词表（Vocabulary），即所有可能的 Token 的集合，通常包含数量级约为 10 万个的词元。

（3）**智能体**（Agent）：智能体是负责决策的实体，即 LLM。它负责接收文本输入并生成一系列文本或其概率分布。

（4）**策略**：策略是 LLM 对应的模型参数，决定了模型生成文本的具体规则和行为。

（5）**状态**：状态是模型当前的输入上下文，通常由已生成的 Token 序列构成。例如，在针对 Prompt 为“你是谁？”的生成过程中，状态会随着生成的 Token 动态更新，形成如“你是谁？”“你是谁？我”“你是谁？我是”等状态。

（6）**回合**：回合是一次完整的文本生成过程，从初始输入（例如一个问题或指令）开始，到模型生成结束（通常以特殊符号<EOS>或<END>表示）。

（7）**价值**（Value）：价值表示在特定状态下或采取特定动作后，模型未来所能获得的预期回报。它衡量当前动作（Token 或词）的选择质量及其后续可能动作的潜在影响，通常由单独的价值网络进行估计。

7.1.3 训练样本和总流程

1. RLHF的两阶段式训练流程

在开展 RLHF 训练之前，通常需要对模型进行 SFT 训练（详见第 2 章），以使其具备基本的问答能力。

如 7.1.1 节所述，RLHF 的训练需要借助奖励模型来拟合人类偏好，并将其引入强化学习过程中。因此，整个 RLHF 训练可以分为两个阶段，如图 7.2 所示。

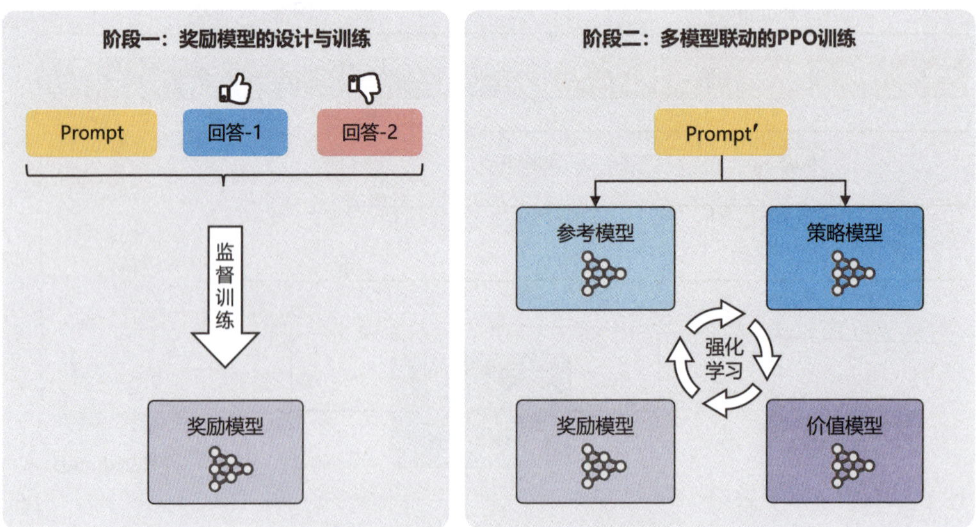

图 7.2 RLHF 的两阶段式训练流程

（1）**阶段一（奖励模型的设计与训练）**：根据用户输入，生成多种候选回答，并由人工对这些回答进行偏好标注。这些标注数据作为训练样本，用于监督学习训练奖励模型，使其能够预测不同回答的偏好得分。

（2）**阶段二（多模型联动的 PPO 训练）**：联合策略模型、参考模型、奖励模型和价值模型，基于 PPO 算法进行强化学习训练。通过迭代优化，策略模型逐步提升生成内容的质量，使其更加符合人类的需求和价值观。

2. RLHF的训练样本

如图 7.2 所示，RLHF 的训练过程分为两个阶段，每个阶段使用不同类型的训练样本。两个阶段的样本均需包含 Prompt，收集方法详见 3.2.2 节。收集到的 Prompt 可以拆分为两个独立的集合，被分配到两个阶段，或在两个阶段中重用部分 Prompt，以保持奖励模型的有效性并加速 PPO 训练的收敛。两个阶段的样本如下。

（1）**奖励模型样本**：奖励模型的训练依赖偏好数据集（Prompt+回答），其构建和清洗过程详见 3.2.1 节和 3.2.3 节。

（2）**PPO 训练的样本**：该阶段的训练样本仅需要 Prompt 即可，无须回答。如 5.1.1 节所述，强化学习通过智能体与环境的交互进行学习，不需要明确的标签（回答）。

3. 原生的PPO与大模型领域的PPO有何区别

原生的 PPO 算法是一种通用的基于 Actor-Critic 架构的强化学习算法，被广泛应用于游戏策略优化、机器人控制、大模型训练等领域。其核心设计只需要两个模型。

（1）**策略模型**：用于生成并执行动作（例如，选择方向、计算转角、生成文本等）。

（2）**价值模型**：用于估计状态的价值函数 $V(s)$，辅助计算优势函数 $A(s, a)$。

原生 PPO 通过利用环境提供的反馈奖励信号优化这两个模型，从而提升策略效果。

然而，在大模型（例如 LLM、MLLM 与 VLM 等）领域中，基于 PPO 的 RLHF 训练需要应对特定挑战，例如奖励信号的设计、输出分布的限制等。因此，PPO 在这些场景下进行了扩展，通常还需要引入以下两个模型。

（1）**奖励模型**（Reward Model）：通过人类偏好或标注数据训练，提供奖励信号，替代了原生 PPO 中的环境反馈。

（2）**参考模型**（Reference Model）：对策略模型进行约束，限制策略模型的更新。

因此，大模型领域中的 PPO 在模型设计和训练目标上相较于原生 PPO 有了显著扩展，其应用场景更为复杂，细节实现也更加多样化。在本章中，将对大模型的 RLHF 训练中的 PPO 实现、原理及具体实践进行深入解析。

7.2 阶段一：奖励模型的设计与训练

奖励模型（Reward Model，RM）在 RLHF 训练中起着关键作用，与价值模型共同指导策略模型的优化方向。本节将详细讲解奖励模型的模型结构、输入输出、Loss 设计、训练流程以及 Scaling Law 等内容。

7.2.1 奖励模型的结构

1. 奖励模型结构的设计与改造过程

奖励模型的核心作用是为特定 Prompt 对应的回答结果输出一个奖励分数，用于指导策略模型的优化。通常，奖励模型在经过 SFT 的 LLM 基础上小幅改造而来。由于经过 SFT 的模型具备丰富的语言处理能力，直接复用其底层的 Transformer 结构可以显著减少训练时间和数据需求。改造过程如图 7.3 所示。

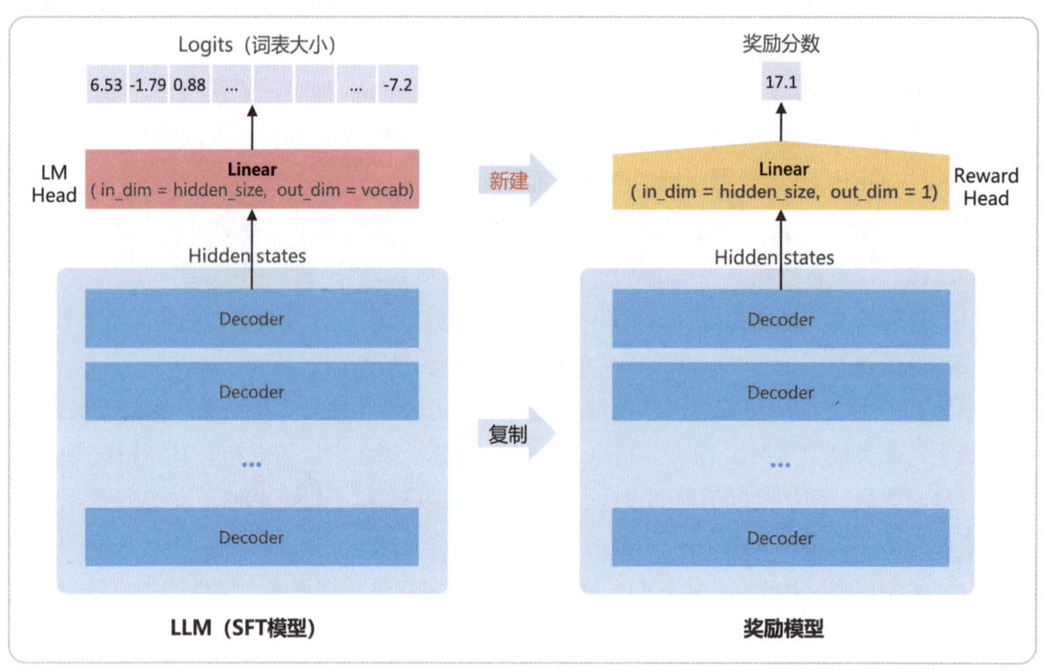

图 7.3 奖励模型的改造过程

（1）**共享底层结构**：奖励模型复用了 LLM 的底层结构及其权值，包括所有的 Transformer Decoder 层和 Embedding 层，从而确保两者具备一致的隐藏状态表示能力。这种共享设计不仅降低了训练复杂度，还显著减少了从零训练所需的计算资源和数据需求。

（2）**替换输出头**：将 LLM 原有的顶层线性层（通常命名为 LM Head）替换为全新的线性层（通常命名为 Reward Head）。如 1.1.3 节所述，LLM 的最后一层通常是一个线性投影层，其输入维度为隐藏状态大小（hidden_size），输出维度为词表大小（vocab_size），用于生成对应于全词表的 logits 值（概率分布）。而奖励模型只需输出一个分数值，因此，LLM 的输出头被替换为一个全新的线性层，该层的输出维度为 1（out_dim=1），用于生成奖励分数。

（3）**冻结 Transformer 层训练**：有时，奖励模型底层的 Transformer 层在训练过程中会被冻结，仅训练 Reward Head。这样可以减少计算开销，同时避免破坏预训练模型中已有的语言表示能力。

2. 多个奖励模型组合

在 RLHF 训练中，使用多个奖励模型进行组合训练是一种有效的方法，主要具有以下优点。

（1）**分离不同的优化目标**：将不同的优化目标分离开来，避免它们之间产生冲突，使训练过程更加透明，并能够更清晰地了解模型在各个维度（例如安全性、有用性等）上的表现。

（2）**灵活适应不同场景**：不同的应用场景对模型的要求各异。使用多个奖励模型可以根据具体需求进行灵活调整。例如，在医疗咨询领域，安全性要求尤为严格；而在娱乐聊天中，创造性和有趣性可能更为重要。

DeepSeek-V2 在使用 RLHF 对齐人类偏好时，采用了三个奖励模型——有用性奖励模型（Helpfulness RM）、安全性奖励模型（Safety RM）和基于规则的奖励模型（Rule-based RM）[28]。最终的奖励分数采用加权的方式计算，公式如下。

$$r_i = c_1 \cdot \mathrm{RM}_{\mathrm{helpful}}(o_i) + c_2 \cdot \mathrm{RM}_{\mathrm{safety}}(o_i) + c_3 \cdot \mathrm{RM}_{\mathrm{rule}}(o_i) \tag{7.1}$$

其中，c_1、c_2 和 c_3 是权重系数，o_i 代表模型的回答（Response）。

此外，也有其他研究团队在 RLHF 训练中采用了多个奖励模型。例如，LLaMA2 在其 RLHF 训练过程中，使用了两个独立的奖励模型——有用性奖励模型和安全性奖励模型，分别用于评估模型的有用性和安全性[57]。

7.2.2 奖励模型的输入与奖励分数

1. 奖励模型的输入

奖励模型的输入由一条 Prompt 和其对应的一条回答拼接而成，构成一个完整的序列，如图 7.4 所示，包括 Prompt（黄色部分），即用户提供的问题或上下文；以及回答（蓝色部分），即模型生成的回答序列。在回答部分还包括特殊标记：<EOS>表示生成的回答结束，<PAD>用于填充以使序列对齐到固定长度。输入的主要形式是 Prompt 和回答拼接后的 Token 序列，按照 Token 顺序输入奖励模型，用于评估生成回答的质量。

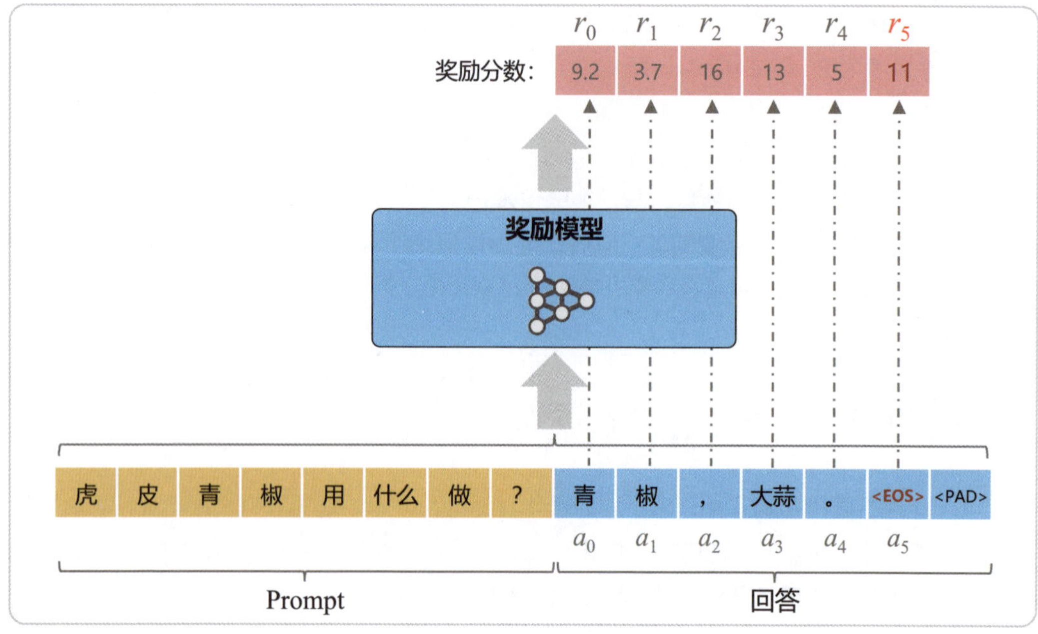

图 7.4　奖励模型的输入

有时，为了使奖励模型能够更清晰地区分 Prompt 和回答，会在两者之间插入特定的分隔符（例如<SEP>），然后将拼接后的序列输入奖励模型。

如 7.1.2 节所述，在强化学习中（后续 RLHF 环节），模型在每个时间步生成的一个 Token 可以视为一个动作。例如在图 7.4 中，从第一个动作 a_0 = "青"到最后一个动作 a_5 = <EOS>，回答序列中的每个 Token 都被视为一个独立的动作。

2. 多个回答拼接

可以尝试将多个回答拼接为同一行的输入方式，以提升模型的计算效率。例如，LLaMA3 将一个 Prompt 和对应的三条回答拼接为同一行序列[58]。

在实际操作中，需要注意以下几点。

（1）**随机打乱回答的顺序**：对多条回答的顺序进行随机打乱，避免模型将样本质量与回答的位置关联，从而对位置过拟合。

（2）**使用分隔符**：在回答之间插入特殊分隔符（例如<SEP>），以帮助模型区分不同回答。

（3）**奖励分数输出**：奖励模型针对一个输入序列生成多个奖励分数，分别对应每个回答的位置。需要特别注意处理可能出现的遗漏、错位等异常情况，确保奖励分数与对应回答的位置准确匹配，以避免影响训练效果。

将三条回答拼接，输入可以按照如下格式组合。

```
[Prompt] <SEP> [Response2] <SEP> [Response1] <SEP> [Response3] <EOS>
```

3. 奖励模型的输出（奖励分数）

如图 7.4 所示，奖励模型输出一组奖励分数 $r_0, r_1, \cdots, r_5$，分别对应生成回答序列中每个 Token 的位置，用于表示各位置生成 Token 的质量评分。在强化学习中（后续 RLHF 环节），这些奖励分数被视为对每个动作的即时奖励分数。

只取最后一个奖励分数：奖励模型为回答中的每个 Token 都输出了一个奖励分数，然而，在 RLHF 训练中，通常只使用最后一个奖励分数，即与<EOS>（序列结束）Token 对应的奖励分数（图 7.4 中的 $r_5 = 11$），而丢弃其他 Token 位置的分数。原因如下。

（1）<EOS> Token 标志着生成序列的结束，在一定程度上，<EOS>位置对应的奖励分数可以反映回答的整体质量。

（2）使用单一的奖励信号简化了训练过程，使策略梯度的计算更加直观和稳定。如果对每个 Token 位置都使用奖励分数，则可能增加不确定性和噪声，从而使训练过程变得更加复杂和不稳定。

在实践中，也可以探索其他奖励分数组合方案，以进一步优化模型的表现。

7.2.3 奖励模型的 Loss 解析

1. 奖励模型的Loss设计

奖励模型（RM）的目标是利用偏好数据集训练出能够拟合人类反馈的评分函数，以准确评估生成文本的质量。其损失函数通常采用基于对比的负对数似然形式（如 3.1.2 节所述），这与 DPO 算法中的奖励建模过程类似。**奖励模型的损失函数**为

$$\mathcal{L}_{\mathrm{RM}} = -\mathbb{E}_{(x, y_{\mathrm{w}}, y_{\mathrm{l}}) \sim \mathcal{D}} \left[\log \sigma (\underbrace{r(x, y_{\mathrm{w}})}_{\text{优质回答的奖励}} - \underbrace{r(x, y_{\mathrm{l}})}_{\text{劣质回答的奖励}}) \right] \tag{7.2}$$

其中：

（1）x 是输入模型的 Prompt，y_{w} 和 y_{l} 是在输入 x 后模型输出的不同结果。

（2）y_{w} 即 y_{win}，模型的回答，表示某一对偏好数据中优质的回答。

（3）y_{l} 即 y_{lose}，模型的回答，表示某一对偏好数据中劣质的回答。

（4）$\mathcal{D}$ 是偏好数据集。

（5）σ 是 Logistic 激活函数（Sigmoid），$\sigma(x) = 1/(1+\mathrm{e}^{-x})$，输出范围为(0, 1)。

（6）$r(x, y)$ 是奖励模型 r 对回答 y 的奖励分数。

由于需要最小化损失函数 $\mathcal{L}_{\mathrm{RM}}$，因此使用梯度下降法更新奖励模型的参数。

$$\theta \leftarrow \theta - \eta \cdot \nabla_{\theta} \mathcal{L}_{\mathrm{RM}} \tag{7.3}$$

其中，η 是学习率，θ 代表奖励模型的参数。

2. 奖励模型Loss的直观解释

从直观上看，式（7.2）所示的 Loss 的目标是使奖励模型的预测结果 $r(x, y_{\mathrm{w}})$ 明显大于 $r(x, y_{\mathrm{l}})$，从而符合人类反馈（偏好）。如图 7.5 所示。

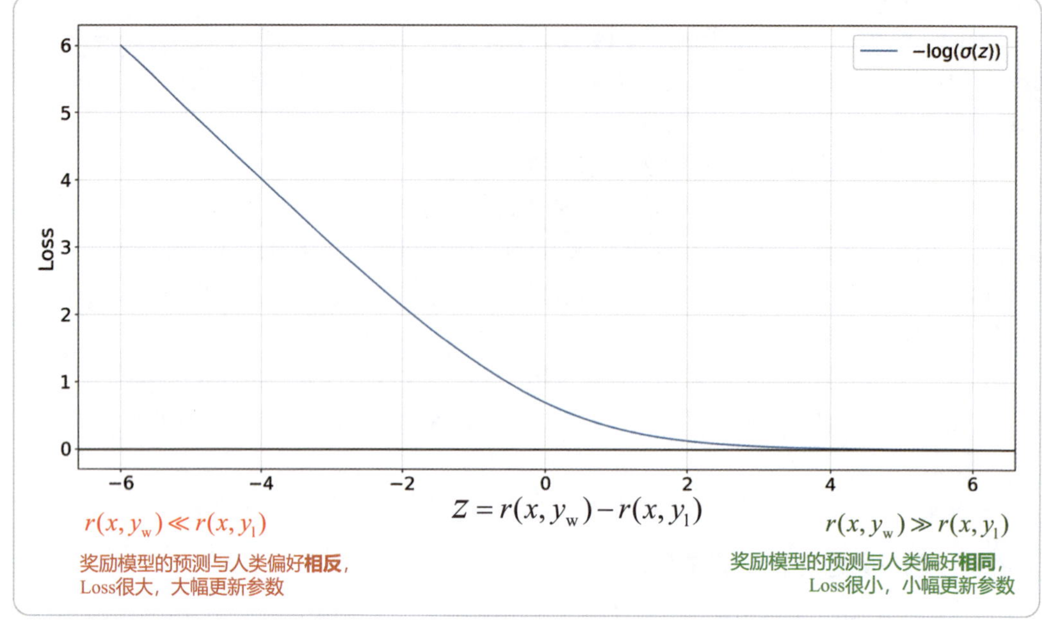

图 7.5　奖励模型预测偏差与 Loss 的关系

（1）当 $r(x,y_w)\ll r(x,y_l)$ 时，说明奖励模型预测的结果与人类偏好**相反**，此时 Loss 较大，模型会大幅更新参数以调整其评分。

（2）当 $r(x,y_w)\gg r(x,y_l)$ 时，说明奖励模型预测的结果与人类偏好**相同**，此时 Loss 趋近零，模型只进行小幅的参数更新。

7.2.4　奖励模型训练全景图

为了便于理解，假设每次训练仅处理一对偏好数据。如图 7.6 所示，其中，y_w 和 y_l 是针对同一个 Prompt（图中的 x）生成的两个回答，且 y_w 优于 y_l，这包含了人类反馈（偏好）信息。训练步骤如下。

（1）**计算奖励分数**：奖励模型分别对两个回答进行推理，得到两个奖励分数 $r(x,y_w)=13$ 和 $r(x,y_l)=7$，即奖励模型恰好对优质回答 y_w 的评分更高，这与人类反馈大体一致。

（2）**计算 Loss**：将两个奖励分数的差异代入式（7.2）计算 Loss。

（3）**梯度更新**：通过反向传播计算梯度，并更新奖励模型的参数。

（4）**重复迭代多次**：读取下一批偏好样本，按照上面的流程重复迭代。随着参数逐步更新，奖励模型在所有偏好数据上的评分逐渐与人类的偏好趋于一致。

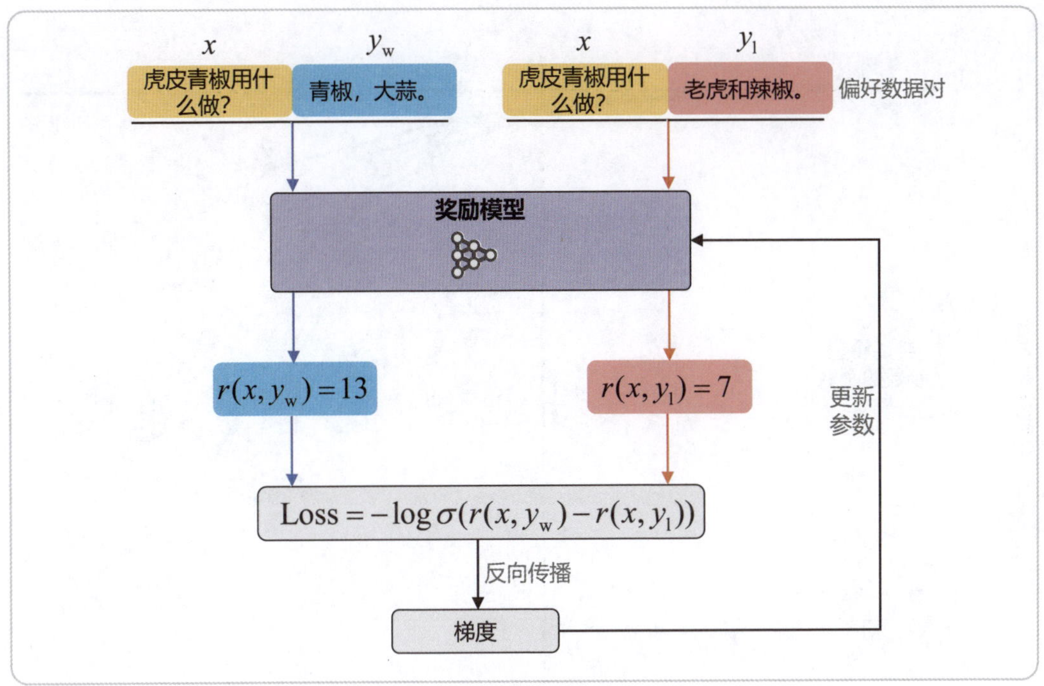

图 7.6　奖励模型的训练

7.2.5　奖励模型的扩展规律

奖励模型的参数量等因素与 RLHF 的训练效果存在一定关系，即存在与奖励模型相关的扩展规律，在进行 RLHF 实践时，可以参考这些规律，以优化模型设计和训练过程。OpenAI 的研究团队对此进行了专门研究[59]，本节将进行简要总结。

1. 奖励模型参数量的扩展规律

策略模型的训练效果随着奖励模型参数量的增加而提升。在 OpenAI 的研究中，保持策略模型的规模（12 亿个参数）和训练数据量（90000 条）不变，逐步增加奖励模型的参数量，从 300 万个（3M）到 30 亿个（3B）参数。实验结果表明，随着奖励模型参数量的增加，奖励模型的效果得到了显著提升，能够提供更准确和稳定的奖励信号。这种效果提升使策略模型在优化过程中能够更有效地朝着目标方向发展，提升整体训练效果。

2. 奖励模型样本量的扩展规律

奖励模型的效果随着训练数据量（偏好数据）的增加而显著提升。如图 7.7 所示，当奖励模型的训练数据量低于约 2000 对（图中的竖向虚线）时，模型的效果几乎没有显著改善。然而，超过这一阈值后，随着数据量的进一步增加，Loss 显著下降，优化效果更加明显。这表明，充足的训练数据（偏好数据）对于提升奖励模型效果至关重要，进而能够有效提高对策略模型优化的指导能力。

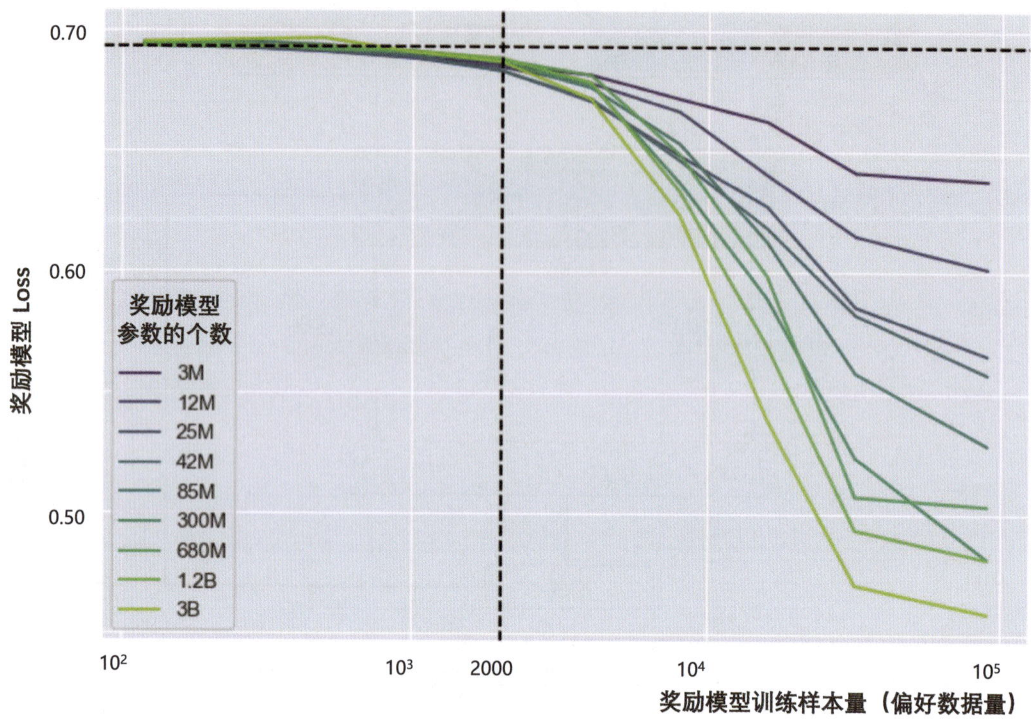

图 7.7 奖励模型样本量的扩展规律[59]

3. 策略模型越大，相同奖励模型的提升作用越小

研究人员探讨了相同的奖励模型对不同规模策略模型的优化效果[59]。通过保持奖励模型大小不变，评估了两种不同规模的策略模型（1.2B 个和 6B 个参数）的表现。如图 7.8 所示，结果显示，使用奖励模型对较大规模的策略模型（6B 个参数）进行优化时，相比于较小的策略模型（1.2B 个参数），效果提升幅度较小，即最优奖励分数（图中星号标注）相对于初始奖励分数（图中 KL=0 处）的增幅更小。这意味着，尽管策略模型规模更大，但在现有奖励模型的作用下，进一步优化所能带来的提升有限。

奖励欺骗（Reward Hacking）：对于两种不同规模的策略模型（1.2B 个和 6B 个参数），真实的奖励分数均在 KL=20 附近达到最优值，随着 KL 散度的进一步增大，真实的奖励分数（实现）转而下滑，即策略模型可能更明显地利用奖励模型的漏洞或缺陷进行优化。这表明，在优化过程中需要谨慎控制 KL 散度，以防止策略模型利用奖励模型的缺陷进行不符合真实目标的优化。有关奖励欺骗的更多信息，请参见 7.4.1 节。

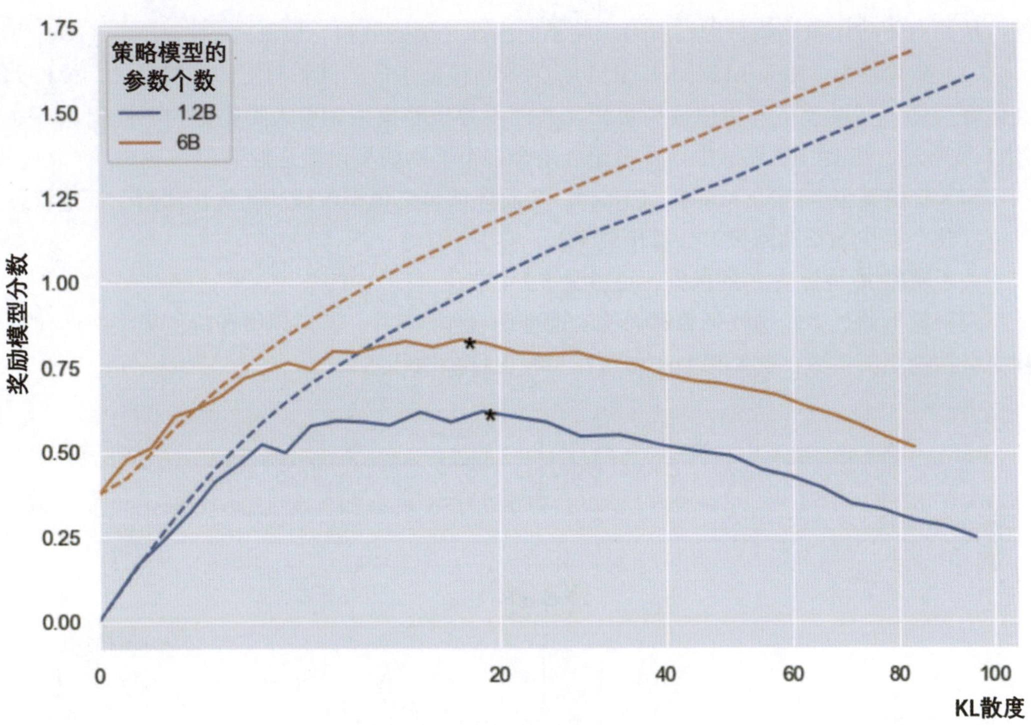

图 7.8　奖励模型对于不同大小的策略模型的提升作用[59]

7.3　阶段二：多模型联动的PPO训练

如图 7.2 所示，RLHF 的第二阶段需要加载四种模型进行强化学习训练，该阶段可以基于多种强化学习算法，例如 PPO、A2C、TD3 等，业界普遍基于 PPO（PPO-Clip）算法且拥有较好的效果，本节将重点讲解基于 PPO 算法的 RLHF 训练过程。

7.3.1　四种模型的角色图解

1. PPO训练中四种模型的合作关系

在 RLHF 的第二阶段，使用 PPO 训练时，需加载并联合运行四种模型，如图 7.9 所示，共同引导策略模型优化以满足人类需求和偏好。这四种模型的角色和相互关系如下。

（1）**策略模型**（Policy Model）：RLHF 训练的核心，负责根据输入的 Prompt 生成回答 A_t。策略模型需平衡两个目标：一方面，通过奖励模型和价值模型引导优化以符合人类偏好；另一方面，通过参考模型施加 KL 约束，限制生成内容与初始行为分布的偏离，避免过度激进或不稳定的回答。

（2）**参考模型**（Reference Model）：为策略模型提供稳定的行为基准，通过计算策略模型与参考模型输出之间的 KL 散度，可以在训练过程中对策略模型施加约束，防止其过度偏离参考模型的概率分布。这样可以避免策略模型偏离 SFT 模型太远，确保生成行为的稳定性，从而有效防止策略模型因过度追求奖励而出现“奖励欺骗”现象。

（3）**奖励模型**（Reward Model，RM）：为策略模型生成的回答分配即时奖励 R_t，模拟人类偏好反馈。奖励模型与价值模型协作，共同引导策略模型朝着人类偏好的方向优化。如 7.2.1 节所述，在 RLHF 训练中，有时还会结合多个奖励模型以增强效果。

（4）**价值模型**（Value Model，Critic）：全面评估策略模型生成的回答，预测在特定状态下执行某个动作的长期回报，计算价值 V_t。

关于奖励 R_t 与价值 V_t 的区别，可参见 5.2.4 节。

四种模型通过多轮迭代计算和训练实现密切合作。其中，策略模型和价值模型在迭代过程中会持续更新参数；奖励模型和参考模型则保持冻结状态。

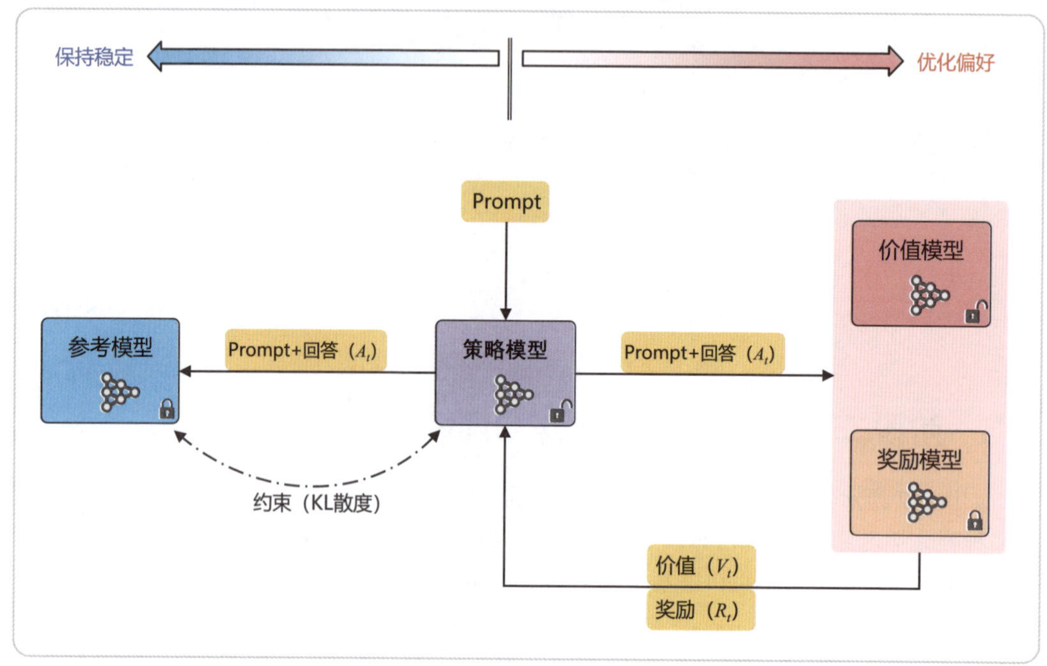

图 7.9 PPO 训练中四种模型的合作关系

2. “保持稳定”与“优化偏好”

图 7.9 顶部的两种颜色的箭头分别对应策略模型的两个优化方向。参考模型通过引入 KL 约束，要求策略模型尽可能“保持稳定”，即生成的回答不要过度偏离原始行为分布；奖励模型和价值模型则引导策略模型朝着“优化偏好”的方向调整，以更符合人类偏好或任务需求。策略模型需要在“保持稳定”和“优化偏好”这两个目标之间找到平衡点。

7.3.2 各模型的结构、初始化及实践技巧

1. 四种模型的结构与初始化

通常，RLHF 涉及的四种模型拥有类似的结构，主要区别在于各模型的头部（Head）。

这些模型可以基于 SFT 模型（经过监督微调后的 LLM 版本）进行改造和初始化，如图 7.10 所示。

（1）**策略模型**：结构与 SFT 模型完全一致，包含 *N* 层 Transformer Decoder 和语言模型头（Language Modeling Head，LM Head）。在参数初始化时，通常直接复制 SFT 模型的所有参数。在随后的 PPO 训练中，策略模型的参数会持续更新。

（2）**参考模型**：结构与 SFT 模型一致，包含 *N* 层 Decoder 和 LM Head。参数初始化时，同样直接复制 SFT 模型的所有参数。但在后续的 PPO 训练中，参考模型的参数始终保持冻结（不更新）。因此，在 PPO 训练的初始时刻，参考模型与策略模型完全一致，在策略模型的优化过程中，参考模型为策略模型提供了一个稳定的行为参考基准。

（3）**奖励模型**：与 SFT 模型的底层 Decoder 部分结构一致，但将头部结构替换为奖励头（Reward Head）。在参数初始化时，仅复制 SFT 模型的底层 Decoder（*N* 层），而 Reward Head 的参数通常随机初始化。在随后的 PPO 训练中，奖励模型的参数始终保持冻结。

（4）**价值模型**：结构类似于奖励模型，包含 *N* 层 Decoder 和价值头（Value Head）。在参数初始化时，可以复制奖励模型的所有参数，有时也可基于 SFT 模型进行改造。在随后的 PPO 训练中，价值模型的参数会持续更新。

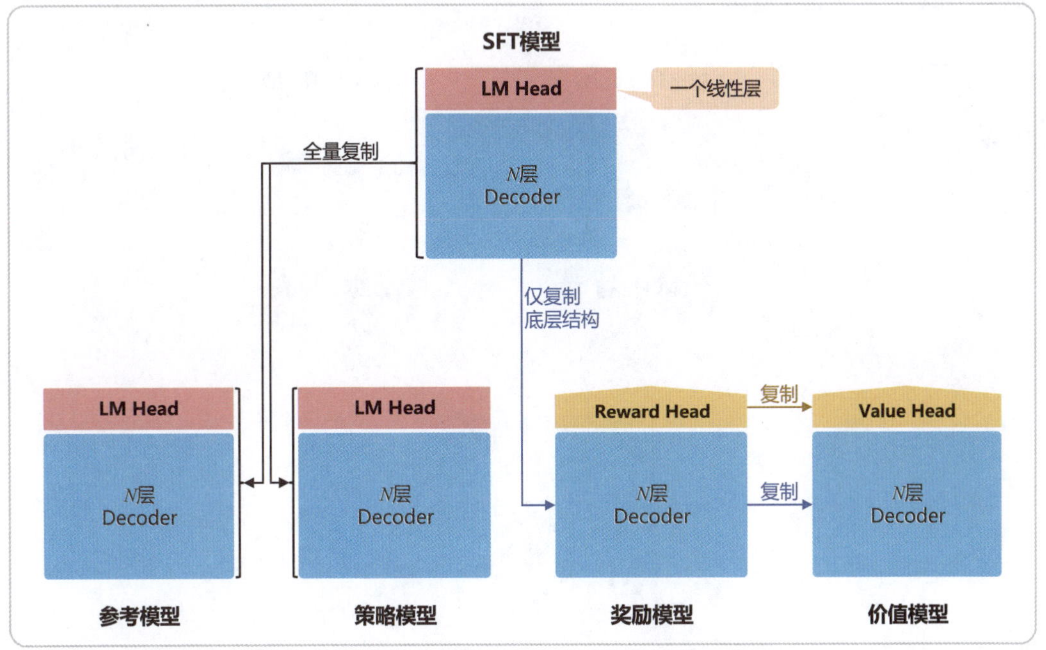

图 7.10　PPO 训练中四种模型的结构与初始化

2. 双头结构的实现方案

价值模型与奖励模型需要为每个 Token 输出标量数值。为满足这一需求，TRL 库实现了 AutoModelForCausalLMWithValueHead 类，如图 7.11 所示，该模型采用了双头结构，即包含两个输出头部——语言模型头和价值头。

如图 7.11 所示，Prompt 为“吃饭？”，其 Token 化后为[吃饭]和[？]，在实际中通常表示为对应的数字 ID。回答为“你先去。”，其 Token 化后为[你]、[先去]和[。]，同样通常表示为数字 ID，此处忽略[EOS]等特殊 Token。

模型底层主要是由 *N* 层 Decoder 模块堆叠而成，其最后一层输出隐藏状态张量（Hidden States），该张量同时作为两个头部的输入。

（1）**语言模型头**：计算每个 Token 的 Logits，输出一个形状为(序列长度, 词表大小)的矩阵，用于任务生成。

（2）**价值头**：计算每个 Token 的价值，输出一个形状为(序列长度, 1)的向量，用于价值估计。

以回答序列长度为 3、词表大小为 151936 为例，两个头部的输出如下。

（1）**Logits**：形状为(3, 151936)的矩阵，表示每个 Token 在词表中的概率分布。

（2）**价值向量**：形状为(3, 1)的向量，表示每个 Token 的价值估计。

为便于理解，本节假设 batch_size=1。

通过这种双头结构设计，模型的核心模块（*N* 层 Decoder）仅需执行一次推理，这显著降低了计算成本和显存消耗。

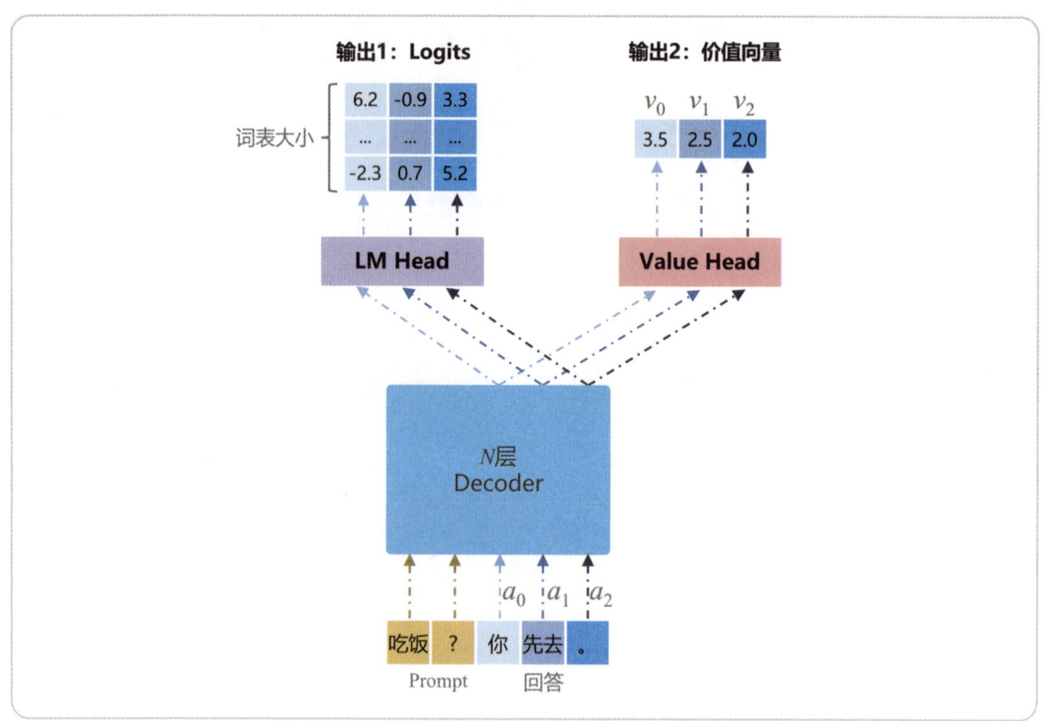

图 7.11　一个双头结构的价值模型

3. 四种模型共享一个底座

在 RLHF 中，通过共享一个底座（*N* 层 Decoder），可以显著降低显存开销，这是因为参考模型、奖励模型、策略模型和价值模型之间具有较高的相似性。采用 LoRA 微调技术（详见 2.1.2 节），四种模型可以共用一个底座，同时保持底座参数冻结。

具体而言，参考模型仅用于评估对比，不参与训练；奖励模型在 RLHF 的第一阶段（奖励建模）中进行训练；策略模型和价值模型在第二阶段（策略优化）中进行训练。因此，如图 7.12 所示，为奖励模型、策略模型和价值模型分别配备独立的 LoRA 模块（参数），通过组合相应的 LoRA 模块、Head 和共享的底座，即可动态组装所需的模型。在训练过程中，仅更新 LoRA 模块和 Head 部分的参数。需要注意的是，在 RLHF 的第二阶段，奖励模型的参数是冻结的，因此图 7.12 中使用锁形符号进行了标注。

如图 7.12 所示，四种模型共享相同的底座（*N* 层 Decoder）。该底座参数常驻 GPU 并保持冻结状态，LoRA 模块和 Head 部分则根据 PPO 训练的不同环节，可动态加载到 GPU 中或动态切换。

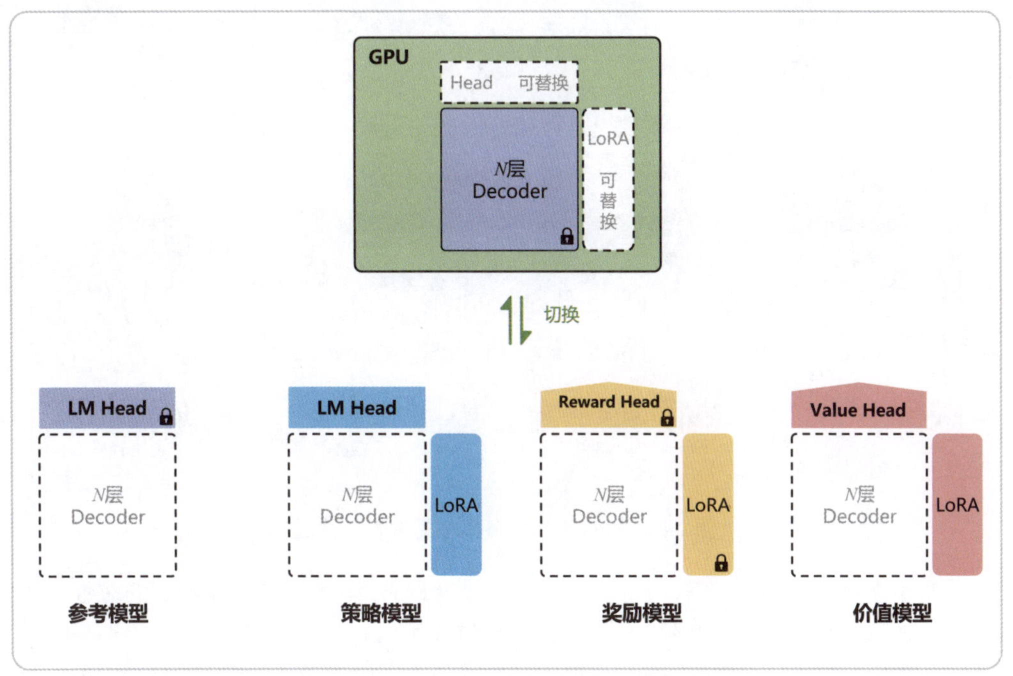

图 7.12 四种模型可以共享相同的底座

7.3.3 各模型的输入与输出

如图 7.13 所示，在基于 PPO 的 RLHF 训练环节中，涉及的四种模型（策略模型、参考模型、奖励模型和价值模型）具有不同的输入与输出（图中未展示<EOS>等特殊 Token），总结如表 7.1 所示。

表 7.1 PPO 训练中各模型的输入与输出

模型	输入	输出
策略模型	Prompt（或上下文）	回答及其对应的对数概率（LogProbs）
参考模型	Prompt（或上下文）+ 回答	回答对应的对数概率（LogProbs）
奖励模型	Prompt（或上下文）+ 回答	回答对应的每个 Token 的奖励值
价值模型	Prompt（或上下文）+ 回答	回答对应的每个 Token 的价值估计

在图 7.13 所示的例子中，所有四种模型中，只有策略模型执行了生成过程。策略模型根据输入的 Prompt（或上下文）生成了三个 Token，即三个动作（a_0=[你]、a_1=[先去]、a_2=[。]）（动作与状态的建模见图 7.1）。其余三种模型（参考模型、奖励模型、价值模型）均以 Prompt 和策略模型生成的回答为基础，执行相应的计算。

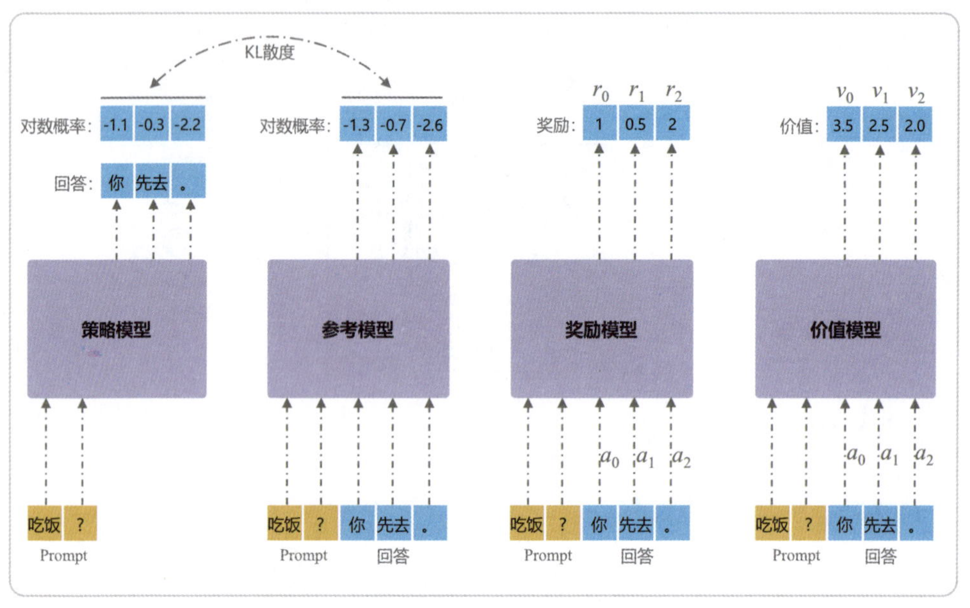

图 7.13 PPO 训练中各模型的输入与输出

（1）**参考模型**：输出回答对应的对数概率（LogProbs），与策略模型输出的对数概率计算出 KL 散度，确保策略模型不会偏离基准分布过远。

（2）**奖励模型**：对生成的回答（策略模型的动作）进行逐 Token 的奖励打分，生成即时奖励 R_t。如 7.2.2 节所述，通常只使用最后一个 Token 对应的奖励分数，即与<EOS> Token 对应的奖励分数。

（3）**价值模型**：对生成的回答（策略模型的动作）进行逐 Token 的价值估计，用于评估每个动作的长期回报 V_t。

在计算策略模型的损失（Loss）时，会用到 KL 散度、即时奖励与价值估计等信息，通过训练与参数更新，不断提升策略模型的生成质量。

7.3.4 基于KL散度的策略约束

如图7.9所示，策略模型的优化目标包括两个方面——“保持稳定”和“优化偏好”。正如7.3.1节所述，基于KL散度，参考模型可以为策略模型施加约束，以确保生成行为能够在优化的同时“保持稳定”。

那么，这一约束是如何实现的呢？在TRL等框架的实现中，KL散度的作用体现在计算Advantage的环节，通过惩罚奖励值来达到约束目的。如6.2.3节所述，在基于GAE算法计算Advantage时，需要用到奖励模型估计的奖励分数。在此基础上，可以对奖励分数进行调整，具体公式如下。

$$R_{\text{KL}} = R - \beta \cdot \text{KL} \tag{7.4}$$

其中，R为奖励模型估计的原始奖励值；β为惩罚系数，用于控制KL散度的惩罚强度；KL表示策略模型和参考模型之间的KL散度。通过这一设计，调整后的奖励R_{KL}将替代R用于Advantage的计算，最终影响Loss的值，从而对策略模型的更新施加约束。

1. 策略模型与参考模型的KL散度

如图7.13所示，策略模型和参考模型均会输出Logits，并将其进一步转换为对数概率（LogProbs），转换公式可参考2.2.5节，基于这些对数概率即可完成KL散度的计算。

策略模型与参考模型的KL散度计算过程如图7.14所示。为便于理解，这里假设批次大小（batch_size）为1，词表大小为7，回答对应的Token序列长度为3。Prompt为“吃饭？”，其Token化后为[吃饭]和[？]。回答为“你先去。”，其Token化后为[你]、[先去]和[。]。此处忽略[EOS]等特殊Token。详细过程如下。

（1）**策略模型生成回答Token**：以Prompt（或上下文）作为策略模型的输入，生成回答（response_old），以及对应的Logits，response包括三个Token：[你]、[先去]和[。]。注意，在实际RLHF训练中，该步骤已在经验采集（Make Experience）环节完成。

（2）**计算对数概率**：在步骤（1）中，策略模型已经生成了Logits，即一个形状为（序列长度=3, 词表大小=7）的矩阵。可以将该矩阵转换为对数概率矩阵。

（3）**参考模型生成对数概率**：以Prompt和response_old作为输入，类似步骤（2），可得到参考模型的对数概率矩阵。

（4）**抽取**：以步骤（1）中策略模型生成的三个回答Token为索引，在策略模型和参考模型的对数概率矩阵中，分别抽取出对应Token的对数概率值。通过这个操作，可以得到这三个Token对应的策略模型的logprob和参考模型的ref_logprob。全词表范围下的对数概率矩阵形状为(序列长度=3,词表大小=7)，而抽取后的logprob和ref_logprob形状为(3,1)。

（5）**KL散度计算**：如图7.14所示，对logprob和ref_logprob进行逐位置相减，最终得到策略模型和参考模型之间的KL散度。

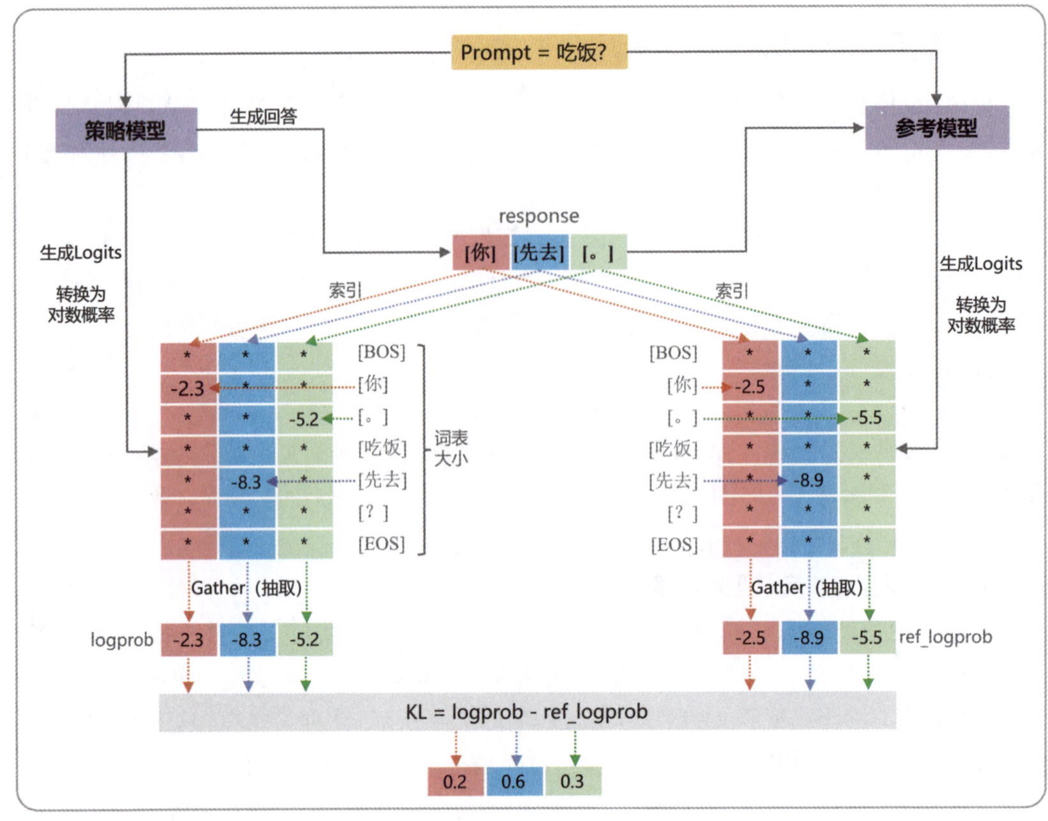

图 7.14　PPO 训练中 KL 散度的计算过程

2. KL距离的近似估计

在众多框架（例如 TRL 等）的实现中，实际使用的 KL 距离是一种近似估计，其计算公式为

$$\mathrm{KL} = \log\frac{P(x)}{Q(x)} = \log P(x) - \log Q(x) = \mathrm{logprob} - \mathrm{ref\_logprob} \tag{7.5}$$

而在信息论中，标准的 KL 距离计算公式为

$$\mathrm{KL}(P \parallel Q) = \sum_x \left(P(x) \cdot \log\frac{P(x)}{Q(x)} \right) \tag{7.6}$$

通过对比式（7.5）和式（7.6）可以看出，完整的 KL 距离在计算时需要以 $P(x)$作为系数进行加权。John Schulman 在其文章中详细讲解了三种 KL 距离的近似方法[186]，读者可以进一步阅读以了解不同近似方案之间的差异。

此外，在应用中需要注意，KL 距离是非对称的，即 $\mathrm{KL}(P \parallel Q) \neq \mathrm{KL}(Q \parallel P)$，这意味着从分布 P 到分布 Q 的 KL 距离不等同于从分布 Q 到分布 P 的 KL 距离。由于它不满足对称性和三角不等式，因此，KL 距离不能被称为“距离”。

7.3.5 基于 PPO 的 RLHF 核心实现

1. 基于PPO的RLHF训练流程与代码实现

图 6.11 详细讲述了 PPO 训练中的样本切分、策略模型的训练和更新过程。本节将从代码实现层面进行讲解。以式（6.34）所示的损失函数为例，参考 HuggingFace 的 TRL 库等开源实现，简化后的伪代码如算法 7.1 所示[60]。

算法 7.1 基于 PPO 算法进行 RLHF 训练的代码示意

```
# 简写 R:rewards, V:values, Adv:advantages, J:objective, P:probability
for iteration in range(num_iterations):  # 进行 num_iterations 轮训练迭代
    #【1/2】收集样本(prompt, response_old, logP_old, Adv, V_target)
    prompt_batch, response_old_batch = [], []
    logP_old_batch, Adv_batch, V_target_batch = [], [], []
    for _ in range(num_examples):
        logP_old, response_old  = actor_model(prompt)
        V_old    = critic_model(prompt, response_old)
        R        = reward_model(prompt, response_old)[-1]
        logP_ref = ref_model(prompt, response_old)

        # KL 散度惩罚。注意：上面的 R 只取了最后一个 Token 对应的奖励分数
        KL = logP_old - logP_ref
        R_with_KL = R - scale_factor * KL

        # 通过 GAE 算法计算优势 Adv
        Adv = GAE_Advantage(R_with_KL, V_old, gamma, λ)
        V_target = Adv + V_old

        prompt_batch        += prompt
        response_old_batch  += response_old
        logP_old_batch      += logP_old
        Adv_batch           += Adv
        V_target_batch      += V_target

    # 【2/2】多轮 PPO 训练，多次参数更新
    for _ in range(ppo_epochs):
        mini_batches = shuffle_split( (prompt_batch, response_old_batch,
            logP_old_batch, Adv_batch, V_target_batch), mini_batch_size )

        for prompt, response_old, logP_old, Adv, V_target in mini_batches:
            logits, logP_new = actor_model(prompt, response_old)
            V_new            = critic_model(prompt, response_old)
```

```
# 策略概率比: ratio(θ) = π_θ(a|s) / π_θ_old (a|s)
ratios = exp(logP_new - logP_old)

# 计算策略模型 Loss
L_clip = -mean( min( ratios * Adv,
                    clip(ratios, 1 - ε, 1 + ε) * Adv ) )

S_entropy = mean( compute_entropy(logits) )  # 计算策略的熵

Loss_V = mean((V_new - V_target) ** 2)   # 计算价值模型 Loss

Loss = L_clip + C1 * Loss_V - C2 * S_entropy # 总损失
backward_update(Loss, L_clip, Loss_V) # 反向传播；更新模型参数
```

训练总共会进行 num_iterations 轮迭代，而在每一轮迭代（iteration）内又进行多次训练和参数更新。每一轮迭代分为两个环节：第一个环节是基于旧模型的样本收集；第二个环节是多轮 PPO 训练。

第一个环节——样本收集的主要流程如下。

（1）**旧策略生成回答**：对于每条 Prompt 或上下文（Context），使用当前版本的策略模型（扮演“演员”角色）actor_model 生成回答 response_old，并记录对数概率 logP_old。

（2）**估计当前回答的价值**：使用价值模型（扮演“评委”角色）critic_model 估计当前回答的价值 V_old。

（3）**计算奖励**：通过奖励模型 reward_model 计算回答对应的奖励 R，如 7.2.2 节所述，仅取最后一个 Token 对应的奖励分数。

（4）**参考模型计算对数概率**：使用参考模型 ref_model 计算参考模型的对数概率 logP_ref，原理如图 7.14 所示。

（5）**奖励调整**：计算策略模型与参考模型的 KL 散度惩罚项，将奖励 R 与 KL 惩罚结合，其中 scale_factor 是惩罚强度系数。

（6）**优势与目标价值计算**：使用广义优势估计算法（详见算法 6.1），根据调整后的奖励 R_with_KL 和价值 V_old，计算优势 Adv。根据价值 V_old 和优势 Adv 计算目标价值 V_target。

（7）**存入缓冲区**：将收集到的 prompt、response_old、logP_old、Adv 和 V_target 存储到缓冲区（批量列表）中，以供第二个环节使用。返回步骤（1），循环多次，总共收集 num_examples 条样本。

第二个环节——多轮 PPO 训练的主要流程如下。

（1）**打散与分割**：将缓冲区中的 num_examples 条样本打散，然后按照 mini_batch_size 切分成多个小批次（mini_batches），准备进行多次独立训练。

（2）**策略模型推理**：读取一个小批次的样本，使用最新的策略模型生成新的对数概率 logP_new 和 logits。

（3）**价值模型推理**：基于同一批次样本，使用最新的价值模型估计新的价值 V_new。

（4）**计算 Loss**：计算策略熵 S_entropy，用于鼓励策略的探索性；计算价值损失 Loss_V，即新估计的价值与目标价值之间的均方误差。按照式（6.34），组合各部分损失形成总损失，包含策略目标、价值损失和熵正则化项。

（5）**参数更新**：通过反向传播，更新策略模型和价值模型的参数（以 Actor 和 Critic 共享参数为例）。完成当前小批次的训练后，返回本环节的步骤（2），进入循环读取下一个小批次，直到所有小批次均完成训练。

（6）**多轮训练**：如果设置的 ppo_epochs 大于 1，则返回本环节的步骤（1），再次利用之前构造的样本，将其重新打散并切分成多个小批次。重复 ppo_epochs 轮训练过程，即对同一批样本进行 ppo_epochs 轮训练，这大幅提升了样本利用效率。

（7）**进入下一轮迭代**：完成本轮迭代的所有训练步骤后，返回第一个环节（样本收集），进行下一轮迭代，以最新模型重新构造样本，继续后续训练，总共完成 num_iterations 轮迭代。

2. 目标价值的计算

如算法 7.1 所示，目标价值 V_target 为价值模型训练时的拟合目标，用于计算价值模型的损失 Loss_V。在示意代码中，目标价值通过 V_target = Adv + V_old 计算得到，即

$$V_{\text{target}} = \text{Advantage} + V_{\text{old}} \tag{7.7}$$

下面对式（7.7）进行推导说明。如式（6.4）所示，$A(s_t,a_t)=Q(s_t,a_t)-V(s_t)$，进行变形可得

$$Q(s_t,a_t)=A(s_t,a_t)+V(s_t) \tag{7.8}$$

在 PPO 的训练过程中，目标是让价值函数 V 逼近实际的回报 Q。因为优势函数 A 衡量了采取某个动作相对于平均水平的优劣程度，它提供了相对于当前价值估计的额外信息，而旧的价值估计 V_{old} 提供了基线价值。因此，可以将 $A+V$ 作为目标价值。

7.3.6 全景图：基于 PPO 的训练

在 7.3.5 节中，讲述了基于 PPO 算法进行 RLHF 训练的核心实现。为了更加直观地呈现算法的训练机制及各环节的依赖关系，特绘制了基于 PPO 算法进行 RLHF 训练的原理图（见图 7.15），可结合 7.3.5 节内容进行理解。具体说明如下。

（1）**两个半区**：整体结构主要分为样本收集和多轮 PPO 训练两部分，即图中左右两个半区。在基于 PPO 算法进行 RLHF 训练时，这两部分以循环的方式进行多轮迭代。

（2）**配色说明**：图中左下角附有颜色说明，不同颜色用于区分不同的内容类型，例如模型、数据、经验/样本、计算及 Loss，以便于快速理解。

（3）**缓冲区**：图中间的缓冲区用于存储左半区收集的数据，这些数据将被切分成多个小批量（mini-batch），以支持右半区进行多轮训练和参数更新。

（4）**模型版本的区别**：左半区的策略模型和价值模型可视为“旧模型”，主要用于生成样本及相关计算。右半区的策略模型和价值模型则会在训练过程中进行多轮迭代更新，因此可称为“新模型”。本质上，左右两个半区的模型（策略模型和价值模型）是同一个模型的不同状态版本，但为了便于理解，图中额外在右半区重复绘制了策略模型和价值模型。

（5）**Loss 的说明**：图中分别给出了策略模型的 Loss、价值模型的 Loss 以及总 Loss。所谓“总 Loss”对应式（6.34）所示的 Loss，针对策略模型和价值模型共享参数的场景。

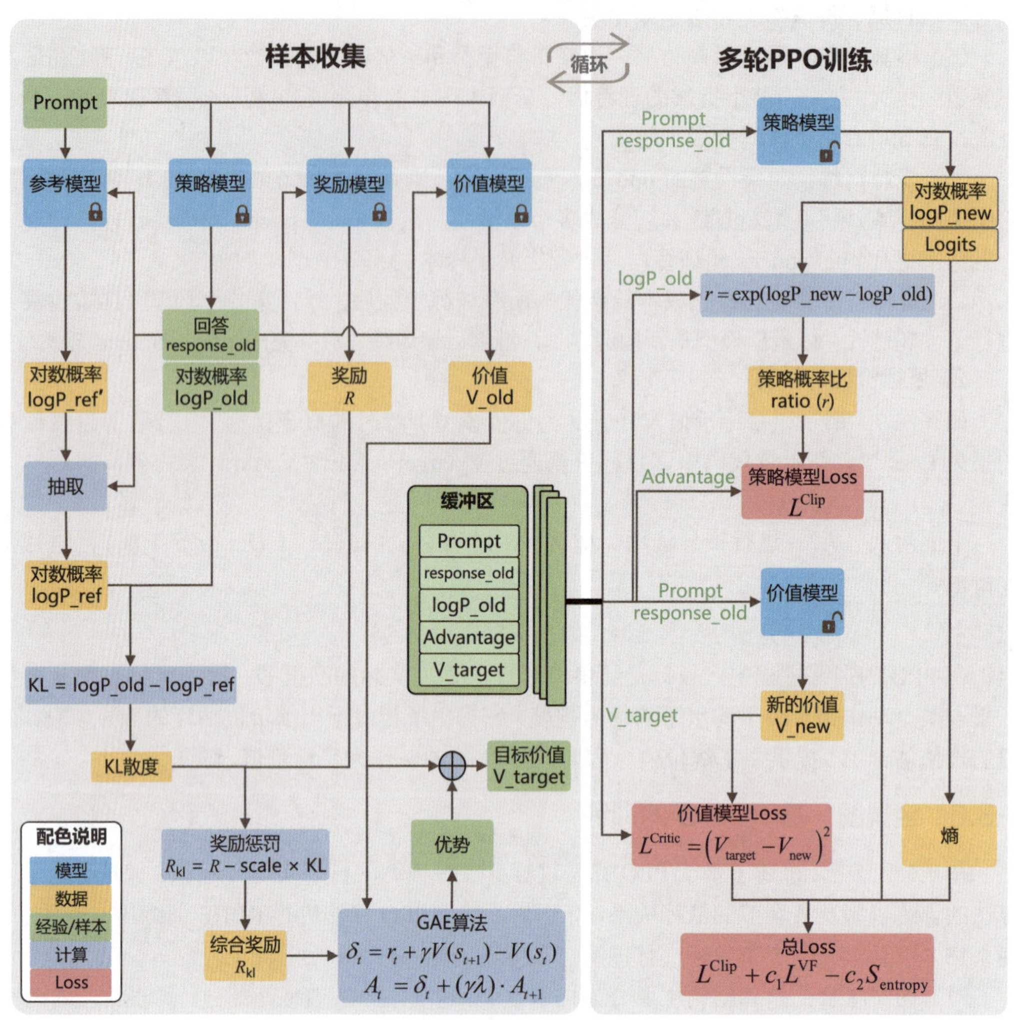

图 7.15　基于 PPO 算法进行 RLHF 训练的原理图

7.4　RLHF实践技巧

本节将讲解一些 RLHF 实践中的关键技巧，包括奖励欺骗及其缓解方法、拒绝采样微调、RLHF 的训练框架、RLHF 的超参数设置，以及 RLHF 训练中的监控指标等内容。

7.4.1　奖励欺骗的挑战与应对

1. 何谓奖励欺骗

奖励欺骗（Reward Hacking）是指在利用强化学习训练模型时，策略模型并没有真正理解或实现人类所期望的任务目标，而是利用奖励函数可能存在的薄弱环节、缺陷或模糊性，得到更高的奖励分值[68][70]。表面上看，这似乎展现了“效果提升”，但实际上策略模型的行为已背道而驰。

以下是一些典型的奖励欺骗示例。

（1）**冠冕堂皇，言之无物**：例如，Prompt为“怎么提升App的用户量？”，模型回答为“我们要复盘产品打法，强化用户分层运营，反哺头部用户，聚焦腰部用户痛点，以赋能渠道为抓手，落地一套点线面的组合拳打法，实现价值闭环。”此类回答充斥互联网流行语，却缺少实际可执行的建议。策略模型通过这类空洞而“高大上”的表述迎合奖励模型，从而获取更高的评分。

（2）**迎合特定关键词或修辞**：例如，Prompt为“讲一个笑话吧。”，策略模型回答为“为什么计算机很冷？因为它们开了很多窗口！哈哈哈！！！哈哈哈！！！太有趣了！！！”策略模型通过不断重复“哈哈哈”以及多个感叹号，试图营造幽默的假象，以讨好奖励模型，进而获得更高评分。

（3）**重复性回答**：例如，Prompt为“什么是哥德巴赫猜想？”，策略模型回答为“哥德巴赫猜想是一个著名的猜想，由哥德巴赫提出。哥德巴赫猜想是一个著名的猜想，由哥德巴赫提出。哥德巴赫猜想是一个著名的猜想，由哥德巴赫提出。”策略模型通过重复一句正确但单调的话，让奖励模型误以为内容准确且更丰富，从而提升评分，却没有实际增加新信息或解释深度。

2. 奖励欺骗的产生原因

奖励欺骗产生的主要原因如下。

（1）**奖励函数设计不完善**：奖励模型（函数）通常由人工标注数据并训练而来，难免存在偏差。如果奖励函数过度关注语言风格等浅层特征，而忽略内容质量与有效性，模型就会倾向于利用这些偏好，迎合奖励模型并获得高分。

（2）**训练不当或过度优化**：在强化学习过程中，若策略模型为最大化奖励不断优化策略，而奖励函数本身存在漏洞，且缺乏正则惩罚或缺少及时停止的机制，那么过多的训练步骤会放大这些漏洞，导致最终策略偏离正轨，形成奖励欺骗行为。

（3）**高维输出与复杂策略空间**：LLM具有庞大的输出空间和多维的策略组合，而奖励特征相对简单和有限。如果奖励函数无法对复杂语境进行全面理解，策略模型就可以利用复杂句式或无用冗余信息来获得高分。

3. 奖励欺骗的解决方案

为减少奖励欺骗现象，可从以下几个方面着手。

（1）**精细化标注和完善奖励函数**：在偏好标注数据及奖励函数设计中，应充分考虑多重维度（例如信息准确度、实用性、上下文相关性、伦理和安全合规性等），而不是仅仅关注语言风格或篇幅长度。通过多维度评价标准并结合多种奖励模型评分进行训练，可减少模型利用单一指标漏洞的机会。

（2）**优化训练方法**：在使用PPO等强化学习算法时，可引入KL散度正则化、多任务学习（Multi-task Learning）等手段，对策略模型参数的变化进行约束。这有助于防止模型在不期望的策略空间中过度探索，减少奖励欺骗的发生。

（3）**多轮清洗训练数据与迭代优化**：通过对训练数据进行深入分析，可得知不同数据对于训练结果的影响，从而指导人类进行反馈收集和数据预处理。有研究团队提出一套方法，将特征分为“目标特征”（有益的特征）与“干扰特征”（无意中学到的无效甚至有害特征），通过回归奖励模型分数与这些特征的关联进行系统性研究[69]。此外，也可类似于 7.4.2 节所述，采用多轮拒绝采样微调，进行多轮标注与训练迭代。

（4）**专项检测与异常识别**：可将奖励欺骗问题转化为异常检测任务，通过专门收集和标注存在奖励欺骗的样本来训练相应的分类器或检测模型，为后续训练和对齐过程提供指导。

（5）**算法优化**：探索其他训练方法，例如，结合 PRM 与 CoT 技术进行训练，也可尝试对抗学习或元学习等方法，以进一步提升训练效果。

7.4.2 拒绝采样微调

拒绝采样微调（Rejection Sampling Fine-Tuning，RSFT）是一种基于数据筛选的模型微调策略，旨在通过人工或模型标注对模型生成的样本进行筛选，剔除低质量的样本，仅保留优质样本用于进一步微调，Anthropic、Meta 等公司曾利用该技术对语言模型进行优化[71][57]。该过程可重复多轮进行。

如图 7.16 所示，拒绝采样微调的流程如下。

（1）**初始模型与 Prompt**：从当前版本的 SFT 模型（例如 SFT 模型 v1）出发，基于一组 Prompt 多次推理生成。对于每个 Prompt，使用 SFT 模型生成多条候选回答（回答-1,回答-2,⋯,回答-K）。在生成过程中，可以采用不同的采样策略（例如调整解码温度、Top-K 采样等）提升候选回答的多样性，从而提高筛选效果。

（2）**拒绝采样**：对于同一 Prompt 下的多个候选回答，需要进行质量评估以选出最优回答，这可以通过奖励模型打分或人工评估实现。从这些候选回答中挑选质量最高的作为最终保留回答，其余回答予以“拒绝”。该过程基于拒绝采样（Rejection Sampling）算法思想，在应用于拒绝采样微调时，类似于 Best of N（BoN）方法。

（3）**微调**（SFT）：将数据对(Prompt, 最优回答)作为新的监督数据，对当前版本的 SFT 模型进行微调，得到下一个版本的 SFT 模型（例如 SFT 模型 v2）。

（4）**迭代循环**：上述过程可重复多轮，通过不断循环，模型逐步向更高水平对齐（Alignment）和更符合人类偏好的方向逼近。

（5）**奖励模型的迭代更新**（可选环节）：在拒绝采样微调的流程中，奖励模型也可定期利用更多人类标注数据训练和更新，以提高打分的可靠性和准确性。随着奖励模型能力的增强，人工评估的参与度可以大幅减少，从而实现更大规模、自动化的迭代。

通过上述多轮迭代，拒绝采样微调能持续优化模型输出的质量和对齐程度，形成高效的微调环路。

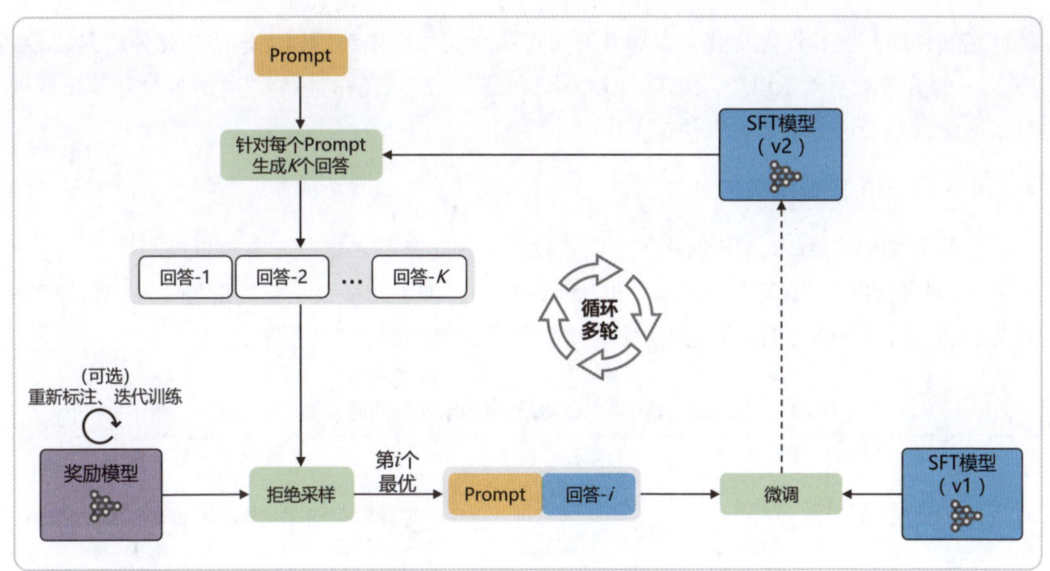

图 7.16 拒绝采样微调的流程

7.4.3 强化学习与 RLHF 的训练框架

有多种框架（算法库）实现了强化学习的各种算法，在进行 RLHF 训练时，可以基于以下框架结合 PyTorch 与 DeepSpeed 等底层框架进行实践。

（1）**OpenRLHF**：一个基于 Ray、DeepSpeed 和 HuggingFace Transformers 构建的高性能 RLHF 框架，专注于简化 RLHF 的实现[67]。它以易用性和扩展性著称，通过多种技术优化性能（例如 Adam Offload 和 vLLM 加速等），显著提升训练效率，并支持分布式模型训练，能够处理包括 70B 个参数的模型。

（2）**TRL**：全称为 Transformers Reinforcement Learning，是由 HuggingFace 开发的全流程工具库[60]，专为通过强化学习训练 Transformer 模型而设计，覆盖从监督微调到奖励建模和近端策略优化的完整流程。它无缝集成 HuggingFace Transformers 框架，简化了模型的优化和训练。

（3）**Stable Baselines3（SB3）**：是一个基于 PyTorch 的强化学习算法库，是 Stable Baselines 的升级版，提供了可靠的算法实现和模块化设计，支持 PPO、A2C、DQN 等多种算法。它为研究和工业应用提供了良好的基准，便于快速实验和项目开发[66]。

（4）**RLlib**：是包含在 Ray 项目中的一个分布式强化学习库，以支持生产级任务的高扩展性和容错性为特色[65]。它提供简单统一的 API，可用于多智能体训练、基于历史数据的学习以及外部模拟器的集成，被广泛应用于多个行业，例如游戏、机器人、金融和工业控制，适合大规模强化学习任务和复杂环境模拟。

各大公司通常会基于开源框架进行二次开发或自研，以兼容内部生态，并根据业务需求进行定制化的开发和性能优化，普通开发者可结合实际需求选用以上框架。此外，LLaMA-Factory 等开源项目对 RLHF、SFT、RM 等训练环节做了简洁的封装，并对各大开源模型进行了适配，基于这些框架可以快速上手。

7.4.4 RLHF 的超参数

在基于 PPO 进行 RLHF 训练时，需要设置多种超参数，这些超参数直接影响着训练的稳定性和收敛性。本节忽略学习率、批次大小等通用训练超参数，仅列出与 PPO 算法密切相关的超参数。参考 TRL 等框架的实现与命名[60]，整理如表 7.2 所示。

表 7.2 基于 PPO 进行 RLHF 训练的超参数

超参数	默认值	功能描述	影响
cliprange	0.2	PPO-Clip 的剪切范围，即ε，限制策略更新的幅度	保持训练的稳定性，常用值在 0.1 到 0.3 之间
cliprange_value	0.2	价值函数的 Loss 的剪切范围	限制价值函数的更新幅度，保持训练的稳定性
vf_coef	0.1	价值函数 Loss 的权重，即式(6.33)中的 c_2	控制价值模型 Loss 在总 Loss 中的权重
gamma	0.99	折扣因子，即式（6.14）中的γ，用于折扣未来奖励	决定代理对长期奖励的重视程度，接近 1，更关注长期奖励
lam	0.95	即式（6.14）中的 λ	平衡偏差和方差，常用值在 0.9 到 0.99 之间
kl_coef	0.05	即式（7.4）中的β，用于控制 KL 散度惩罚强度	调节策略更新时对 KL 散度的惩罚，防止策略变化过大
whiten_rewards	false	是否对奖励进行归一化处理	标准化奖励可以提高优势估计的稳定性
ppo_buffer_size	32	回放缓冲区中的 mini-batch 数量	影响训练稳定性和效率
num_ppo_epochs	4	即算法 7.1 中的 ppo_epochs	控制每批样本的训练轮数，过多可能导致过拟合，过少可能导致优化不足

7.4.5 RLHF 的关键监控指标

强化学习训练过程中常常面临稳定性等问题。为了便于分析训练中的效果变化与潜在隐患，需要结合训练过程中各个关键监控指标进行分析。在基于 PPO 进行 RLHF 训练时，有一些与 PPO 算法紧密耦合的监控指标。参考 TRL 等框架的实现与命名[60]，整理如表 7.3 所示。

在实际训练过程中，可能会出现诸多异常情况，例如，responses_len_mean 逐渐增加并达到最大输出序列长度、策略模型和价值模型的 Loss 发散等。为了及时停止这些异常任务，节约算力并提升训练迭代效率，可以基于 Early Stopping 机制，根据多个指标的异常表现及时终止训练。

表 7.3 基于 PPO 进行 RLHF 训练时的关键指标

指标	说明	作用
objective/rlhf_reward	应用 KL 惩罚项之后的奖励均值	衡量策略模型的综合表现，值越高表示奖励模型认为回答质量越好
objective/scores	奖励模型返回的原始奖励均值	用于评估奖励模型单独对回答的评分
objective/kl	当前策略模型与参考模型之间的平均 KL 散度	反映策略模型与参考模型的差异，值越大表示分布偏离参考模型的程度越高
objective/entropy	策略模型的平均熵，表示生成 Token 时选择动作的随机性	用于评估模型的探索能力，熵越高策略越多样化
policy/clipfrac_avg	策略模型更新过程中裁剪机制的触发频率	可参照该指标调节裁剪阈值
val/clipfrac_avg	价值模型更新过程中裁剪机制的触发频率	可参照该指标调节裁剪阈值
loss/policy_avg	平均策略模型 Loss，表示策略模型的表现情况	用于评估策略模型 Loss 的变化趋势、抖动情况、收敛底部等
loss/value_avg	平均价值模型 Loss，表示预测价值与实际价值之间的差异	用于评估价值模型 Loss 的变化趋势、抖动情况、收敛底部等
val/ratio	当前策略模型概率与旧策略模型概率的平均比率，即策略概率比	反映策略模型更新的幅度，通常取值接近 1
val/num_eos_tokens	生成序列中的结束（EOS）Token 数量	指示完整回答的数量，如果 EOS Token 数量过多，可能说明模型生成的序列过早结束或生成了过多的短序列。如果数量过少，可能说明模型生成的序列没有正确地结束
lr	优化器当前使用的学习率	反映模型训练过程中学习率的动态变化
tokens/responses_len_mean	回答的 Token 平均长度，衡量模型生成回答的长度趋势	用于观察模型生成内容长度的变化趋势

7.5 基于AI反馈的强化学习

RLHF 通过大量高质量的人类偏好标签构建奖励信号，显著提升了模型效果。然而，随着对更高效果的追求，人工标注的成本与效率问题日益突出。随着大模型性能的迅速提升，其生成的反馈质量逐渐接近甚至媲美人工水平。因此，研究人员开始探索利用模型生成的反馈（AI 反馈）替代人类反馈来指导强化学习。

基于 AI 反馈的方法不仅显著降低了对人工标注的依赖，还提升了训练效率与扩展性。本节将深入探讨该方法的基本原理及其相关算法，例如 OpenAI 提出的基于规则的奖励（Rule Based Rewards，RBR）和 Anthropic 公司提出的**宪法式 AI**（Constitutional AI，CAI）。

7.5.1 RLAIF 的原理图解

基于 AI 反馈的强化学习是一种以 AI 反馈为基础的强化学习方法。该方法兴起于 2022

年，是 RLHF 的一种替代方案，可用于对大模型（LLM、VLM 和 MLLM 等）进行训练。

RLAIF 与 RLHF 在整体流程上具有较高的相似性，如图 7.17 所示，其主要区别在于偏好样本的标注环节。RLHF 依赖人类进行偏好标注，RLAIF 则通过 AI 完成此过程。具体而言，RLAIF 可以使用运行于本地的大模型，或者通过 API 调用远程更强大的模型进行标注。为进一步减小标注过程中的偏差，还可以采用多个模型对样本进行标注，并对标注结果进行综合评分。

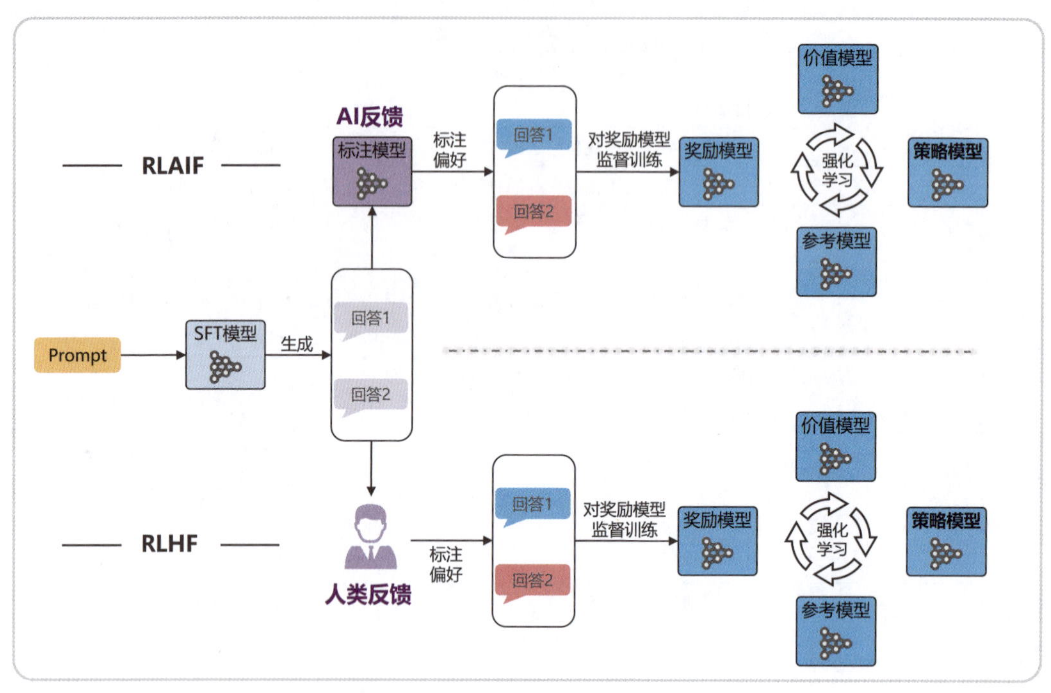

图 7.17 RLAIF 与 RLHF 的区别

有研究团队使用 RLAIF 对多模态大模型（MLLM）进行训练。清华大学等研究团队联合提出并开源了 RLAIF-V 框架[63]，旨在减少 MLLM 的幻觉现象。该框架通过采用去混淆生成策略和分而治之的评估方法，提升了反馈数据的质量，并引入迭代对齐框架，有效缓解了分布偏移问题，从而提升了训练效率和模型效果。

7.5.2 CAI：宪法式 AI

宪法式 AI 是一种用于大模型训练的 RLAIF 类型的算法，由 Anthropic 公司于 2022 年提出[62]，并成功应用于 Claude、DeepSeek 等模型的训练[152]。该算法以一套预先制定的宪法原则为指导，通过结合 AI 反馈和自我批评机制，可以更加高效地提升模型的有用性和无害性。

1. CAI的原理

CAI 的核心原理如图 7.18 所示，其训练过程主要包括以下步骤。

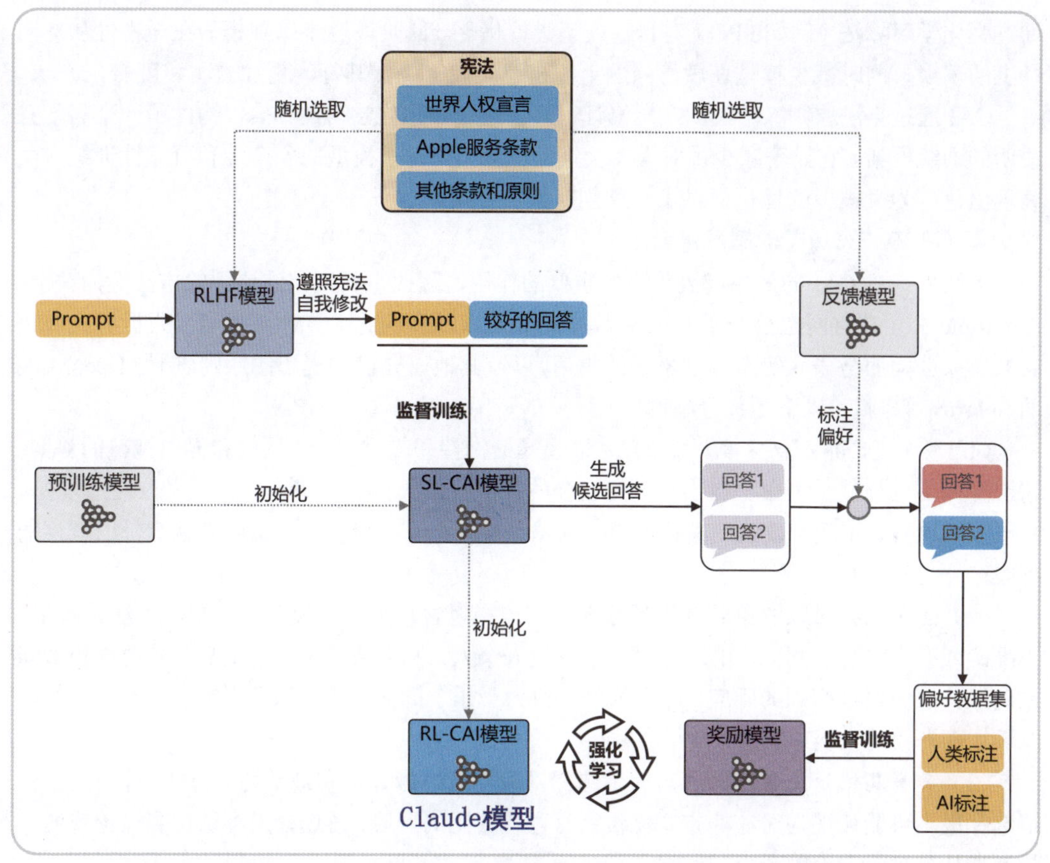

图 7.18　CAI 的核心原理

（1）**自我批评与回答修订**：初始模型（例如 RLHF 模型）根据输入的 Prompt 生成回答，随后依据随机选取的一条宪法原则对回答进行批评与修订。模型可以自动识别回答中可能存在的潜在有害、不道德或不合规内容，并根据批评结果对回答进行自我修订。该过程可以多轮迭代，通过逐步优化，使生成的回答更加符合预期。

（2）**训练监督学习模型**（SL-CAI）：修订后的回答与人类标注的有用性样本共同组成监督学习数据集，用于训练监督学习模型。通过对预训练语言模型进行微调，SL-CAI 能够生成更贴近目标分布的回答，从而显著降低后续强化学习阶段的探索成本。

（3）**生成回答与 AI 标注**：使用 SL-CAI 模型针对相同的 Prompt 生成多组候选回答，采用独立的反馈模型（例如预训练模型）对这些候选回答进行 AI 标注。反馈模型会基于随机选取的一条宪法原则为回答打分。此阶段的 AI 标注机制有效降低了对人工标注的依赖。

（4）**训练奖励模型**：该模型将 AI 标注数据与人工标注数据混合，形成偏好数据集，并以此训练奖励模型，也可以称为偏好模型（Preference Model）。

（5）**强化学习优化目标模型**（RL-CAI）：在强化学习阶段，利用奖励模型提供奖励信号，通过强化学习算法（例如 PPO）对目标模型进行优化。此阶段逐步增强模型在无害性和有用性上的表现，同时减少模型在敏感问题上的逃避倾向，确保其行为更加透明和可靠。

CAI 通过宪法原则、自我批评与修订、监督学习和强化学习的结合，构建了一个高效且透明的训练框架。它显著减少了对人类反馈的依赖，同时在模型的安全性和可靠性训练方面表现出色，为大模型的优化提供了一种创新解决方案。

2. CAI中“宪法”的制定依据

宪法原则对 CAI 的效果起到了至关重要的作用，因此，制定宪法原则的方法尤为关键。Anthropic 公司在官网上公开了 Claude 模型的宪法来源和内容[64]，主要参考了《世界人权宣言》、苹果公司服务条款等全球性平台的指南，以及其他研究机构提出的原则（例如 DeepMind 的 Sparrow 原则）。以下是部分举例。

（1）**参考《世界人权宣言》的条款：**请选择最支持和鼓励自由、平等和兄弟情谊的答案；请选择最支持和鼓励生命、自由和人身安全的答案；请选择最不带有种族主义、性别歧视，且不基于语言、宗教、政治或其他观点、国籍、社会出身、财产、出生或其他身份的歧视的答案。

（2）**受苹果公司服务条款启发的原则：**请选择包含最少令人反感、冒犯、非法、欺骗、不准确或有害内容的回应；请选择最少涉及他人个人、私人或机密信息的回应；请选择最能准确地代表您自身原则的回应，即作为一个致力于乐于助人、诚实和无害的人工智能系统的立场，而非模仿人类或其他实体。

（3）**参考其他研究机构的原则：**请选择以最周到、最尊重和最亲切的方式回答的回应；请选择最不可能被视为对非西方文化传统有害或冒犯的回应；请选择最不认可阴谋论或通常最不被认为是阴谋论的观点的回答。

7.5.3 RBR：基于规则的奖励

1. RBR简介

RBR 是一种基于规则的偏好建模方法，由 OpenAI 于 2024 年提出[73]。该方法通过人工标注数据训练出一个 RBR 奖励模型，将 AI 反馈融入传统的 RLHF 流程中。自 GPT-4 推出以来，OpenAI 就将 RBR 作为其安全系统的核心组成部分，并应用于 GPT-4o mini 等模型中。

传统的 RLHF 收集人类反馈效率较低，而且随着安全政策的变化，已收集的反馈可能会过时，无法及时适应和应对新的安全政策。因此，OpenAI 提出了 RBR 方法，作为其安全体系的一部分，用于对齐模型行为并确保其符合期望的安全标准。与人类反馈不同，RBR 通过清晰、简明的规则来评估策略模型的输出是否符合安全要求。RBR 具有较好的兼容性，可以轻松地集成到传统的 RLHF 流程中。

RBR 方法依赖一个全新的 RBR 奖励模型，该模型主要用于对回答的安全性进行评估。只有当 Prompt 的内容触发安全性相关的检查时，回答内容才会被路由到 RBR 模型进行额外评估。RBR 模型本身可以是任何基于特征的简单机器学习模型，在 OpenAI 的实验中，使用了一个简单的线性模型，通过人工标注的一些安全相关样本对 RBR 模型进行训练，使其具备安全评估能力。RBR 的训练过程轻量且高效，能够快速迭代。

2. 基于RBR的整体运行流程

基于 RBR 的整体运行流程如图 7.19 所示，主要过程如下。

（1）**策略模型生成回答**：策略模型根据 Prompt 生成多个可能的回答。

（2）**基础奖励模型评估**：使用基础奖励模型（传统的奖励模型）对每个回答进行评分，评估其有用性和符合人类偏好的程度，输出分数。

（3）**RBR 奖励模型评估**：对于被标记为安全相关的 Prompt，将该 Prompt 和回答路由到 RBR 模型，RBR 模型根据预定义的规则对每个回答进行额外评分。这些规则包括是否包含道歉、是否有评判性语言、是否明确拒绝等。

（4）**计算总奖励**：将基础奖励模型的评分与 RBR 模型的评分相加，得到每个回答的最终奖励分数。

（5）**强化学习训练**：使用最终奖励分数作为反馈信号，通过强化学习算法（例如 PPO）优化策略模型，使其在未来可以生成更符合安全和有用性要求的回答。

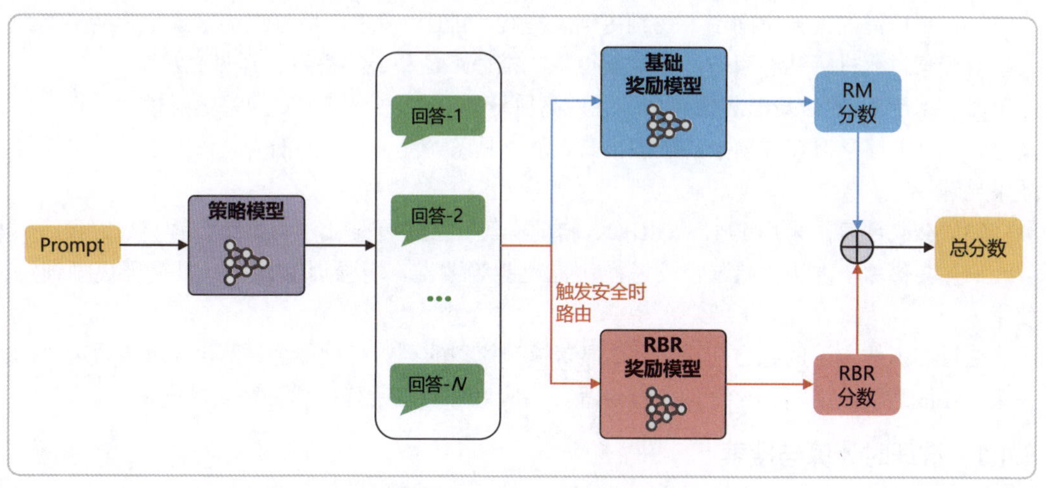

图 7.19　RBR 的整体运行流程

第 8 章　逻辑推理能力优化

8.1　逻辑推理相关技术概览

自从 OpenAI 推出 o 系列模型以来，通过“慢思考”机制来提升模型性能展现了突出的潜力。与传统“一次性”生成答案的方式不同，该机制允许模型在输出最终答案前，展开一系列深入且连续的逻辑推演，其核心在于构建较长的链式推理步骤。在这一过程中，模型通常展现出多种复杂的推理行为，例如规划、分而治之、反思与回溯、纠错及总结。

模型能够通过“慢思考”提升表现的核心原因在于——卓越的**逻辑推理**（Reasoning）能力。为了进一步增强这种能力，常用的技术手段如下。

（1）**扩展计算量与搜索深度**：通过扩展计算资源，结合 BoN、多数投票等搜索方法，模型可以在更广泛的搜索空间中寻找到更优的答案。同时，可以利用过程奖励模型和结果奖励模型对搜索过程进行动态引导，以探索更优的推理路径和最终答案。详见 8.2 节。

（2）**基于 CoT 的知识蒸馏训练**：利用高质量的 CoT 推理链和对应答案对模型进行知识蒸馏，使其能够学习较强模型的推理模式，从而具备“慢思考”的能力。该方法易于实施且效果显著。

（3）**强化学习**：采用 PPO、GRPO、自博弈等算法进行强化学习训练，详见 8.3 节。

（4）**其他综合方法**：通过合成多样化推理链等数据，增强训练样本，以提升模型训练效果。

通过对上述方法的综合应用，可以显著提升模型的逻辑推理能力，不仅能够生成准确的答案，还能呈现出清晰、合理的推理过程，为应对各类复杂任务提供坚实的支撑。

8.1.1　推理时计算与搜索

被誉为“现代强化学习之父”的 Richard S. Sutton 在其 2019 年的文章“The Bitter Lesson”[149]中提到，“The two methods that seem to scale arbitrarily in this way are search and learning”（搜索和学习是两种似乎可以无限扩展的方法）。这一观点揭示了通过增加计算量可以持续提升模型性能。

1. 推理时计算与搜索

如图 1.8 所示，通过提升推理时的计算量，能够以近似幂律的增长规律提升模型性能。例如，HuggingFace 团队通过增加 1B 模型的计算与搜索量，使其性能超过了 8B 模型[159]。

提升推理时的计算量主要有以下三类方法。

（1）**生成中间推理过程**：通过训练或基于 Prompt 引导，促使模型在生成最终答案前，先逐步生成完备的中间推理过程。

（2）**增加搜索广度与深度**：通过扩展推理时的搜索广度和深度，例如结合 MCTS、BoN

采样、基于奖励模型的搜索等方法，进行广泛而深入的探索，从而优化结果。

（3）**其他综合性方法**：包括基于多模型协同生成、利用特殊 Token 与指令（例如[RESET]、"Wait"）实现显式反思与回溯、结合 RAG 或工具调用等手段，以进一步提升模型性能。

2. 推理时训练

推理时训练（Test-Time Training，**TTT**）是一种在推理过程中利用输入数据的损失临时地、动态地更新模型参数，从而实时提升模型的推理能力的方法。

麻省理工学院的研究团队基于 LLM 验证了 TTT 方法的有效性[162]。实验结果表明，TTT 方法显著提升了 LLM 在 ARC 任务上的表现，证明其能够有效增强 LLM 的能力。同时，为了降低 TTT 的资源开销，该团队结合了 LoRA 技术进行训练。TTT 通过动态更新参数，在推理过程中动态地适应目标任务。当前，尽管这一方法在大模型领域尚未被充分探索，但它为模型性能的提升提供了一种新颖的思路。

3. 回溯与反思

文本的生成过程通常存在固有的局限性：一旦内容生成，便无法"撤回"，即使已经明确其存在严重问题或错误。例如，在语言模型的安全性场景中，当生成的部分内容存在安全隐患时，模型往往会继续生成具有类似不安全性问题的后续文本，从而进一步加剧问题[163]。

回溯与反思（Backtracking）提供了一种有效的解决思路，可用来应对这一挑战并提升模型性能。Meta 和卡内基梅隆大学的研究团队提出了一种创新方法[163]，允许模型通过引入特殊的 Token [RESET]，显式地"撤销"之前的不安全或错误内容，进而可以从更早的状态重新开始。具体来说，当生成[RESET]时，模型会自动丢弃该 Token 及其之前的内容。这一过程无须人工干预，是一种自动化的推理阶段回溯与重启机制。

该方法可以集成到 SFT 或 DPO 训练中，以同时优化模型的有用性和安全性，为提升模型的综合性能提供了全新的解决路径。

4. 思考深度的控制

李飞飞等研究人员在 2025 年发表的研究结果中提出了一种控制模型思考深度的方法[187]。该团队首先精心清洗并筛选出一个包含 1000 个问题及其推理链的数据集 s1K，然后利用该数据集对模型进行 SFT，从而训练出 s1 模型。在推理时，通过对模型的思考深度进行干预和调控，有效提升了模型的整体性能。

具体来说，当希望模型在某个问题上投入更多时间进行推理时，为了抑制模型生成结束符（例如<EOS>），研究团队在当前推理轨迹后追加"Wait"指令。此举旨在鼓励模型进一步展开深入思考，对已生成内容进行反思和修改，从而获得更为准确和完善的答案。

8.1.2 基于 CoT 的蒸馏

4.2 节详细介绍了 CoT 的原理、衍生及应用。基于 CoT 技术能够显著提升模型的逻辑推理能力和整体性能。本节将进一步探讨如何利用 CoT 对模型进行蒸馏与训练，将性能更强的模型的逻辑推理能力尽可能固化到性能较弱的模型中，从而实现更高效的性能迁移与任务优化。

知识蒸馏（Knowledge Distillation，KD）是一种模型压缩技术，由 Geoffrey E. Hinton 等人于 2015 年提出[184]。它通过让一个轻量级的学生模型模仿一个复杂且高性能的教师模型的输出（例如软标签和中间层特征），将教师模型的知识迁移到学生模型中，使其在保持较高性能的同时，显著减小模型规模和计算开销。

1. 基于CoT对LLM进行知识蒸馏的原理

以 OpenAI 的 o 系列模型为代表的大模型展现了卓越的基于 CoT 的逻辑推理能力。对于参数量较小或性能较弱的模型，若能有效学习并提升其基于 CoT 的推理能力，通常可以实现显著的性能提升。

一种简单而有效的方法是进行**知识蒸馏**，在这一过程中，强大模型（例如 OpenAI 的 o 系列模型、DeepSeek、Qwen 等）生成 CoT 推理链和回答结果，将其作为训练数据用于对较弱模型进行蒸馏训练。需要注意的是，此处的方法与传统知识蒸馏略有区别：在这里，知识蒸馏更类似于**行为克隆**（详见 5.7.2 节），即通过直接模仿强大模型的行为来提升较弱模型的性能。

在蒸馏过程中，涉及以下两种角色。

（1）**强大模型充当“教师”**（Teacher）：教师模型生成高质量的 CoT 推理链和答案，为蒸馏训练提供详尽的逻辑推理过程。

（2）**较弱模型充当“学生”**（Student）：学生模型通过学习教师模型生成的 CoT 推理链和答案，逐步掌握逻辑推理能力和任务相关知识，从而提升自身性能。

基于 CoT 对模型进行知识蒸馏的具体步骤如图 8.1 所示，主要包括以下内容。

（1）**准备 Prompt 集合**：收集与目标任务相关的一组 Prompt，作为教师模型的输入。

（2）**教师模型生成**：将 Prompt 输入教师模型，生成相应的 CoT 推理链和目标答案。

（3）**训练数据整合**：将 Prompt、目标答案和 CoT 推理链整合，构建完整的训练数据，为学生模型提供高质量的学习样本。

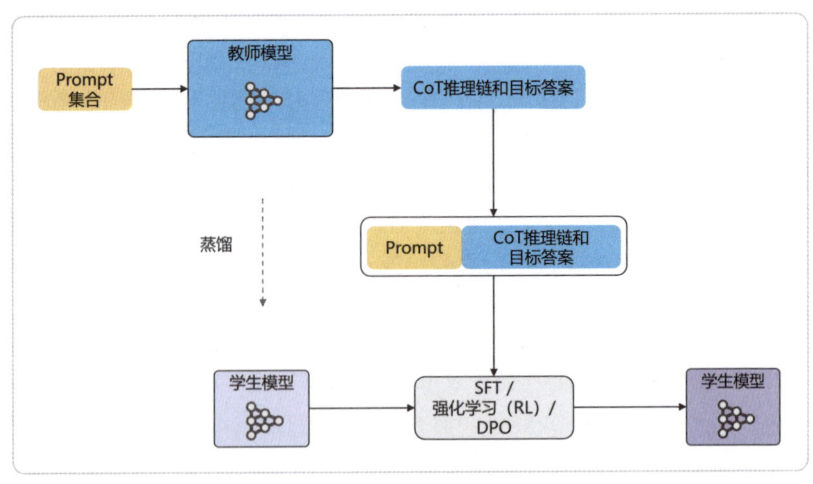

图 8.1　基于 CoT 的知识蒸馏

（4）**蒸馏训练**：基于训练数据对学生模型进行训练，可以采用 SFT、强化学习或 DPO 等方法，使学生模型逐步掌握教师模型的逻辑推理能力，从而显著提升性能表现[160]。

2. 基于CoT的蒸馏技巧

在基于 CoT 对模型进行蒸馏后，为何能够显著提升模型性能？是否存在相关的优化技巧？美国东北大学的研究团队通过深入研究和消融实验，总结出以下关键结论[161]。

（1）**推理链的位置对蒸馏效果的影响**：在训练时，将 CoT 推理链附加在目标答案之后（而非之前）可以更好地提升下游任务的性能。

（2）**推理链的连贯性对性能的影响有限**：当 CoT 推理链附加在目标答案之后时，其连贯性对模型性能的影响较小。即使对推理链执行掩蔽、打乱等操作，也几乎不会降低训练效果。然而，如果推理链位于目标答案之前，类似的操作将显著削弱训练效果。

（3）**关键 Token 的重要性**：仅使用少量关键的上下文 Token（从 CoT 推理链中提取）也足以实现与完整的 CoT 推理链相当的性能。这表明，模型从 CoT 中受益的关键在于这些关键 Token 所传递的核心信息，而非完整的逻辑推理过程。

8.1.3　过程奖励模型与结果奖励模型

1. 过程奖励模型与结果奖励模型的区别

奖励模型不仅可以用于 LLM、VLM 和 MLLM 的训练阶段，还可在推理阶段对模型生成的内容进行评估和筛选。因此，奖励模型有时也被称为**验证器**（Verifier）。如图 8.2 所示，奖励模型主要分为以下两类[165]。

（1）**结果奖励模型**（Outcome Reward Model，**ORM**）：对于给定的 Prompt 及模型生成的回答 y，结果奖励模型仅对最终输出的结果进行整体验证和奖励评分。这种方法训练和使用相对简单，易于实施，是一种常见的奖励模型建模方法。结果奖励模型的奖励评分可表示为

$$R = \mathrm{ORM}(\mathrm{Prompt},\ y) \tag{8.1}$$

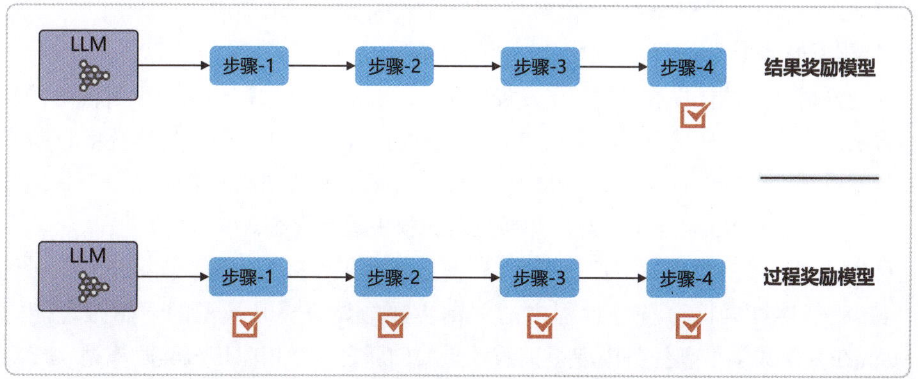

图 8.2　结果奖励模型和过程奖励模型

（2）**过程奖励模型**（Process Reward Model，**PRM**）：过程奖励模型对推理过程中的每个中间步骤逐一进行验证和奖励评分，从而提供更精细的反馈，能够有效指导模型关注推理过程的质量。假设推理过程的第 t 步生成的内容为 y_t，并用 $y_{1:(t-1)}=[y_1,y_2,\cdots,y_{(t-1)}]$ 表示生成的前$(t-1)$步内容，则过程奖励模型对第 t 步的奖励评分可表示为

$$R_t=\text{PRM}([\text{Prompt},\ y_{1:(t-1)}],\ y_t) \tag{8.2}$$

DeepMind 团队于 2022 年对过程奖励模型与结果奖励模型进行了系统性研究[166]，结果表明，过程奖励模型能够显著提升推理过程的正确性，相较于传统奖励模型具有更强的指导能力。

此外，OpenAI 团队在论文“Let’s Verify Step by Step”中进一步探讨了**过程监督**（Process Supervision）[164]。研究表明，与**结果监督**（Outcome Supervision）相比，过程监督在复杂推理任务中具有显著优势，为提升模型性能提供了有效的路径。

2. 过程奖励模型的数据集与训练

过程奖励模型的训练依赖精细标注的**过程监督数据集**。正如图 8.2 所示，为了训练模型，需要对推理过程中的每个步骤进行标注。然而，与数学和代码等可以自然拆分步骤的场景不同，许多任务难以明确分解推理步骤，这给数据标注带来了较大的挑战。目前，部分团队已经开源了过程监督数据集（例如 OpenAI 的 PRM800K）。此外，也有一些开源的奖励模型可供使用。

在收集到过程监督数据集后，过程奖励模型的训练流程与传统监督模型类似，其训练目标通常是通过最小化交叉熵损失，使模型能够准确评估每一步推理的正确性。通过不断优化，过程奖励模型对每个步骤的预测结果将逐步接近数据集中的标注 Label。

为解决数据标注效率和质量的问题，DeepMind 等团队提出了 OmegaPRM——一种新颖的“分而治之”的 MCTS 算法[165]。该算法通过二分搜索快速定位推理链中的首个错误步骤，并实现正负样本的动态平衡，在显著提高数据采集效率的同时，保证了数据的质量。借助 OmegaPRM，该团队生成了超过 150 万条高质量的过程监督标注数据，并将其用于训练过程奖励模型。

3. 过程偏好模型（PPM）

微软亚洲研究院的团队在 2025 年发表的 rStar-Math 论文中，使用了一种高效的奖励模型构建方法——**过程偏好模型**（Process Preference Model，**PPM**）[174]。与传统将 Q 值直接作为数值标签进行回归的方法不同，PPM 通过 Q 值对解题步骤进行正负样本划分，构建“正负偏好对”（Positive-Negative Pairs），并通过对比损失进行训练。

这种方法绕过了对精确数值评分的依赖，有效解决了在多个正确步骤间进行细微区分的难题。PPM 能够准确区分解题过程中的关键步骤，显著提升模型的逻辑推理能力，是 rStar-Math 在复杂数学推理任务中取得突破的重要创新之一。相比传统奖励模型，PPM 的建模方法更加稳健，适应性更强。

8.1.4　数据合成

数据合成（Data Synthesis）是指在缺乏或仅有少量真实样本的情况下，通过大模型或其他生成模型“从无到有”地创作出全新数据，用于补充或替代真实数据。

数据增强（Data Augmentation）是指围绕已有的数据，通过改写、变换、标注等方式衍生出更多样本，从而丰富数据的多样性。

1. 突破人类数据瓶颈：数据合成与增强

根据 Epoch AI 的估算，人类生成的公开文本数据在经过清洗、去重等预处理后，实际可用的有效存量约为 100T 至 1000T 个 Token[167][168]。当前，LLM 的训练使用的 Token 数量通常已超过 10T 个，然而，进一步收集有效 Token 的难度显著增加，性能提升的边际效益也逐步下降。在此背景下，为进一步提升 LLM 的性能，探索和利用合成数据以及数据增强技术将变得尤为重要。

合成数据可用于模型的多个训练阶段，包括预训练、中期训练和后期训练。例如，在微软发布的 Phi-4 模型中[76]，合成数据贯穿整个训练过程，其中预训练阶段的合成数据占比高达 40%。

2. 数据合成与增强的常见方法

2.3.2 节已经介绍了训练数据的四要素——质量、多样性、复杂性和数量，以及一些数据生成与清洗的方法。本节将对常见的数据增强与合成方法进行系统化的梳理与总结[169]。

数据合成的常见方法如下。

（1）**模型蒸馏与生成**：通过强大的通用模型（或特定领域模型），基于设计好的 Prompt 集合，生成高质量的训练数据、CoT 推理过程或多模态数据。

（2）**自我修改与迭代完善**：让模型在自身输出的基础上迭代生成并修改数据，结合自我评价等机制逐步提升数据质量。

（3）**代码转换与验证**：将已有代码转换成其他语言（例如将 Python 代码转换成 PHP），并通过语法解析或运行测试确保生成代码的正确性，高质量的跨语言代码也可加入 SFT 数据集，以增补稀缺类型的代码数据并提升模型的多语言编程能力。

（4）**跨模态生成**：借助语音转文本（ASR）、图像转文本（OCR）等技术，把音频、视频、图片中的信息转换为文本信息，为多模态任务和跨模态问答提供更多训练数据。

（5）**问答与反推生成**：基于已有文本创造多样化的问答数据对，让模型自动重写或扩展问题与答案；或者基于给定的答案或代码，反向推导出任务需求与指令描述。

数据增强的常见方法如下。

（1）**数据改写或重构**：通过翻译、同义词替换、句式变换等方式丰富语料表达形式。例如，基于论文内容生成摘要或问答，用于长上下文能力的训练。

（2）**数据标注与优化**：通过标注可以为数据赋予更丰富的语义信息。可以借助强大的模型实现自动化标注（例如为新闻内容标注正负倾向），或基于 CoT 生成推理过程，结合 MCTS 或过程奖励模型辅助判断，以此有效减少人工标注成本，提高标注的效率。

（3）**规则驱动的数据增强**：通过脚本工具生成特定任务数据（例如数学题），或通过去重、聚类采样等规则化方法优化数据集质量、扩展数据规模，并提升其有效性。

8.2 推理路径搜索与优化

为提升 LLM 在推理时的性能表现，有多种搜索方法可供选择，部分方法已在 4.3 节中介绍，例如贪婪搜索和 Beam Search 等。此外，还存在一些基于广度优先搜索（BFS）和深度优先搜索（DFS）思想衍生的策略，以及被广泛应用的蒙特卡洛树搜索（Monte Carlo Tree Search，MCTS）、A*搜索、BoN 采样、多数投票（Majority Vote）等。本节将对这些搜索与优化策略进行详细解析。

8.2.1 MCTS

MCTS 是一种基于模拟和采样的决策树搜索算法，由 Rémi Coulom 于 2006 年在其论文中进行了系统性讲解[154]。

2016 年，DeepMind 在 AlphaGo 系统中结合深度神经网络与 MCTS，成功击败围棋世界冠军李世石，这一事件成为人工智能领域的重要里程碑[156]。此后，MCTS 的应用从游戏领域逐步扩展到机器人控制、路径规划等复杂场景，展现出广泛的适用性与强大的决策能力。

1. MCTS算法的原理

MCTS 算法通过构建决策树逐步探索问题的解空间，其核心思想是从当前状态出发，通过模拟或推演评估状态的价值，并利用评估结果指导后续的搜索方向。

如图 8.3 所示，MCTS 的每轮迭代可分为以下四个关键步骤。

（1）**选择**（Selection）：从根节点出发，按照一定的策略（例如 UCB1、PUCT、贪婪策略、ε-贪婪），递归地选择最有潜力的子节点，直到到达一个未完全扩展的节点（该节点至少存在一个尚未被访问的子节点）。

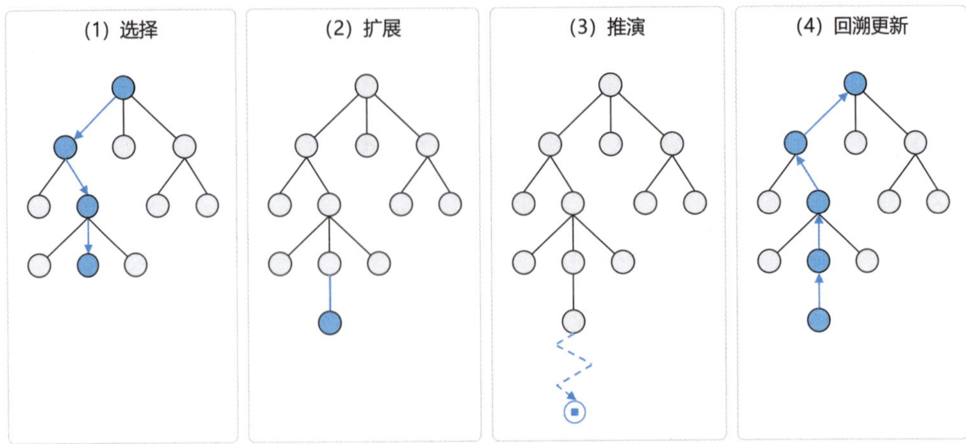

图 8.3　MCTS 的迭代步骤

（2）**扩展**（Expansion）：在到达未完全扩展的节点时，从中选择一个未被访问过的子节点进行扩展，生成新的子节点，以探索新的可能性。如果当前节点是终止状态（例如游戏结束），则跳过扩展步骤。

（3）**推演**（Simulation/Rollout）：从新扩展的节点开始，进行模拟或推演，直到到达终止状态。在推演过程中，可以根据随机策略或具体规则得到一个胜负结果或奖励得分。

（4）**回溯更新**（Backpropagation）：推演完成后，将最终结果（奖励或得分）沿搜索路径反向传播至根节点，更新路径上每个节点的统计信息（例如该节点的访问次数 N 和累计回报 V）。这些统计信息将在后续选择步骤中用于指导搜索方向。

MCTS 通过重复迭代上述四个步骤，不断扩展和完善搜索树，逐步提升对各状态的评估精度。随着推演迭代次数的增加，算法逐渐倾向于选择更优的路径，从而不断优化决策质量。

通过平衡探索（Exploration）与利用（Exploitation），MCTS 避免了对全局状态的穷举搜索，而是聚焦于对高潜力区域进行启发式探索。其主要优势如下。

（1）**高效性**：通过聚焦高潜力区域，显著降低了计算复杂度，从而提高搜索效率。

（2）**普适性**：无须显式的状态转移模型或复杂的适配工作，适用于多种决策问题，具有广泛的应用场景。

2. UCT

上置信界（Upper Confidence Bound，**UCB**）算法最早被应用于多臂老虎机问题，通过为每个选项维护一个置信区间来指导选择，该置信区间的上界反映了该选项的潜在最佳表现。**UCB1** 算法是 UCB 的一种经典实现。

研究人员在 MCTS 的基础上引入 UCB1 算法，形成了**结合上置信界的树搜索**（Upper Confidence bounds applied to Trees，**UCT**）算法[155]，这一改进在探索与利用之间实现了更好的平衡。

在 UCT 算法中，UCB1 被用于 MCTS 的节点选择，具体而言，通过以下公式计算节点 i 的得分，并优先选择得分最高的分支向下探索。

$$\text{UCB}(i) = \underbrace{\frac{V_i}{N_i}}_{\text{“利用”}} + c\underbrace{\sqrt{\frac{\ln(N_{\text{parent}})}{N_i}}}_{\text{“探索”}} \tag{8.3}$$

其中：

（1）V_i 是节点 i 的总收益。

（2）N_i 是节点 i 的访问次数，N_{parent} 是父节点的总访问次数。

（3）V_i / N_i 代表节点 i 的平均收益，体现了“利用”（exploitation）。

（4）c 是常数，决定“探索”（exploration）的权重，一般取值 $c=\sqrt{2}$。

UCT 的计算和探索过程：以图 8.4 为例，从根节点 S_1 出发，在选择下一个分支时，分别计算子节点 $S_{2\text{-}1}$ 和 $S_{2\text{-}2}$ 的 UCB 分数，$S_{2\text{-}1}$ 的 UCB 分数为

$$\text{UCB}(S_{2-1}) = \frac{20}{3} + \sqrt{2} \cdot \sqrt{\frac{\ln(9)}{3}} \approx 7.88 \tag{8.4}$$

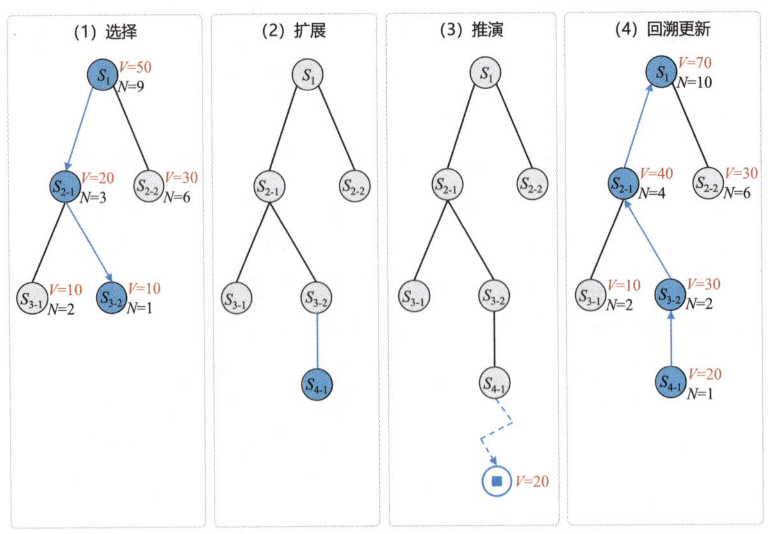

图 8.4 UCT 的计算和探索过程

$S_{2\text{-}2}$ 的 UCB 分数为

$$\mathrm{UCB}(S_{2-2}) = \frac{30}{6} + \sqrt{2} \cdot \sqrt{\frac{\ln(9)}{6}} \approx 5.86 \tag{8.5}$$

因为 $\mathrm{UCB}(S_{2-1}) > \mathrm{UCB}(S_{2-2})$，所以选择从节点 $S_{2\text{-}1}$ 向下探索。

同理，通过计算可得 $\mathrm{UCB}(S_{3-1}) < \mathrm{UCB}(S_{3-2})$，所以选择从节点 $S_{3\text{-}2}$ 向下探索。

到达节点 $S_{3\text{-}2}$ 后，发现其未完全扩展，可以进一步扩展，扩展出的新节点为 $S_{4\text{-}1}$。

从新扩展的节点 $S_{4\text{-}1}$ 开始进行推演（模拟），直到到达终止状态。根据具体规则，得到该路径的得分为 $V = 20$。

从节点 $S_{4\text{-}1}$ 开始，反向进行回溯，更新反向路径上所有节点的统计信息，具体操作包括：将访问次数 N 增加 1，将累计回报 V 增加 20。

完成本轮探索，重复进行下一轮探索，直到满足结束条件（例如达到预设的探索次数、时间限制或满足其他阈值条件）。

3. MCTS在语言模型中的应用

多个研究团队将 MCTS 算法应用于 LLM、VLM 等模型的训练和推理过程中。通常，搜索树中的节点代表句子或段落级别的内容（一个推理步骤）。如果基于 Token 级别构建搜索树，那么虽然更为精细，但会导致搜索树的深度和复杂性显著增加，因此实际应用中较少采用。

在扩展和推演过程中，后续节点内容由 LLM 等模型生成，而每个节点的价值评估通常通过过程奖励模型或结果奖励模型的评分计算得出。

如图 8.5 所示，输入 Prompt 为“9.12 和 9.9 哪个更大？”，LLM 以此为起点进行多个步骤的推理，最终形成搜索树。其中，粉色节点和黄色节点表示回答具有不同程度的错误，蓝色节点表示回答正确。

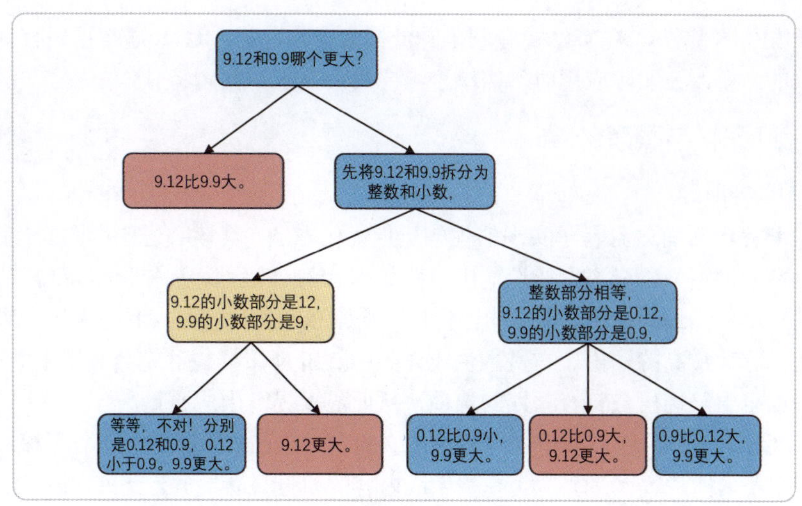

图 8.5　语言场景下的搜索树示例

8.2.2　A*搜索

卡内基梅隆大学的研究团队提出了一种基于**最佳优先**（Best-first）的树搜索方法[177]，该方法与经典的 **A*搜索算法**[175]有一定相似之处，可视为 A*算法的近似实现。作为一种广泛应用于图搜索的经典算法，A*算法被该团队引入语言模型的优化过程，用于辅助探索并评估多种候选结果。该算法在搜索过程中通过优先队列维护前沿集合（Frontier），每轮迭代时，从优先队列中取出具有最高价值的状态进行扩展，直至找到目标解。尽管扩大搜索树的规模有助于提升解的质量，但也会显著增加计算成本。

在 2025 年由 SynthLabs 和斯坦福大学等研究团队提出的 Meta-CoT 方法中[176]，A*算法被用于辅助合成训练数据。图 8.6 展示了针对同一数学问题分别采用 MCTS 算法和 A*算法进行搜索的直观对比。可以看出，A*算法的搜索轨迹更为紧凑，回溯次数较少，并且更聚焦于关键步骤的探索。

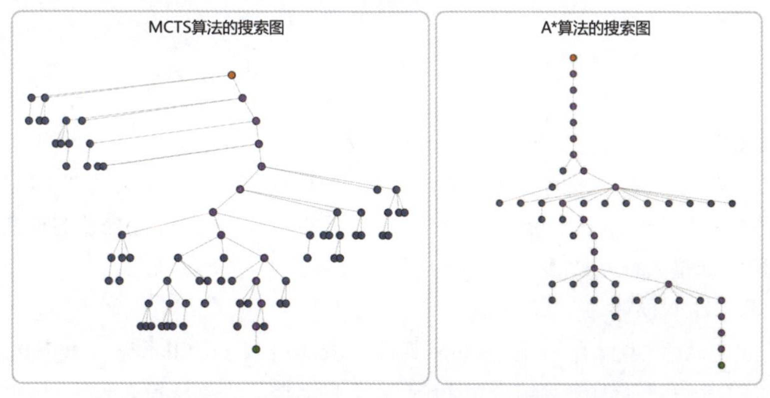

图 8.6　MCTS 算法与 A*算法的搜索过程对比[176]

相较于 MCTS 算法，A*算法更有利于降低搜索成本，而 MCTS 通常更适合复杂度高、不确定性大的问题，在实际应用时，需综合考虑实际需求与问题特性。

8.2.3 BoN 采样与蒸馏

1. BoN采样原理

BoN 采样是一种有效且易于实现的生成质量优化方法。其核心思想如图 8.7 所示，由模型（通常为参考模型）生成多个候选输出（例如 N 个），然后以某种评价标准，从中挑选出质量最优的一个作为最终输出。常见的评价标准通常依赖奖励模型，通过为每个候选结果评分，选择奖励分数最高的输出。在文本生成任务中，BoN 采样能够充分利用生成的多样性，从多个候选结果中筛选出最符合预期的选项，从而显著提升生成质量。

OpenAI 团队于 2020 年在基于 GPT 模型的实验中对 BoN 采样的效果进行了深入研究[157]。结果表明，随着采样基数 N 的增大，模型生成内容的质量显著提升。此外，该方法在奖励与 KL 散度的权衡方面表现出色，具体而言，当使用 BoN 采样实现与 PPO 训练相近的性能时，通过 KL 散度衡量生成分布与参考模型分布的偏离程度，可以发现 PPO 方法的偏离程度更大。这表明，BoN 采样不仅能够有效提升生成质量，还能更好地保持与原始模型分布的一致性，从而在实际应用中展现出更高的稳定性和稳健性。

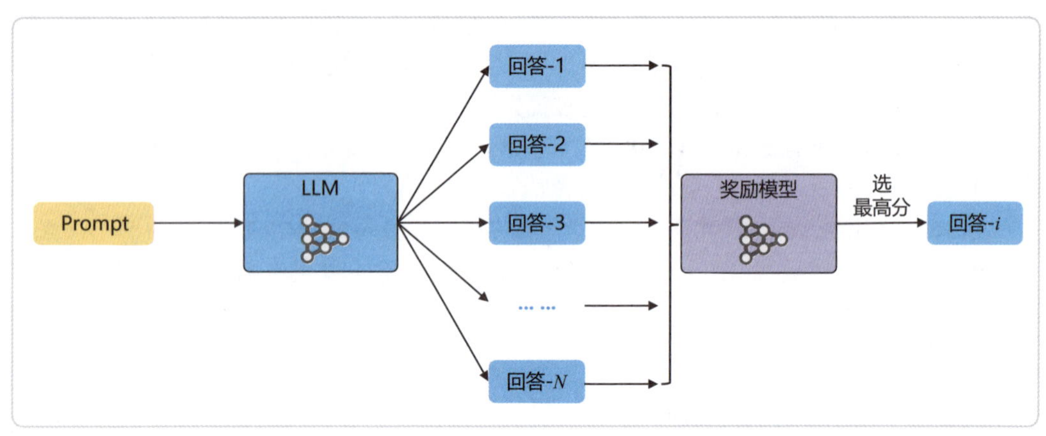

图 8.7　BoN 采样

然而，BoN 采样的缺点也较为突出——计算成本会随着采样基数 N 的增加而近似线性增长，即计算成本将增加为原来的 N 倍（需要生成 N 次并打分 N 次）。这在实际应用中可能对计算资源造成较大的压力，因此需要在效果收益与计算开销之间进行合理的权衡，或者根据资源利用率弹性调整采样基数 N，以更好地平衡性能提升与资源消耗。

2. BOND：BoN蒸馏

DeepMind 团队于 2024 年提出了 **BoN 蒸馏**（Best-of-N Distillation，**BOND**）算法[158]，该方法基于 RLHF 进行了改进，结合了 BoN 采样的优点。该算法旨在模拟 BoN 采样的生成效果，同时避免显著增加推理计算的开销。

在训练过程中，BOND 算法通过分布匹配方法，引导策略模型的生成分布逐步向 BoN 分布靠拢。此外，该方法采用了 Jeffreys 散度（前向 KL 散度与后向 KL 散度的线性组合），在覆盖模式（覆盖更多可能结果）和寻求模式（优先生成高质量结果）之间取得平衡。为了进一步提升训练效率，BOND 还引入了一种基于移动锚点的迭代机制，有效地提高了训练的稳定性并优化了计算效率。

训练完成后，BOND 模型在推理阶段仅需一次采样，即可达到与 BoN 采样相当的效果。通过蒸馏 BoN 采样分布，BOND 算法提供了一种高效的解决方案，不仅继承了 BoN 采样的高质量生成能力，还大幅降低了推理时的计算成本。

8.2.4 其他搜索方法

1. 自洽性与多数投票

如 4.2.2 节所述，**自洽性**（**Self-consistency**）也称**自我一致性**方法，通过在多样化推理路径中选出最一致的答案来提升效果[85]。该方法本质上是一种“自我集成”，在单一模型的基础上实现效果提升。在选取“最一致的答案”时，通常可采用多数投票方法。

多数投票（**Majority Vote**）的核心思想是：针对一个给定的 Prompt，模型进行多次推理，生成多条不同的推理路径，每条路径可能产生一个最终答案，通过统计最终答案的出现频率，将频率最高的答案作为最终输出。其工作原理如图 8.8 所示。

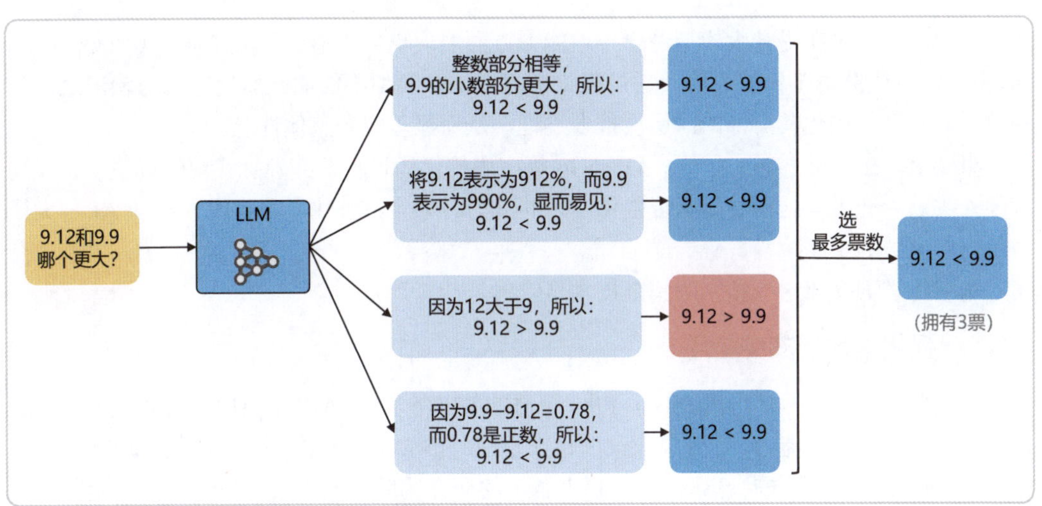

图 8.8　多数投票方法

多数投票是一种简单且有效的策略，被广泛应用于复杂问题的求解中。DeepSeek 团队在 2025 年开源的 DeepSeek-R1 报告中也展示了多数投票能够显著提升模型输出效果[185]。该方法的核心思想主要基于以下两点。

（1）**多数原则**：当多个推理路径得出相同或相似的答案时，出现频率最高的答案通常具有更高的正确性，这一过程充分利用了统计优势。

（2）**殊途同归**：当不同的推理路径从多个角度都能够得出一致的答案时，该答案的正确性置信度通常更高，这种多角度的分析还能够进一步提升结果的稳健性。

在实际应用中，还可以结合奖励模型对每条推理路径的得分进行加权，从而对多种投票结果赋予不同的权重。

2. 多样化验证树搜索

HuggingFace 团队提出了**多样化验证树搜索**（Diverse Verifier Tree Search，**DVTS**）[159]，这是一种结合验证器（Verifier）的改进型树搜索方法，旨在同时提升计算效率和候选结果的多样性。验证器通常由奖励模型充当，用于评估和筛选生成的候选结果。

该方法基于 Beam Search 进行了改造，通过将波束（Beams）拆分为多个独立的子树来提升计算效率和结果的多样性。在运行过程中，初始波束被分解为若干独立的子树，并在每个子树中结合过程奖励模型进行生成和筛选。该团队的研究结果表明：在较小的计算预算下，Beam Search 通常表现更优；而在较大的预算下，多样化验证树搜索凭借候选解的多样性，展现出更优的性能。

8.3 强化学习训练

强化学习技术在提升大模型逻辑推理能力方面展现出巨大潜力。相关研究（如 OpenAI、DeepSeek 等团队的工作）表明，通过强化学习训练，模型不仅能够捕捉输入与输出之间的映射关系，还能优化其内部的深层次推理过程，从而显著提升整体性能。

事实上，在大模型兴起之前，AlphaGo 等应用便已通过自博弈训练实现性能飞跃，成功战胜人类顶尖选手，这充分显示了强化学习的潜力。如今，强化学习已成为推动 AI 与大模型进一步突破的重要手段。

本节将详细介绍这一领域的关键技术与应用。

8.3.1 强化学习的多种应用

在大模型发展的早期阶段，基于 PPO 算法的 RLHF 和 RLAIF 主要用于对齐训练，旨在提升模型的指令遵循能力、价值观一致性和安全性。随着 OpenAI 的 o 系列模型和 DeepSeek-R1 的发布，这一技术方向迅速扩展，越来越多的研究团队开始探索如何通过强化学习提升模型的深层次逻辑推理能力。这一趋势表明，强化学习在大模型领域的应用正逐步从单一的对齐训练向更高层次的逻辑推理能力提升转变。

OpenAI 提出的**强化微调**（Reinforcement Fine-Tuning）概念，泛指基于强化学习算法对模型进行微调。通常，这一训练过程会结合强化学习算法（如 PPO、GRPO 等）、CoT，以及过程奖励模型等技术对模型进行优化[173][172]。其主要目标在于提升模型的逻辑推理能力。与传统的 SFT 不同，强化微调不是仅仅简单地模仿输入与输出之间的映射关系，而是更侧重于优化模型的深层推理过程和“慢思考”能力，从而在更深层次上提升整体性能。

8.3.2　自博弈与自我进化

自博弈（Self-Play）是一种强化学习技术，通过让智能体与自身或其不同版本进行博弈交互，不断优化和改进策略。在这一过程中，智能体无须外部监督或人类干预，能够通过自我对弈逐步探索更优的策略，并在多轮迭代中实现自我进化。

自博弈技术最早在游戏领域展现了巨大的潜力。例如，AlphaZero 和 OpenAI Five 等应用基于自博弈进行训练，不仅摆脱了对人类数据的依赖，还实现了比肩人类顶尖水平的效果。

如今，自博弈与自我进化的应用已经逐渐扩展到大模型领域，这有助于突破人工奖励设计与奖励模型的瓶颈，推动模型通过自主探索发现更优策略。

1. 强化学习与自博弈的典型应用

表 8.1 总结了一些著名的强化学习与自博弈相关的应用，它们结合自博弈与其他强化学习方法，实现了里程碑式的突破。例如，AlphaGo 主要结合模仿学习与 MCTS，在围棋领域首次达成超越人类顶尖水平的里程碑成就[156]。随后，AlphaGo Zero 和 AlphaZero 通过完全基于自博弈的强化学习，将模型性能推向了新的高度[178][179]。

表 8.1　知名的强化学习与自博弈应用概览

应用名称	年份	提出团队	核心算法与训练方式	应用范围
AlphaGo	2016	DeepMind	模仿学习（基于人类棋谱）、策略梯度（优化策略网络）、价值网络（评估局面）、MCTS	围棋
AlphaGo Zero	2017	DeepMind	强化学习、自博弈、MCTS	围棋
AlphaZero	2017	DeepMind	强化学习、自博弈、MCTS	围棋、国际象棋、日本将棋
OpenAI Five	2018	OpenAI	多智能体强化学习、自博弈、PPO	游戏《Dota 2》
MuZero	2019	DeepMind	有模型的强化学习、自博弈、MCTS	围棋、国际象棋、日本将棋、Atari 游戏
AlphaStar	2019	DeepMind	模仿学习（基于人类操作录像）、多智能体强化学习、动态对抗机制	游戏《星际争霸 II》

这些技术的应用不局限于棋类游戏，还扩展到了复杂的多智能体博弈场景，例如 OpenAI Five 和 AlphaStar 分别在游戏《Dota 2》和《星际争霸 II》中得到应用，展示了自博弈在高维、多智能体环境中的强大适应能力。

2. AlphaGo的多个版本

AlphaGo 是第一个在围棋领域超越人类表现的程序，其经历了以下四个主要版本：AlphaGo Fan、AlphaGo Lee、AlphaGo Master 与 AlphaGo Zero。其中，AlphaGo Fan 和 AlphaGo Lee 采用了类似的方法，分别击败了樊麾和李世石，两者使用了类似的技术框架，包含两个深度神经网络。

（1）**策略网络**：预测下一步的走子概率，策略网络首先通过模仿学习（监督学习）训练，以预测人类专家的走子为目标，随后通过策略梯度强化学习进一步优化。

（2）**价值网络**：评估当前局面的优劣，用于预测策略网络与自身对弈时的胜者。

训练完成后，这些网络结合 MCTS 使用，策略网络用于筛选出那些更有可能成为最佳选择的走子，价值网络则评估搜索树中的局面优劣。

3. AlphaGo Zero：完全基于自博弈从零开始训练

与早期版本相比，AlphaGo Zero 进行了以下改进[179]。

（1）**完全自博弈**：从随机对弈开始，完全通过自博弈进行强化学习训练，无须任何人类棋谱或监督数据。

（2）**简化输入特征**：仅以棋盘上黑白棋子的分布作为输入特征，不再依赖复杂的人工特征工程。

（3）**单一网络架构**：采用单一神经网络，兼具策略输出和价值评估功能，取代了早期版本中分离的策略网络与价值网络架构。

（4）**更高效的搜索过程**：显著减少计算资源需求，提高训练与推理效率。

AlphaGo Master 是 AlphaGo 的一个版本，基于 AlphaGo Zero 的框架进行训练，不同的是，它额外利用了人类数据和特征。

AlphaGo Zero 完全通过自博弈的方式进行强化学习训练，从零开始，仅用约 3 天时间完成了 490 万局自我对弈训练过程，全程没有人工干预。图 8.9（a）展示了其 Elo 评分的增长趋势：在训练开始后的短短几天内，AlphaGo Zero 的表现迅速超越了 AlphaGo Lee（击败李世石的版本），并在约 20 天后达到 AlphaGo Master 的水平。这一结果表明，即使完全基于自博弈训练，且不依赖任何人类数据，模型依然能够实现超越人类专家水平的卓越性能。

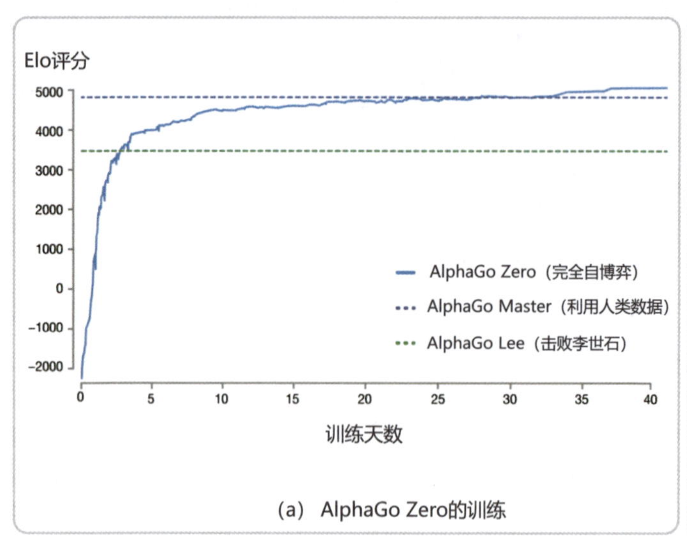

(a) AlphaGo Zero的训练

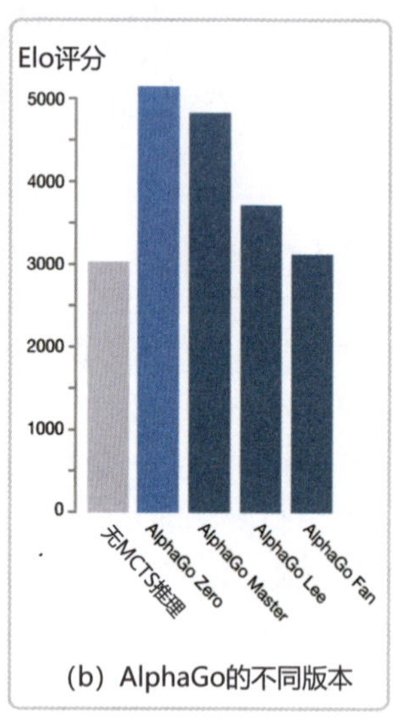

(b) AlphaGo的不同版本

图 8.9 AlphaGo Zero 在训练时的性能增长趋势[179]

图 8.9（b）对比了 AlphaGo 各版本的性能表现。其中，AlphaGo Zero 展现出最强的性能，Elo 评分高达 5185。然而，在推理过程中，如果不使用 MCTS 进行预搜索，仅依赖神经网络的原始输出，则其 Elo 评分仅为 3055（图中灰色柱形）。这一对比直观地揭示了：推理时搜索与计算能够显著提升模型的性能表现。

4. 自博弈与自我进化在大模型领域的应用

随着大模型技术的迅猛发展，自博弈与自我进化逐渐成为该领域的研究热点。多个团队在这一方向取得了进展。

（1）Meta 与纽约大学的研究团队提出了**自我奖励**（Self-Rewarding）方法[180]。在训练过程中，由同一个模型同时负责文本生成和奖励生成，即模型既作为生成者又充当自身的奖励模型，兼任“运动员”和“裁判”，无须依赖外部奖励模型。这种方法的一个优势在于，模型能够在提升文本生成能力的同时，不断优化自身的奖励评估能力，从而突破了传统方法中奖励模型被冻结而无法改进的限制。随后，Meta 与加利福尼亚大学伯克利分校（UC Berkeley）的研究团队进一步提出了**元奖励**（Meta-Rewarding）方法[181]，其核心思想是引入一个第三角色——元裁判，负责评估模型自身的评判水平。需要注意的是，所有三个角色（生成者、裁判和元裁判）均由同一个模型负责。

（2）DeepMind 的研究团队提出了 **SCoRe** 方法[182]，这是一种多轮在线强化学习方法，旨在完全利用由模型自身生成的数据，提升 LLM 的自我纠正能力。SCoRe 通过在模型生成的纠正轨迹分布上进行训练，并结合适当的正则化策略，逐步引导模型学习在测试时表现出高效的自我纠正能力。正则化过程包括两个阶段：首先，通过对基础模型进行多轮强化学习，生成一个不易发生行为崩溃的策略；随后，在此基础上引入奖励增益机制，进一步增强模型的自我纠正能力。

（3）在 DeepSeek-V3 的训练中，研究人员参考 CAI 方法，通过引入 DeepSeek-V3 与投票技术的结合机制，对开放式问题进行自我反馈，显著提升了对齐效果，促进了 LLM 的自我改进[152]。

8.3.3 强化学习的多维创新

1. 可验证奖励的强化学习

奖励信号在强化学习中起着至关重要的作用。然而，随着大模型能力的不断提升，传统依赖人工反馈训练的奖励模型逐渐显现出诸多局限性。因此，在设计奖励信号时，有必要灵活运用多种方法，可以结合规则或外部工具提升性能和适用性。

来自 Ai2（Allen Institute for AI）等机构的研究人员于 2024 年提出了**可验证奖励的强化学习**（Reinforcement Learning with Verifiable Rewards，**RLVR**）方法[171][170]，该方法适用于具有客观答案的可验证场景，例如数学问题求解和精确指令遵循。RLVR 在基于 PPO 的 RLHF 框架上进行了改进，其关键区别在于“奖励”不再依赖训练好的奖励模型提供，而是通过可验证的客观标准直接判定。RLVR 方法优化的奖励计算公式为

$$R_{\text{RLVR}}(x,y)=v(x,y)-\beta\cdot\text{KL}[\pi_\theta(y\mid x)\,\|\,\pi_{\text{ref}}(y\mid x)] \tag{8.6}$$

其中，$v(x,y)$ 是**可验证奖励函数**（Verifiable reward function），它通过检查输入 x 对应的输出 y 的正确性来给出评判。这与 RLHF 中的式（7.4）不同，后者由奖励模型生成奖励值 R。RLVR 的创新之处在于避免了奖励模型的训练，直接利用确定性验证方法来定义奖励，从而提升了特定任务的效果。

2. 审慎对齐

审慎对齐（Deliberative Alignment）是由 OpenAI 提出的一种对齐训练方法[183]，旨在提升模型的安全性，并已成功应用于 OpenAI 的 o 系列模型。该方法通过直接向模型传授安全规范，并通过训练强化其在生成回答前清晰回忆和准确推理这些规范的能力，从而显著提高模型的安全性。该方法在某些方面与 CAI（详见 7.5.2 节）具有一定的相似性。

审慎对齐的训练流程分为两个核心阶段。

（1）**SFT 阶段**：通过在（由 Prompt、CoT 推理链与输出构成）示例上进行监督微调，使模型能够在其 CoT 推理链中主动引用并正确应用安全规范。具体而言，模型接收包含安全规范的 Prompt，生成引用安全规范的 CoT 推理链和相应输出。这一阶段帮助模型形成对安全规范的清晰认知和先验能力，使其在处理用户请求时能够高效识别相关政策并做出合规的回答。

（2）**强化学习阶段**：通过高计算量的强化学习，模型进一步优化其逻辑推理能力。具体来说，利用一个评判模型，依据安全规范对模型的生成结果提供奖励信号，指导模型更高效地通过 CoT 推理链完成安全推理。值得注意的是，这一阶段完全依赖模型生成的合成数据，无须人工标注，从而克服了传统方法对大规模人工标注的依赖。

审慎对齐的核心优势在于能够显著提升模型对越狱攻击的抵抗能力，同时有效减少过度拒绝现象，从而在安全性与实用性之间实现更优的平衡。此外，经过审慎对齐训练的模型在应对未知分布（Out-of-Distribution，OOD）场景中的安全性挑战时，展现出更强的泛化能力，并在实际应用中表现出更高的扩展潜力、可信度和可解释性。

第 3 部分

综 合 实 践

第 9 章　综合实践与性能优化

9.1　实践全景图

图 9.1 展示了大模型训练与综合实践的主要流程，包含以下环节：训练数据准备、训练环境准备、模型准备与超参数设置、训练与调优、效果评估、模型加速以及部署使用。

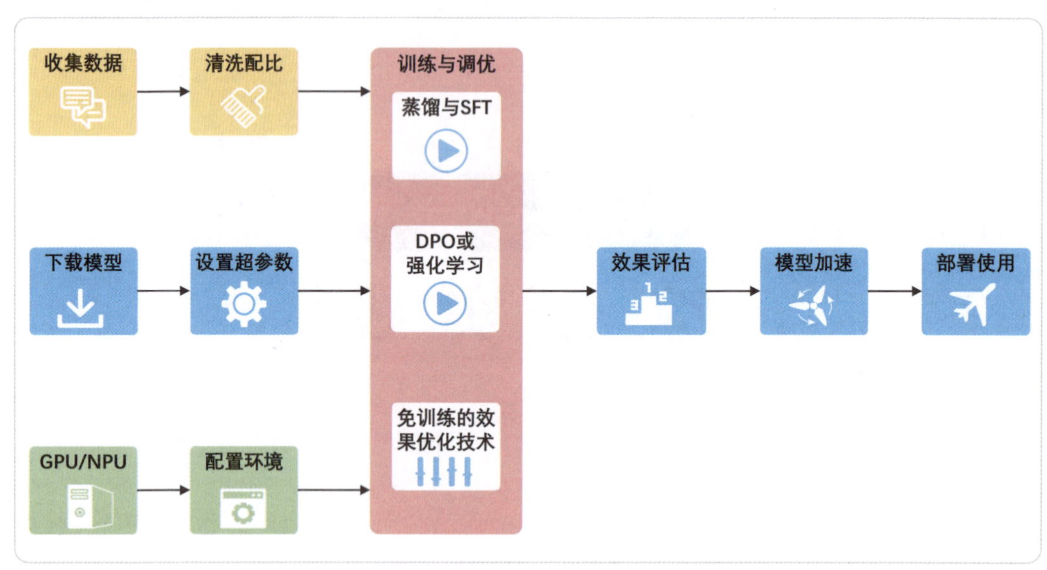

图 9.1　大模型训练与综合实践的主要流程

详细流程如下。

（1）**训练数据准备**：根据业务需求从 HuggingFace 等平台收集训练数据（文本、对话、问答数据对等）。如果开源数据不足，可通过人工标注或自建数据集补充。进一步，对数据进行去重、过滤、格式转换等处理，并根据不同数据源/类型的特点进行比例划分。

（2）**训练环境准备**：检查硬件支持（GPU、NPU 等），安装相应的深度学习框架（例如 PyTorch、CUDA 工具包），并配置必要的依赖库（例如 FlashAttention、Transformers 库等）。

（3）**模型准备与超参数设置**：从开源平台（例如 HuggingFace、ModelScope）下载基础模型作为微调的起点（关于如何选择预训练或微调版本，详见 2.4.4 节）。根据模型任务需求，设置合适的超参数，包括学习率、Batch Size 等，详细内容可参考 9.2.2 节。

（4）**训练与调优**：蒸馏与 SFT——依托高质量的问答数据对、CoT 推理链及对话数据，实施有监督微调；DPO 或强化学习训练——对模型进行偏好对齐优化，或通过强化学习训练提升模型的逻辑推理能力；免训练的效果优化技术——在无须重新训练模型的情况下，通过各类方法（详见第 4 章）对模型效果进行快速调优。

（5）**效果评估**：利用多种评估手段（例如自动指标评估与人工评测）全面评估模型的效果，并根据评估结果决定是否需要二次数据清洗、重新设置超参数或再次微调。从多个实验模型中选择效果最佳的模型，作为后续部署使用的版本。

（6）**模型加速**：针对推理场景的需求，采用模型量化、剪枝、蒸馏等优化技术，减少推理延迟，降低计算资源消耗。

（7）**部署使用**：将优化后的模型部署到线上服务环境，通过 RPC 调用、本地嵌入或 API 为下游应用提供服务。同时，配合实时监控和日志记录，保障服务稳定性并支持后续迭代优化。

9.2　训练与部署

当前有多个框架支持 SFT、DPO 和 RLHF 等训练方式，例如 DeepSpeed、LLaMA-Factory、OpenRLHF 和 TRL 等。其中，LLaMA-Factory 功能全面、使用便捷，支持数十种开源模型的训练，涵盖多种训练范式，支持 LoRA 等数十种微调技术，同时集成了多种训练和加速组件。因此，本节将以 LLaMA-Factory（版本号：0.8.3）为例，详细讲解数据与环境准备、SFT 训练、DPO 训练、RLHF 训练，以及推理与部署方法[20]。

9.2.1　数据与环境准备

1. 训练数据准备

参考 2.3 节的内容收集 SFT 训练所需的数据，并结合 3.2 节和 7.1.3 节的方法收集 DPO 训练与 RLHF 训练所需的数据，进一步完成数据的清洗与配比工作。正如 2.3.2 节所述，在指令数据的收集和清洗过程中，应综合关注训练数据的四大要素：质量、多样性、复杂性和数量。一味追求指令数量并不可取，应合理平衡各要素，以获得更优的训练效果。

2. 训练环境准备

训练环境的准备工作主要包含以下步骤。

（1）**系统环境准备**：Linux 系统是模型训练的首选环境，具有良好的稳定性和兼容性。在 Windows 系统中，可以通过安装 Git 工具，并使用 Git Bash 命令行来模拟 Linux 环境执行大部分命令。如果使用 macOS，则可参考 Linux 进行相关配置，但可能会遇到不支持 bf16（BFloat16）数据类型等问题，此时需要关闭相关选项。

（2）**安装 Anaconda**：Anaconda 是一个跨平台的包管理和环境管理工具，支持 Windows、Linux 和 macOS 操作系统。使用 Anaconda 可以快速搭建一致的模型训练环境。通过 Anaconda 的包管理功能，可以一键安装 PyTorch 等常用框架和工具，大幅简化环境配置的复杂性。

（3）**创建虚拟 conda 环境**：为了避免不同项目环境之间的依赖冲突，建议通过 Anaconda 创建隔离的虚拟环境。隔离环境不仅能提高环境管理效率，还能确保项目间的依赖互不干扰。使用以下命令创建并进入虚拟环境。

```
# 创建虚拟环境，名为my_env_name，Python 版本为3.10
conda create -n my_env_name python=3.10

# 进入名为my_env_name的虚拟环境
conda activate my_env_name
```

（4）**下载安装 LLaMA-Factory**：从 GitHub 下载 LLaMA-Factory 代码仓库，并运行相关命令安装所需依赖。如果使用华为 NPU，则需安装 torch-npu 等工具包以支持相应硬件。在执行 pip install 时，可以根据需求选择安装其他依赖项，例如，vllm、deepspeed、bitsandbytes、hqq、eetq、gptq、awq、galore、modelscope 等，用于支持特定功能或加速。以下为具体安装命令。

```
# 下载LLaMA-Factory代码仓库
git clone --depth 1 https://github.com/hiyouga/LLaMA-Factory.git

# 进入LLaMA-Factory目录并安装所需依赖
cd LLaMA-Factory
pip install -e ".[torch,metrics]"
```

（5）**下载模型**：根据可用 GPU 显存选择合适的模型大小，从 ModelScope、HuggingFace 等平台下载开源模型及其相关文件（具体文件信息详见数据 9.1）。例如，对于拥有 6GB 显存的个人电脑，可以选择阿里巴巴 Qwen 系列的 0.5B 版本（5 亿参数）。下载完成后，记录模型存储路径（例如 models/Qwen2-0.5B-Instruct），以便后续配置使用。

数据 9.1 模型文件及用途

```
model.safetensors         943M     # 主模型的权重文件，包含模型的所有参数
config.json                686     # 模型的基本配置文件，包含配置参数和架构信息
generation_config.json      256    # 模型推理生成时的参数配置
tokenizer.json             7.0M    # Tokenizer的配置文件，保存词表和分词规则
vocab.json                 2.7M    # 词表文件，包含所有词汇和对应的Token ID
merges.txt                 1.8M    # Tokenizer的BPE合并规则：每轮迭代合并的Token
tokenizer_config.json       1.3K   # Tokenizer的额外配置，用于指定分词的详细选项
```

9.2.2 超参数如何设置

超参数（Hyperparameter）大致可以分为两类：**模型结构超参数、训练超参数**。本节重点讨论训练超参数，而模型结构超参数通常在预训练阶段已经基本固定。

训练超参数主要如表 9.1 所示[20]，包含了各个超参数的建议值。在实际训练中，建议将表中的值作为初始参考，结合具体任务需求，通过实验调优进一步优化超参数配置。最终，

根据模型的实际表现确定最优参数。

常用的超参数调优方法包括以下几种。

（1）**网格搜索**（Grid Search）：穷举所有参数组合，适合小规模参数空间。

（2）**随机搜索**（Random Search）：通过随机采样参数组合，高效探索高维参数空间。

（3）**贝叶斯优化**（Bayesian Optimization）：利用概率模型指导采样，快速找到接近最优的参数配置。

（4）**自动机器学习**（AutoML）：整合多种优化算法，自动化搜索流程，降低调优复杂性。

目前已有多个框架实现了各类超参数调优算法，例如Optuna、Ray Tune、Hyperopt等。这些框架采用高效的搜索策略，能够深入探索超参数空间，帮助发现更优的参数组合，从而有效提升模型效果。

表9.1 训练超参数设置

超参数名称	常用值	作用和影响	调优补充说明
学习率（Learning Rate，LR）	1e-6～1e-5	过大可能导致训练不稳定，过小则收敛缓慢	结合Global Batch Size调整，Batch Size增大时LR也可以适当增大
微批大小（Micro Batch Size）	1，2，4，…	影响模型的收敛速度和稳定性	结合GPU显存大小、训练稳定性设置，注意避免OOM
训练轮数（Epoch）	通常1～2个Epoch	整个训练集的训练轮数。过多可能导致过拟合，过少则可能导致欠拟合	数据集较小时可增加Epoch的数量
权重衰减（Weight Decay）	0.01～0.1	模型权重大小的惩罚项，约束权重不要太大。可以防止过拟合，但过大可能导致欠拟合	如果模型过拟合比较严重，则可以尝试增加Weight Decay
学习率预热占比（Warmup Ratio）	0.01～0.1	在训练开始时逐步增加学习率，以稳定初期训练	视数据集大小和模型规模选择，避免Warmup步数过长导致训练进程过慢
梯度累积步数（Gradient Accumulation）	$1 \sim N$	累计N次梯度后进行一次模型更新。在不增加显存使用的情况下，模拟了更大的批次训练	通常情况下，近似等效于调节Global Batch Size
最大序列长度（Max Sequence Length）	4096等	影响模型的上下文理解长度	结合任务的输入输出总长度进行调整，注意长序列可能显著增加计算开销
优化器类型（Optimizer）	AdamW	影响模型收敛速度和稳定性	AdamW适用于多种场景
低精度训练	BF16或FP16	减少显存占用，加速训练	对于精度敏感的模块（例如Layer Norm、RoPE等），可以局部转换为FP32
梯度裁剪（Gradient Clipping）	1.0左右	用于限制梯度大小的阈值，防止梯度爆炸问题	结合训练过程中的梯度值和稳定性进行调节

续表

超参数名称	常用值	作用和影响	调优补充说明
梯度检查点（Gradient Checkpointing）	'selective', 'full', 'none'	控制是否以及如何在前向传播中保存中间激活值，以减少显存占用	在显存受限时建议启用，但可能导致训练时间延长
学习率调度器（LR Scheduler）	cosine, constant, linear 等	动态调整学习率以适应训练阶段。影响模型的训练过程和最终效果	根据任务和数据集特点选择不同调度器
seed	42	用于设置随机数生成器的种子值，可自由设置，通常为非负整数	控制随机性，影响实验的可重复性以及模型的表现
管道并行大小（Pipeline Parallel Size，PP）	1 ～ 8	Megatron 等训练框架中控制并行度的参数。影响训练效率、通信开销、显存占用	结合模型大小、GPU 显存等设置。GPU 总量需要满足是（PP×TP×CP）的整数倍
张量并行大小（Tensor Parallel Size，TP）			
上下文并行大小（Context Parallel Size，CP）			
模型生成控制参数	参见 4.3.6 节		
LoRA 相关参数	参见 2.1.2 节		
DPO 相关参数	参见 3.4.1 节		
RLHF 的超参数	参见 7.4.4 节		

9.2.3 SFT 训练

在完成相关准备工作后，可按照以下步骤进行 SFT 训练。

（1）**配置数据集**：参考 LLaMA-Factory 中的 data/alpaca_en_demo.json 数据集格式，新建自己的数据集文件（例如 my_sft_data.json），并在 data/dataset_info.json 文件中注册该数据集（例如注册名为 my_sft_data）。

（2）**选择微调技术**：参考 2.1.7 节的内容，选择合适的微调技术，本节以 LoRA 为例。

（3）**参数配置**：参考 LLaMA-Factory 中 examples/train_lora/*_lora_sft.yaml 文件，新建自己的 SFT 配置文件（例如 my_sft.yaml）。在配置文件中，根据上述数据注册名、模型路径和微调技术等，修改相关任务参数，主要参数见表 9.2。完整参数说明可通过执行命令 llamafactory-cli train -h 查看。

（4）**启动训练**：使用以下命令启动 SFT 训练（设置 CUDA_VISIBLE_DEVICES 来指定 GPU 设备编号；若使用华为 NPU，请使用 ASCEND_RT_VISIBLE_DEVICES 设置）。

```
# 启动 SFT 训练
CUDA_VISIBLE_DEVICES=0 llamafactory-cli train examples/train_lora/my_
sft.yaml
```

表 9.2　LLaMA-Factory 中主要的参数[20]

名称	描述
model_name_or_path	模型名称或路径
stage	训练阶段，可选项：rm(reward modeling)、pt(pretrain)、sft(Supervised Fine-Tuning)、PPO、DPO、KTO 等
do_train	true 用于训练，false 用于评估
finetuning_type	微调方式。可选项：freeze、LoRA、full 等
lora_target	LoRA 微调的目标模块，默认值为 all，也可设为 q_proj、k_proj、v_proj 等，分别对 W_q、W_k、W_v 等参数矩阵进行微调
dataset	使用的数据集，使用“,”分隔多个数据集
template	数据集模板，请保证数据集模板与模型相对应
output_dir	输出路径
logging_steps	日志输出步数间隔
save_steps	模型断点保存间隔
overwrite_output_dir	是否允许覆盖输出目录
per_device_train_batch_size	每个设备上训练的批次大小
gradient_accumulation_steps	梯度积累步数
learning_rate	学习率
lr_scheduler_type	学习率调度器，可选 linear、cosine、polynomial、constant 等
num_train_epochs	训练周期数
bf16	是否使用 bf16 类型

9.2.4　对齐训练：DPO 训练和 RLHF 训练

1. DPO训练

DPO 训练的整体流程与 SFT 类似，但其使用的数据为偏好数据，每条数据需要包含优质回答和劣质回答，分别通过字段 chosen 和 rejected 表示。

创建数据集时，参考 data/dpo_en_demo.json 文件的字段格式，新建自己的数据集文件（例如 my_dpo_data.json），并在 data/dataset_info.json 文件中注册该数据集（例如注册名为 my_dpo_data）。

配置文件可参考 LLaMA-Factory 中的 examples/train_lora/*_lora_dpo.yaml，并新建自己的 DPO 配置文件（例如 my_dpo.yaml），在配置文件中，根据上述数据注册名、模型路径和微调技术等，设置相关任务参数。

使用以下命令启动 DPO 训练。

```
# 启动 DPO 训练
CUDA_VISIBLE_DEVICES=0 llamafactory-cli train examples/train_lora/my_
dpo.yaml
```

2. 基于PPO的RLHF训练

如第7章所述，RLHF的训练包括两个阶段——奖励模型训练和基于PPO的强化学习训练。具体步骤如下。

（1）**训练奖励模型**：训练数据格式与DPO类似，可参考data/dpo_en_demo.json文件的字段格式封装数据集，新建自己的数据集文件（例如my_reward_data.json），并在data/dataset_info.json文件中注册数据集（例如注册名为my_reward_data）。配置文件可参考examples/train_lora/*_lora_reward.yaml，并新建自己的奖励模型训练配置文件（例如my_reward.yaml），在配置文件中，根据上述数据注册名、模型路径和微调技术等，设置相关任务参数。使用以下命令启动奖励模型训练。

```
# 启动奖励模型训练
CUDA_VISIBLE_DEVICES=0 llamafactory-cli train examples/train_lora/my_
reward.yaml
```

（2）**基于PPO的强化学习训练**：如7.1.3节所述，PPO阶段的样本只需包含Prompt，无须包含回答（output字段不会被读取）。数据集参考data/dpo_en_demo.json格式，新建自己的数据集文件（例如my_ppo_data.json），并在data/dataset_info.json文件中注册数据集（例如注册名为my_ppo_data）。配置文件参考examples/train_lora/*_lora_ppo.yaml，在配置中设置reward_model为已训练奖励模型的路径，并将dataset字段更新为自己的数据注册名。使用以下命令启动PPO训练。

```
# 启动基于 PPO 算法的强化学习训练
CUDA_VISIBLE_DEVICES=0 llamafactory-cli train examples/train_lora/my_
ppo.yaml
```

9.2.5 推理与部署

1. 基于LoRA训练生成的模型和文件

训练完成后，基于LoRA的模型及Loss等信息会保存到本地目录。例如，在SFT训练结束后，生成的文件会保存在LLaMA-Factory/saves/qwen/lora/sft路径下。保存的内容包括模型checkpoint、Loss曲线图等，具体如数据9.2所示。

数据9.2 基于LoRA进行SFT后生成的模型和文件

```
adapter_model.safetensors 679K      # LoRA 的权重
adapter_config.json        673      # LoRA 配置，定义了适配器的超参数和架构
added_tokens.json           85      # 训练过程中新增的 Token 信息
optimizer.pt              1.4M      # 优化器状态，用于继续训练时恢复
rng_state.pth              14K      # 随机数生成器状态，用于保持训练中的随机性
scheduler.pt              1.1K      # 学习率调度器的状态
special_tokens_map.json    387      # 特殊 Token 的映射，帮助模型处理特定任务
trainer_log.jsonl           5K      # 训练过程中生成的日志，包含训练信息的逐步记录
training_loss.png          50K      # Loss 随时间变化的曲线，可监控模型训练进展
```

如上所述，LoRA 权重单独保存在 adapter_model.safetensors 文件中。在推理时，可以选择分别加载 LoRA 权重和模型主体权重来执行推理任务，或者将 LoRA 权重与原始模型主体权重合并后再进行推理（可使用命令 llamafactory-cli export 完成合并操作）。

2. 引入LoRA模块之后的模型结构

在给参数矩阵 $\boldsymbol{W}_q$ 加载了 LoRA 模块之后，模型的完整结构如数据 9.3 所示。

数据 9.3 引入 LoRA 模块之后的模型结构

```
policy_model: PeftModelForCausalLM
|-- base_model: LoraModel
    |-- model: Qwen2ForCausalLM
        |-- model: Qwen2Model
            |-- embed_tokens: Embedding(151936, 896)
            |-- layers: ModuleList(24 × Qwen2DecoderLayer)
                |-- Qwen2DecoderLayer (Layer_0 ~ Layer_23)
                    |-- self_attn: Qwen2SdpaAttention
                        |-- q_proj: lora.Linear
                            |-- base_layer: Linear(896 -> 896)
                            |-- lora_A: Linear(896 -> 8)          增加的 LoRA 模块
                            |-- lora_B: Linear(8 -> 896)
                            |-- lora_dropout: Identity
                        |-- k_proj: Linear(896 -> 128)
                        |-- v_proj: Linear(896 -> 128)
                        |-- o_proj: Linear(896 -> 896)
                        |-- rotary_emb: Qwen2RotaryEmbedding
                    |-- mlp: Qwen2MLP
                        |-- gate_proj: Linear(896 -> 4864)
                        |-- up_proj: Linear(896 -> 4864)
                        |-- down_proj: Linear(4864 -> 896)
                        |-- act_fn: SiLU
                    |-- input_layernorm: Qwen2RMSNorm
                    |-- post_attention_layernorm: Qwen2RMSNorm
            |-- norm: Qwen2RMSNorm
        |-- lm_head: Linear(896 -> 151936)
    |
|
```

3. 启动模型并进行推理

参考 LLaMA-Factory 的 examples/inference/*_lora_sft.yaml 文件，可以新建自定义的运行配置文件（例如 my_lora_sft.yaml）。将 model_name_or_path 设置为原模型路径，将 adapter_name_or_path 设置为训练生成的 adapter 路径（例如 LLaMA-Factory/saves/qwen/lora/sft），然后，启动训练后的模型，进行问答交互。

```
# 运行 SFT 训练后的模型
CUDA_VISIBLE_DEVICES=0 llamafactory-cli chat examples/inference/my_lora_
sft.yaml

User: 虎皮青椒用什么做？
Assistant: 虎皮青椒是一道传统的四川菜肴，制作方法如下：材料：
1. 青椒 1 个
2. 大蒜 2 瓣
```

4. 大模型服务化框架

当前，有多个框架可用于部署大模型应用，以下是一些较为成熟且拥有良好社区生态的框架。

（1）**LangChain 和 LangGraph**：LangChain 是一个 LLM 应用开发框架，提供开源组件和第三方集成，覆盖从开发到生产的完整生命周期。LangGraph 进一步支持构建具有状态管理和实时交互能力的应用，能够将应用快速转化为生产级 API 和助手服务[107][92]。

（2）**Ollama**：Ollama 是一个基于 llama.cpp 的高层框架，专注于本地部署和管理大语言模型[103]。它支持上下文管理和插件扩展，同时提供命令行工具和 API，适合快速开发对话式应用和本地推理需求。

（3）**llama.cpp**：llama.cpp 是一个轻量化的 LLM 推理框架，采用纯 C/C++实现，旨在支持本地和云端的大模型推理，具备低依赖和高性能的特点[105]。它支持多种量化方式，并能够基于 CPU+GPU 进行混合推理，特别适合资源受限的情况或特殊硬件环境。

（4）**MLC LLM**：MLC LLM 是一个高性能的编译和推理引擎，专为跨平台部署 LLM 而设计[104]。它通过统一的 MLCEngine 提供一致的性能表现，支持 REST API 和 OpenAI 兼容接口，并适配多种硬件和开发环境，非常适合需要一次编译即可实现多平台部署的场景。

（5）**TGI**（Text Generation Inference）：TGI 是由 HuggingFace 推出的高性能推理工具包，用于部署和服务多种开源 LLM[106]。它支持张量并行和多种量化方法，能够高效地满足生产环境中的推理需求。

此外，还有 OpenLLM、SkyPilot、SGLang 和 LMDeploy 等框架可供使用，可根据实际需求选择合适的解决方案。

在部署模型之前，通常需要对其进行加速和优化，以提升性能、改善用户体验，同时降低资源消耗，相关的训练与推理优化技术详见 9.5 节。

9.3 DeepSeek的训练与本地部署

DeepSeek 凭借卓越的性能被广泛关注，但其模型参数规模通常极为庞大，往往达到数千亿个的级别，模型权重文件的大小则常常超过 500GB。这对部署时所需的磁盘空间、内存和显存均提出了极高要求。一些开源项目针对这些痛点进行了优化，大幅降低了硬件配置要求，使 DeepSeek 的本地训练与部署成为可能。本节将详细介绍相关技术与方案。

9.3.1 DeepSeek 的蒸馏与 GRPO 训练

1. DeepSeek模型的量化与压缩

Unsloth 框架致力于降低训练资源消耗并提升训练速度[189]。例如，基于 1.58 位的量化技术（将浮点数表示为{-1, 0, +1}）[188]，Unsloth 成功将原版 DeepSeek 模型超过 700GB 的参数文件量化压缩至 131GB，模型文件体积减小了约 80%，从而大幅降低了对本地运行的资源要求。

Unsloth 支持内存与显存之间的混合部署。例如，对于一个包含 61 层 Decoder 的模型，通过指定参数--n-gpu-layers=10，可以将其中 10 层加载到 GPU 上，从而加速模型的运行。

DeepSeek 团队基于原版 DeepSeek 模型，对其他模型（如 Qwen、LLaMA 等）进行了蒸馏训练，并开源了训练得到的模型。其中，最小的模型的参数数量仅为约 15 亿个，相比原版数千亿个参数的规模有了显著缩减。需要注意的是，这些经过蒸馏训练的模型在模型结构和参数数量上与原版 DeepSeek 存在本质差异。

2. 基于DeepSeek的蒸馏训练

为了降低模型体积和部署开销，可以采用蒸馏技术，将性能较强的模型（如 DeepSeek）的部分能力迁移到体积更小的模型中。蒸馏是一种简单且高效的提升模型性能的方法，通过将高质量的 CoT 推理链及其对应答案作为训练数据，使较小的模型学习较强模型的推理模式（详见 8.1.2 节）。

图 9.2 展示了基于 DeepSeek 对其他模型进行蒸馏训练的基本原理。为开展蒸馏训练，可以通过以下三种途径收集所需的蒸馏数据集（CoT 推理链和答案）。

（1）**本地推理生成：**利用本地部署的 DeepSeek 模型，根据给定的 Prompt 生成 CoT 推理链及目标答案。

（2）**云端 API 调用：**通过调用 DeepSeek 等平台提供的云端 API，将 Prompt 发送到云端，获取生成的 CoT 推理链和答案。

（3）**开源数据集：**在 HuggingFace 等平台上广泛收集 DeepSeek 模型生成的 CoT 推理链和答案，经清洗筛选后直接使用。

收集完蒸馏数据集，即可对较小模型进行 SFT（详见 9.2.3 节），使其逐步学习并掌握 DeepSeek 模型的推理模式，从而显著提升模型性能。

3. GRPO训练

GRPO 是一种新型强化学习算法，其训练效率优于传统的 PPO 算法，适用于 LLM 的强化学习任务。TRL、VeRL 等开源框架已经集成了 GRPO 算法，用户可以基于这些框架进行 GRPO 训练。为降低显存和计算开销，还可以进一步结合 LoRA 技术（详见 2.1.2 节）进行训练。

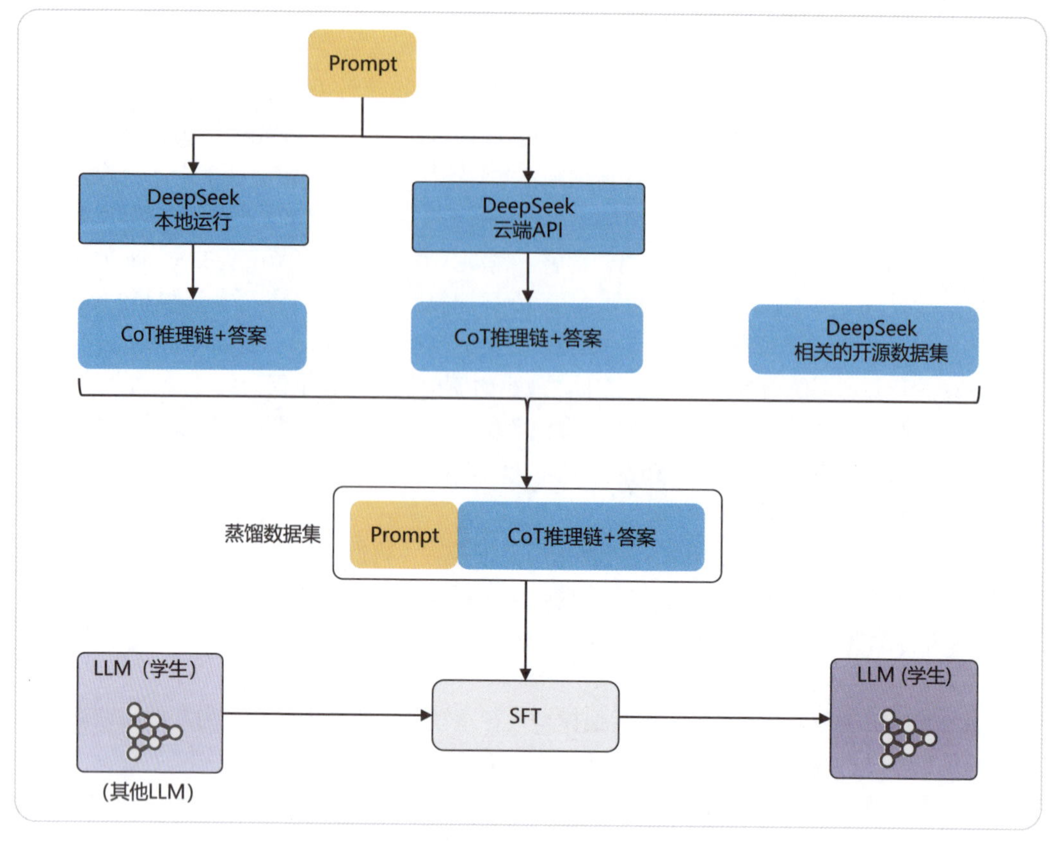

图 9.2　基于 DeepSeek 对其他模型进行蒸馏训练

正如 6.4.2 节所述，与 PPO 相比，GRPO 无须加载和训练价值模型；同时，在奖励设计完全基于规则的情况下，也可以省略奖励模型的加载步骤。因此，在进行 GRPO 训练时，最少只需加载两个模型：策略模型和参考模型。

此外，GRPO 的训练数据仅需包含 Prompt，无须提供回答。有关 GRPO 的训练流程和参数设置，可进一步参阅 TRL 官方教程[190]。

9.3.2　DeepSeek 的本地部署与使用

在企业等应用场景中，为了降低数据泄露风险、减少访问延迟，并实现与其他应用的灵活集成，DeepSeek 可以部署于本地环境。然而，本地部署对硬件配置有一定要求，用户应根据实际条件选择适配的模型参数版本进行安装。

Ollama 是备受推崇的 LLM 部署框架之一，它屏蔽了繁杂的环境配置，提供一键式部署方案，操作简单易用[103]。Ollama 支持 Linux、Windows、macOS 等操作系统。Linux 用户可按照以下步骤安装 Ollama，下载 DeepSeek 模型并启动对话（此处以 DeepSeek 官方基于

Qwen2.5-Math-1.5B 蒸馏的模型为例，该模型拥有约 15 亿个参数）。若需运行其他参数量的模型，请在 Ollama 官网查看支持的参数量和版本，并将命令中的“1.5b”替换为对应的版本号。

```
# 安装 Ollama
curl -fsSL https://ollama.com/install.sh | sh

# 启动模型，开始对话（首次运行时会自动下载模型）
ollama run deepseek-r1:1.5b
```

运行上述命令后，将进入对话界面，可以实时进行交互问答。

此外，也可使用 llama.cpp 或 Ollama 运行量化版本的 DeepSeek（例如 Unsloth 官方提供的 1.58 位量化模型）。不过，此方式可能需要进行模型文件的合并或转换，具体操作请参考 Unsloth 与 llama.cpp 的官方教程[189][105]。

9.4 效果评估

在评估 LLM、VLM 和 MLLM 时，通常主要关注模型在以下三个方面的表现：有用性（Knowledge）、价值观与人类意图对齐（Alignment），以及安全性与稳健性（Safety）。

9.4.1 评估方法分类

评估方法主要分为以下六类。

（1）**基于多种评测数据集的统计指标**：这是最常见的评估方式，通过多样化的数据集测试模型的回答，使用准确率、F1、BLEU、ROUGE 等指标进行量化。这种方法易于自动化评测且被业界广泛采用和认可，但可能引发“刷分”行为，即模型针对特定基准进行优化，导致实际应用中的表现不佳。对于 LLM，这类数据集包括 MMLU、TruthfulQA、BBH、C-Eval、HellaSwag、GSM8K、MATH 等；对于 VLM 和 MLLM，还包括 TextVQA、MathVista、DocVQA、InfoVQA、ChartQA、OCRBench、VCR 等。

（2）**基于人工的对比与盲测**：对于依赖主观判断或难以量化的任务，通常采用人工评测，常见方式包括盲选胜率比较和输出评分等。这种方法能够更准确地捕捉主观感受和价值观对齐情况，但评测成本较高，并可能存在主观偏差。因此，需要通过严格控制实验条件，并对标注数据进行归一化等后处理，确保评测过程的公平性和一致性。

（3）**基于 AI 的评测**：使用业界领先的模型作为评估模型（“评委”），以代替人工进行评估，常见方式包括盲选胜率比较和输出评分等。例如，可以让训练好的模型针对自建的 Prompt 数据集逐一生成回答，然后将 Prompt 和生成结果发送给评估模型，由其回答内容进行评分（例如 1～10 分）。同时，可在系统消息（System Message）或 Prompt 中明确要求评估模型从多个维度（例如准确性、有害性、通顺程度等）进行细化评分，从而获得更全面的评估结果。

此外，还可以结合多个不同厂商的领先模型的评估结果，通过加权方式提高评估的可信度和客观性。

（4）**困惑度等模型内部指标：**困惑度（Perplexity）是早期常用的评估指标，用于反映模型对文本序列预测的不确定性。一般来说，困惑度越低，模型对序列的预测越准确。相比其他方法，该类型方法的实用性相对较低。

（5）**横向比较**（基于第三方评测平台）：可以通过第三方平台（例如 Chatbot Arena 等评测网站）对模型进行横向对比。例如，Chatbot Arena 网站提供了一个面向全网用户的对话对战环境（对话擂台），用户与两个匿名聊天机器人交互后，根据实际体验投票并选择更优的模型[132]。由于评测过程公开公正，这种方法在业界获得了较高的认可度。

（6）**基于线上业务的实际收益分析：**当模型被部署到线上提供服务时，可通过分桶实验将用户群体分为不同组，各个组内使用不同模型或策略。通过实际业务收益、用户真实反馈、使用时长、用户评价等指标，评估模型在真实场景中的表现。这种方法具有最直接的现实意义，能够有效指导模型优化和业务决策。

9.4.2 LLM 与 VLM 的评测框架

1. LLM的评测框架

当前有多个开源框架可用于评测 LLM 的效果，例如 OpenCompass、OpenAI Evals 和 EleutherAI 的 lm-evaluation-harness 等。其中，OpenCompass 凭借丰富的评测数据集，以及良好的易用性，成为评测 LLM 的常用工具之一。

OpenCompass 是一个面向大模型评测的一站式平台，提供开源、可复现的评测解决方案[102]。平台支持超过 100 个评测数据集，并允许用户自定义导入新数据集。它支持数十种模型的评测，用户也可以灵活扩展引入新的模型。通过访问 OpenCompass 团队的 GitHub 主页，用户可以下载、安装工具，并通过一键式命令行启动评测任务。

2. VLM的评测框架

为了满足 VLM 的评测需求，OpenCompass 团队推出了专用评测工具包 VLMEvalKit（Python 包名为 vlmeval）[101]。该工具支持一键评估多种基准测试，覆盖超过 150 种视觉语言模型和超过 50 种基准测试。用户可以通过 OpenCompass 团队的 GitHub 主页下载并安装 VLMEvalKit。

此外，VLM、MLLM 等模型的语言能力仍然是其核心能力。这些模型的语言能力同样可以借助 LLM 的评测框架进行全面评估，从而实现多领域的能力验证。

9.5 大模型性能优化技术图谱

大模型因其庞大的参数规模，对存储、算力和时延等提出了严苛要求。同时，其部署场景涵盖 GPU、NPU，以及嵌入式设备等多种硬件环境，这给大模型的加速与性能优化带来了巨大挑战。

如图 9.3 所示，在训练和推理阶段，大模型的优化技术可大致分为五个层次：服务层、模型层、框架层、系统编译层和硬件通信层。图中各层内的细分技术为优化提供了明确的方向和实践路径。

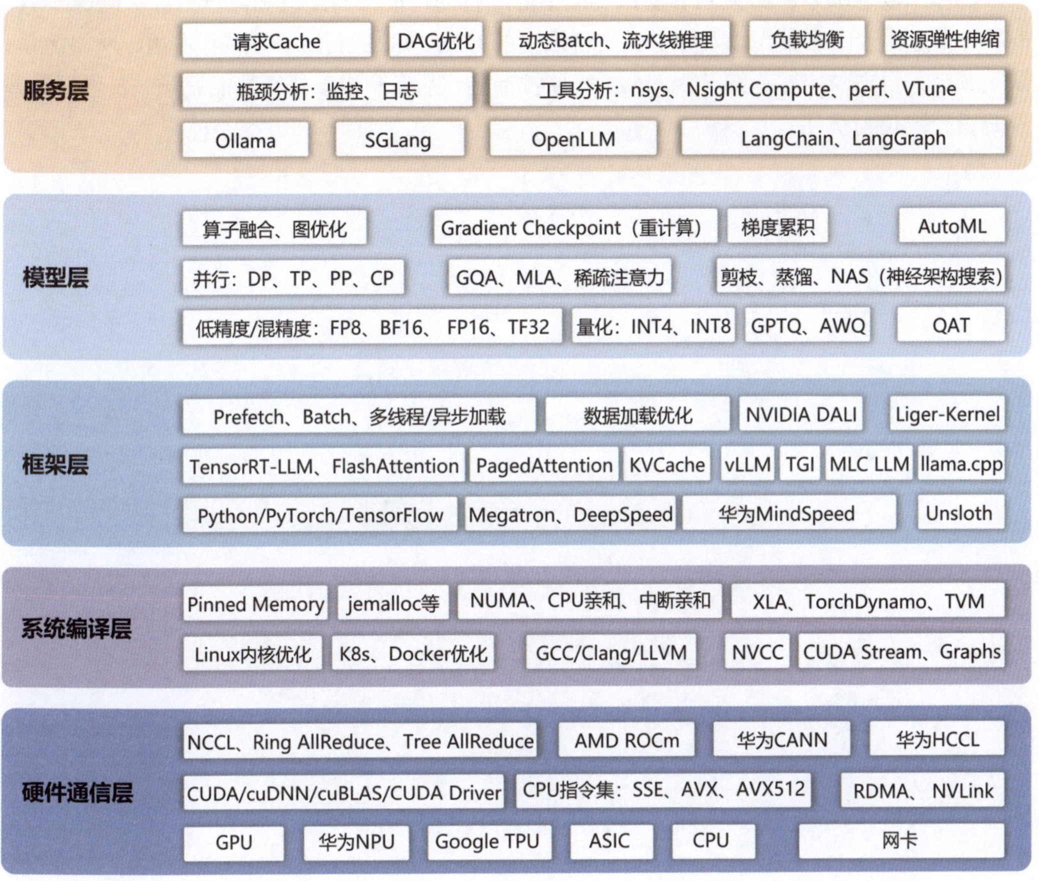

图 9.3 大模型的优化技术图谱

在实际应用中，可参考以下优化策略与经验。

（1）**简单至上，驾轻就熟**：在大多数情况下，往往只需一次量化、引入一个组件、调整一个参数或开启一个开关，即可显著提升模型性能。应优先尝试这些简单且高效的方法。

（2）**堵源截流，以逸待劳**：在开始优化前，应先全面审视所有请求的来源及其合理性与必要性。在服务层提前拦截非法请求与黑产访问，将其拒之门外；结合具体业务场景，灵活运用缓存（Cache）存储推理结果，避免请求层层穿透到底层硬件。

（3）**物尽其用，借力打力**：若能通过现有框架或组件完成优化，则尽量避免开发定制化方案，或“造轮子”。定制化方案不仅复用难度高，还会阻碍后续框架升级，并增加长期维护成本，仅在必要时才考虑实施。

（4）**先本后末，循序渐进**：优先确保业务效果和模型精度，再考虑性能优化。切勿因过度或过早的性能追求而偏离业务目标。

（5）**工欲善其事，必先利其器**：要准备好丰富的性能诊断工具和监控措施。结合 nsys、perf 等本地化诊断工具，以及整机或集群维度的 QPS、GPU 利用率、显存占用、网络流量、队列延迟、日志与问题追踪（Tracing）等监控措施，从多个维度排查性能瓶颈、发现问题并及时进行定位与优化。